"十二五"国家重点出版物出版规划项目 · 庆祝新中国成立65周年重点出版物

"中国特色社会主义道路研究"丛书

辛向阳 / 主编

中国特色社会主义生态文明道路研究

Research on the Ecological Civilization Road of Socialism with Chinese Characteristics

汤 伟 / 著

天津出版传媒集团
天津人民出版社

图书在版编目（CIP）数据

中国特色社会主义生态文明道路研究 / 汤伟著. -- 天津：天津人民出版社, 2015.8
(中国特色社会主义道路研究丛书)
ISBN 978-7-201-09570-7

Ⅰ.①中… Ⅱ.①汤… Ⅲ.①中国特色社会主义-生态文明-建设-研究 Ⅳ.①X321.2

中国版本图书馆 CIP 数据核字(2015)第 197981 号

天津人民出版社出版
出版人：黄　沛
（天津市西康路 35 号　邮政编码：300051）
邮购部电话：（022）23332469
网址：http://www.tjrmcbs.com
电子信箱：tjrmcbs@126.com
天津新华二印刷有限公司印刷　　新华书店经销

2015 年 8 月第 1 版　2015 年 8 月第 1 次印刷
710 × 1000 毫米　16 开本　16.5 印张　2 插页
字数：230 千字　印数：1-3,000
定价：48.00 元

总　序

中国特色社会主义道路是攻坚克难的道路

辛向阳

（中国社科院马克思主义研究院研究员、博士生导师）

道路关乎党的命脉，关乎国家前途、民族命运、人民幸福，关乎世界社会主义的兴衰成败。在中国这样一个经济文化比较特殊的国家探索民族复兴道路，是极为艰巨的任务。九十多年来，我们党紧紧依靠人民，把马克思主义基本原理同中国实际和时代特征相结合，独立自主地走自己的路，历经千辛万苦，付出各种代价，取得革命、建设和改革的伟大胜利，开创和发展了中国特色社会主义，从根本上改变了中国人民和中华民族的前途命运。走向未来，我们必须坚持中国特色社会主义道路。党的十八大报告明确指出："回首近代以来中国波澜壮阔的历史，展望中华民族充满希望的未来，我们得出一个坚定的结论：全面建成小康社会，加快推进社会主义现代化，实现中华民族伟大复兴，必须坚定不移走中国特色社会主义道路。"①习

① 胡锦涛：《坚定不移沿着中国特色社会主义道路前进 为全面建成小康社会而奋斗——在中国共产党第十八次全国代表大会上的报告》，人民出版社，2012年，第10页。

近平在2013年1月5日新进中央委员会的委员、候补委员学习贯彻党的十八大精神研讨班开班式上强调:“道路问题是关系党的事业兴衰成败第一位的问题,道路就是党的生命。中国特色社会主义,是科学社会主义理论逻辑和中国社会发展历史逻辑的辩证统一,是根植于中国大地、反映中国人民意愿、适应中国和时代发展进步要求的科学社会主义,是全面建成小康社会、加快推进社会主义现代化、实现中华民族伟大复兴的必由之路。”[①]中国特色社会主义道路具有的鲜明的优越性,是确保我们实现未来发展宏伟目标的根本保证。

一、中国特色社会主义道路是以科学理论为指导的道路,这样一条道路为解决当前和今后的难题指明了方向

中国特色社会主义道路是马克思主义中国化的道路,我们党在开辟道路的进程中,实现了马克思主义中国化的第二次飞跃——提出了中国特色社会主义理论体系。中国特色社会主义道路始终坚持中国特色社会主义理论体系的指导地位,这使中国的未来有了正确的方向和科学的指引。

以中国特色社会主义理论体系为指导,在前进的道路上,我们可以牢牢把握基本国情,始终把发展立足于社会主义初级阶段这一国情基础上。社会主义初级阶段是当代中国的最大国情、最大实际、最大特征。在任何情况下都要牢牢把握这个最大国情,推进任何方面的改革发展都要牢牢立足于这个最大实际,制定任何方面的政策措施都要深刻理解这个最大特征。不仅在经济建设中要始终立足于初级阶段,而且在政治建设、文化建设、社会建设、生态文明建设中也要始终牢记初级阶段;不仅在经济总量低时要立足于初级阶段,而且在经济总量提高后仍然要牢记初级阶段;不仅在人均国内生产总值总量处于低收入阶段和中等收入阶段时要立足于初级阶段,而且在人均国内生产总值总量迈向高收入阶段后仍然要牢记初级阶段;不仅在谋划长远发展时要立足于初级阶段,而且在日常工作中也要牢记初级阶段。深刻

①《习近平谈治国理政》,外文出版社,2014年,第21页。

把握初级阶段的基本国情，特别是新世纪新阶段的阶段性特征，就可以科学地谋划我们的发展战略，更好地解决我们面临的各种困难和挑战。

以中国特色社会主义理论体系为指导，在前进的道路上，我们可以紧紧抓住和用好重要战略机遇期，始终把发展扎根于对战略机遇的运用上。改革开放三十多年来，中国特色社会主义理论体系为我们的发展寻找到了很多的机遇。从邓小平“抓住时机，发展自己，关键是发展经济”“我们要利用机遇，把中国发展起来”的嘱托，到江泽民“综观全局，21世纪头一二十年，对我国来说，是必须紧紧抓住并且可以大有作为的重要战略机遇期”的科学判断，从胡锦涛“能否抓住机遇，加快发展，是关系一个政党、一个国家、一个民族兴衰成败的重大问题”的正确论断，到习近平“重要战略机遇期的内涵和条件发生很大变化，但发展仍然具备难得的机遇和有利条件”的辩证分析，中国特色社会主义理论体系处处体现着抢机遇、抓机遇、用机遇的特点。抓住了战略机遇，就能够化解遇到的各种风险，使我们的发展始终做到又好又快。

以中国特色社会主义理论体系为指导，在前进的道路上，我们可以不断突破改革遇到的各种障碍，始终把发展的关键聚焦于解决广大人民群众最关心、最直接、最现实的重大利益问题上。解决人民群众关心的切身利益问题，就要突破利益固化的藩篱。2012年12月，习近平在广东考察工作时指出：“我们要拿出勇气，坚持改革开放正确方向，敢于啃硬骨头，敢于涉险滩，既勇于冲破思想观念的障碍，又勇于突破利益固化的藩篱，做到改革不停顿、开放不止步。”①在改革开放的进程中，制度不完善、法规不健全等原因，造成改革中的某些原本属于广大民众的利益被少数人所独占。这些利益藩篱呈现出刚性化的特点：其他人很难进入被少数人独占的利益领域；其利益一旦被触及，就会表现出强烈的攻击性。因此，习近平于2013年7月23日在湖北省武汉市主持召开部分省市负责人座谈会时再次强调，必

①《习近平关于全面深化改革论述摘编》，中央文献出版社，2014年，第30~31页。

须以更大的政治勇气和智慧，不失时机地深化重要领域的改革，攻克体制机制上的顽瘴痼疾，突破利益固化的藩篱，进一步解放和发展社会生产力，进一步激发和凝聚社会创造力。只要我们始终坚持中国特色社会主义道路不动摇、不懈怠，利益固化的藩篱就一定会被打破。中国特色社会主义道路的主要优势就是能够从根本上解决利益藩篱问题，为实现广大人民群众的利益找到可靠的路径。

二、中国特色社会主义道路是人民创造历史的实践道路，这样一条道路为解决当前和今后的难题提供了勃勃生机

社会主义本身就是人民群众的事业，是由人民群众进行创造和发展的事业。列宁在十月革命后多次强调这一点。他说："社会主义不是按上面的命令创立的。它和官场中的官僚机械主义根本不能相容；生机勃勃的创造性的社会主义是由人民群众自己创立的。"[①]他还指出："社会主义不是少数人，不是一个党所能实施的。只有千百万人学会亲自做这件事的时候，他们才能实施社会主义。"[②]中国特色社会主义是千千万万人民群众在党的领导下进行伟大创造的事业，这就注定了在今后的发展中，无论我们遇到多大的困难与风险，依靠人民群众的力量都可以战胜。

中国特色社会主义道路的开辟离不开广大人民群众的伟大创造。1986年6月7日，邓小平在一次讲话中说，搞好改革"关键是两条，第一条就是要同人民一起商量着办事"。这就是说改革要走群众路线，倾听群众的呼声，尊重群众的意见。而邓小平坚持群众路线的工作方法，突出表现在对农村家庭联产承包责任制的态度与处理上。农村家庭承包经营的成效举世瞩目，对我国农业、农村的发展起到了并且继续在起着极为重要的促进作用。它之所以能在全国广大农村得到迅速推广，并且被坚持和巩固下来，得以逐步完善，正是得益于邓小平等中央领导人在改革中实行"从群众中来，到

---

① 《列宁全集》(第三十三卷)，人民出版社，1985年，第53页。

② 《列宁全集》(第三十四卷)，人民出版社，1985年，第49页。

群众中去"这一科学的工作方法。对此,邓小平曾多次明确指出:"农村搞家庭联产承包,这个发明权是农民的。农村改革中的好多东西,都是基层创造出来,我们把它拿来加工提高作为全国的指导。"①

中国特色社会主义道路的坚持与完善离不开广大人民群众的伟大实践。中国特色社会主义道路是改革之路,推进改革和建设需要我们解决的问题不少,好办法从哪里来呢?不是从天上掉下来的,也不是我们头脑里固有的,归根到底来自于人民群众的实践。谁深深扎根于人民之中,同广大群众结合在一起,谁就有力量、有智慧、有办法,就能够经受考验,战胜困难,取得突出的成绩。正如江泽民所言:"人民,只有人民,才是我们工作价值的最高裁决者。"②人民群众不仅是先进生产力和先进文化的创造主体,也是推动科学发展的主体。中国特色社会主义道路是科学发展之路,科学发展取得了多大成效、是否真正实现了,人民群众感受最真切、判断最准确。胡锦涛指出:"推动科学发展,必须紧紧依靠人民群众,做到谋划发展思路向人民群众问计,查找发展中的问题听人民群众意见,改进发展措施向人民群众请教,落实发展任务靠人民群众努力,衡量发展成效由人民群众评判。"③中国特色社会主义道路是实现中国梦的道路,中国梦归根到底是人民的梦,必须紧紧依靠人民来实现,必须不断为人民造福。中国梦是每个中国人的梦。习近平指出:"只要我们紧密团结,万众一心,为实现共同梦想而奋斗,实现梦想的力量就无比强大,我们每个人为实现自己梦想的努力就拥有广阔的空间。生活在我们伟大祖国和伟大时代的中国人民,共同享有人生出彩的机会,共同享有梦想成真的机会,共同享有同祖国和时代一起成长与进步的机会。"④有梦想,有机会,有奋斗,有追求,一切美好的东西都能够被创造出来。全国各族人民只要心往一处想,劲往一处使,力往一处

---

①《邓小平文选》(第三卷),人民出版社,1993年,第382页。

② 江泽民:《论党的建设》,中央文献出版社,2001年,第181页。

③《十七大以来重要文献选编》(上),中央文献出版社,2009年,第579页。

④《习近平关于实现中华民族伟大复兴的中国梦论述摘编》,中央文献出版社,2013年,第48页。

拧,用13亿人的智慧和力量就会汇集起不可战胜的磅礴力量,任何艰难险阻就都是可以跨越的。

三、中国特色社会主义道路是集中力量办大事的道路,这样一条道路为解决当前和今后的难题提供了强大动力

列宁曾经指出:“重要的是相信道路选择得正确,这种信心能百倍地加强革命毅力和革命热情,有了这样的革命毅力和革命热情就能创造出奇迹来。”[①]中国特色社会主义道路就是这样一条选择正确的道路,有集中力量办大事、成熟定型干大事、融合发展成大事的优势。这些优势恰恰就是我们化解今后面临的各种风险与挑战的最重要的保证。

中国特色社会主义具有集中力量办大事的优势。利用这一优势,三十多年来,中国特色社会主义把中央与地方两个积极性充分调动起来,通过不断加强和改善宏观调控,既发挥好了中央的积极性,使经济社会又好又快发展,又发挥好了地方的积极性。在两个积极性的推动下,全国经济蓬勃发展,同时各个区域经济、省域经济、县域经济也呈现出八仙过海、各显其能的局面,到2012年年底,中国全年国内生产总值为519322亿元。当前,世界经济正在深度调整,国内外发展环境十分复杂,要使经济运行处于合理区间,克服各种风险,就应当充分发挥中国特色社会主义的优势,实现稳定的宏观政策、灵活的微观政策、托底的社会政策三者的有机统一。

利用这一优势,三十多年来,我们先后建成了三峡工程、青藏铁路、京沪高铁、京广高铁、西气东输、西电东送,以及世界上最大的电信网络等举世瞩目的建设项目。基础设施建设的大发展、大飞跃与中国特色社会主义道路紧密相联,对这一点,德国前总理施罗德感触颇深。国际著名财经专家纳波利奥尼在2013年发表的关于中国道路的著作中提到:“德国总理施罗德(2003年12月)参加了上海磁悬浮列车(连接上海市区与浦东机场的高速列车)的启用仪式。媒体问为什么德国西门子公司生产的列车最终由中

---

① 《列宁全集》(第十一卷),人民出版社,1987年,第84页。

国而不是德国购买并投入使用。施罗德答道:‘因为德国修建这样的项目有太多争议,首先是费用,其次是环境,还有许多问题需要顾及。’中国则不同,中国由政府决策,如果有需要,那么就修建。在中国,政府代表人民的利益,为人民服务。”①这样一种独特优势在今后中国的发展中还会进一步显现出来,帮助我们不断解决建设中的各种问题。

利用这一优势,三十多年来,我们先后完成了包括神舟飞船10次飞天,“天宫一号”与“神舟八号”“神舟九号”“神舟十号”交会对接在内的载人航天工程,以及运算速度达到每秒亿亿次级别的超级计算机“天河二号”等高科技项目。2013年6月17日揭晓的新一届全球超级计算机500强(TOP 500)排行榜表明,国防科学技术大学研制的“天河二号”超级计算机成为全球运算速度最快的计算机。“天河二号”的峰值速度和持续速度分别为每秒5.49亿亿次和每秒3.39亿亿次。这组数字意味着,“天河二号”运算1小时,相当于13亿人同时用计算器计算1000年。正如习近平在批示中所说,“天河二号”超级计算机系统研制成功,标志着我国在超级计算机领域已走在世界前列。杰克·唐加拉是美国工程院院士,全球超级解算机500强排行榜主持人之一,超级计算机基准测试、数值分析、线性代数解算器和高性能计算领域的先驱。唐加拉在接受《参考消息》记者采访时说:“这台机器令人印象深刻,又是一项创新性进步,也许就其投入而言对美国仍然是一种警示。2001年中国在500强排行榜上还榜上无名,而今天中国的超级计算机保有量已达到世界第二,实在是令人震惊的变化。”②我们不仅有神舟、天宫、天河,还有蛟龙号。2012年6月27日,蛟龙号再次刷新同类型潜水器下潜深度纪录,最大下潜深度达7062米。中国特色社会主义优势的集中释放会在今后的发展中带来更加辉煌的科技成就。

利用这一优势,我们先后克服了很多困难,在举办重大国际活动、战胜

① [意]洛丽塔·纳波利奥尼:《中国道路——一位西方学者眼中的中国模式》,孙豫宁译,中信出版社,2013年,第209页。

② 白瑞雪:《美国院士谈中国“超算”项目》,《参考消息》,2013年6月18日。

重大自然灾害、解决社会民生问题上都取得了举世瞩目的成就。三十多年来，我们先后成功举办了1990年北京亚运会、2008年北京奥运会、2010年上海世博会和2010年广州亚运会等国际性的重大活动；三十多年来，我们先后战胜了一系列重大自然灾害，如1998年大洪水、2008年汶川大地震、2010年青海玉树地震和甘肃舟曲特大泥石流、2013年雅安大地震等各种灾害；三十多年来，我们先后建立了城镇居民基本医疗保险制度、新型农村合作医疗制度、农村最低生活保障制度等制度，使越来越多的人民群众享受到改革开放的成果。

四、中国特色社会主义道路是倡导平等而不是输出模式的道路，是追求和平发展而不是发战争财的道路，这样一条道路为解决当前和今后的难题赢得了国际社会的支持

早在20世纪80年代，邓小平就多次提到中国模式和中国道路问题，强调这一模式和道路不强加于人。1980年5月，邓小平在谈到处理兄弟党关系的一条重要原则时指出："中国革命就没有按照俄国十月革命的模式去进行"，"既然中国革命胜利靠的是马列主义普遍原理同本国具体实践相结合，我们就不应该要求其他发展中国家都按照中国的模式去进行革命，更不应该要求发达的资本主义国家也采取中国的模式"。[①]1988年5月18日，在会见莫桑比克总统希萨诺时，邓小平指出："世界上的问题不可能都用一个模式解决。中国有中国自己的模式，莫桑比克也应该有莫桑比克自己的模式。"[②]

发展道路是各国人民自己创造的，强求一种模式、一条道路总会引起对抗、动乱甚至战争。苏联解体和东欧剧变后，国际上有不少人对中国的前途和命运感到忧虑，也有一些人干脆希望中国放弃社会主义，搞民主社会主义或者新自由主义，甚至预言中国会步苏联后尘。在这种情形下，江泽民明确指出，中国的社会主义既不是苏联模式，也不是东欧模式，而是中国特色社会主义。事实证明，我们所走的这条道路是完全正确的，我们没有理由

① 《邓小平文选》(第二卷)，人民出版社，1994年，第318页。

② 《邓小平文选》(第三卷)，人民出版社，1993年，第261页。

改变这条道路，我们对未来充满信心。一个国家采取什么样的发展模式和社会制度，取决于这个国家的历史传统、经济发展程度和文化教育水平，取决于这个国家人民的选择。中国无意输出自己的模式，但我们也反对别人将其模式强加给我们。[①]他还指出，每个国家的发展道路、经济模式、社会制度和价值观念，都应该由本国根据自己的国情来决定。1993 年 11 月 19 日，江泽民在美国西雅图出席亚太经合组织第一次领导人非正式会议期间，与美国总统克林顿举行会谈时指出："各国人民根据各自国情，选择符合本国实际情况的社会制度和发展模式，制定行之有效的法律和政策，是合情合理的，应该受到尊重……各国人民最了解本国的具体情况，最有资格找到适合本国的发展道路……历史经验特别是近百年的历史经验一再告诫人们，强求一种模式的后果是严重的，总会引起对抗、动乱甚至战争，我们应该吸取教训。"[②]中国道路从来都是平等地对待其他的发展道路。

发展道路是各国人民自己选择的，因此其他国家无权干涉。胡锦涛于 2007 年 6 月 8 日在德国海利根达姆出席了八国集团同发展中国家领导人对话会议并发表重要讲话，明确指出，发展没有统一的模式。国际社会应该尊重各国自主选择社会制度和发展道路的权利，着力帮助发展中国家增强自我发展能力。胡锦涛于 2010 年 5 月 24 日在第二轮中美战略与经济对话开幕式上致辞，指出，我们要尊重各国自主选择发展道路的权利，应该承认各国文化传统、社会制度、价值观念、发展理念等方面的差异，努力推动不同文明的发展模式取长补短、相互促进、共同发展，不应该以一种模式来衡量丰富多彩的世界。2011 年 4 月，胡锦涛在出席博鳌亚洲论坛年会开幕式发表主旨演讲时指出："亚洲人民历来具有开拓进取的创新精神，历史和现实都证明，实现经济社会发展必须找到符合自身实际的发展道路。亚洲人民深知，世界上没有放之四海而皆准的发展模式，也没有一成不变的发展

① 《江泽民思想年编(一九八九—二〇〇八)》，中央文献出版社，2010 年，第 69~70 页。

② 《江泽民文选》(第一卷)，人民出版社，2006 年，第 331 页。

道路。”[①]这样的发展道路为我们赢得了一切站在正义与和平立场上的人们的支持，为中国特色社会主义争取到了巨大的发展空间。

发展道路是各国历史发展决定的，中国特色社会主义道路由中国历史文化的独特性所决定，具有强大的优势。习近平在2013年8月召开的全国宣传思想工作会议上指出了“四个讲清楚”：“宣传阐释中国特色，要讲清楚每个国家和民族的历史传统、文化积淀、基本国情不同，其发展道路必然有着自己的特色；讲清楚中华文化积淀着中华民族最深沉的精神追求，是中华民族生生不息、发展壮大的丰厚滋养；讲清楚中华优秀传统文化是中华民族的突出优势，是我们最深厚的文化软实力；讲清楚中国特色社会主义植根于中华文化沃土、反映中国人民意愿、适应中国和时代发展进步要求，有着深厚历史渊源和广泛现实基础。”[②]深厚的文化积淀、生生不息的民族精神、从未间断过的文化传承是中国特色社会主义道路不断拓展的沃土良壤。

中国特色社会主义道路来之不易，它是从改革开放30多年的伟大实践中走出来的，是从中华人民共和国成立60多年的持续探索中走出来的，是从对近代以来170多年中华民族发展历程的深刻总结中走出来的，是从对世界社会主义500多年发展规律的把握中走出来的，是从对中华民族5000多年悠久文明的传承中走出来的，具有深厚的历史渊源和广泛的现实基础。5000年、500年、170年、60年、30年，这不仅仅是时间的凝练，更是无数中国人不懈奋斗、艰苦奋斗、卓绝追求的理想汇聚。时间的凝练、理想的汇聚，正是我们解决在前进道路中遇到的一切困难的强大力量。

① 胡锦涛：《推动共同发展，共建和谐亚洲——在博鳌亚洲论坛2011年年会开幕式上的演讲》，《人民日报》，2011年4月16日。

②《习近平在全国宣传思想工作会议上强调 胸怀大局把握大势着眼大事 努力把宣传思想工作做得更好》，《人民日报》，2013年8月21日。

序 言

党的十八大报告把生态文明建设放在突出地位，融入经济建设、政治建设、文化建设、社会建设各方面和全过程，努力建设美丽中国，实现中华民族永续发展，明确了中国特色社会主义事业“五位一体”的总体布局。“五位一体”的总体布局作为党的十八大新提法并非凭空的理论构想，而是中国共产党在领导人民建设中国特色社会主义的实践中不断深化认识的结果。邓小平首先提出物质文明、精神文明两个文明建设，党的新一代领导人在提出科学发展观与和谐社会的理念后，将改善民生提上了社会建设的议事日程。在党的十七大上，中国共产党将经济、政治、文化、社会建设“四位一体”的中国特色社会主义事业总体布局写入党的章程，党的十八大再次将生态文明提升到与经济、政治、文化、社会建设并列的高度并写入报告。其实从生态文明的角度来看，其概念的形成经历了长期的演变过程。2005年2月，胡锦涛在省部级主要领导干部提高构建社会主义和谐社会能力专题研讨班的讲话中，把“人与自然和谐相处”确定为社会主义和谐社会的重要特征。2005年10月，党的十六届五中全会通过的《中共中央关于制定国民经济和社会发展第十一个五年规划的建议》提出了“建设资源节约型、环境友好型社会”的目标。党的十七大报告明确将“建设生态文明”确定为全面建设小康社会的新的奋斗目标。从此，生态文明建设开始成为中国特色社会主义建设的重要组成部分。2012年7月，胡锦涛在省部级主要领导干部专题研讨班上的讲话进一步将生态文明建设确定为与经济、政治、文化、社会建设协调发展的重要议题，为推动生态文明建设指明了方向。党的十八大报告将生态文明纳入中国特色社会主义道路的科学内涵，并单列篇章全面部署生态文明建设，第一次提出“树立尊重自然、顺应自然、保护自然的生态文明理念”，明确提出“建设美丽中国，实现中华民族永续发展”的奋斗目标。《十八届三中全会公报》指出：“建设生态文明，必须建立系统完整的生态文明制度体系，用制度保护生态环境。要健全自然资源资产产权制度和用途管制制度，划定生态保护红线，实行资源有偿使用制度和生态补偿制度，改革生态环境保护管理体制。”

由此看出，建设生态文明是以胡锦涛、习近平等为代表的中国共产党人面对资源消耗加剧、生态环境日益恶化，加之人均资源占有量少与资源利用率低的基本国情创造性地提出来的。2013 年 11 月，党的十八届三中全会通过了《中共中央关于全面深化改革若干重大问题的决定》，明确提出加快生态文明制度建设，指出“建设生态文明，必须建立系统完整的生态文明制度体系，实行最严格的源头保护制度、损害赔偿制度、责任追究制度，完善环境治理和生态修复制度，用制度保护生态环境”。习近平在 2014 年 4 月 15 日召开的中央国家安全委员会第一次会议上的讲话中再一次将生态安全、资源安全作为总体国家安全观的重要组成部分。面对人类过度开发的反思，将生态文明、生态安全思想写入党的执政纲领，这说明中国共产党给中华民族永续发展设定了新路径，是对当代中国、对人类文明发展潮流的主动引领。我们不仅要建设富强中国，还要建设美丽中国。美丽中国的期许表明发展既要有速度还要有质量；既要在当代实现发展，还必须维护子孙后代的幸福生活，而这必然意味着中国发展模式的转型。

目 录

第一章 中国生态文明建设的基本国情 …… 1
第一节 资源约束趋紧 …… 1
第二节 环境污染严重 …… 6
第三节 生态系统恶化 …… 16
第四节 全球性议题深入影响 …… 21
第二章 中国生态文明建设的世界背景 …… 25
第一节 绿色经济的全球共识 …… 25
第二节 第三次工业革命勃兴 …… 36
第三章 中国生态文明建设的理论资源 …… 46
第一节 中国古代“天人合一”思想 …… 46
第二节 马克思、恩格斯经典作家的思想 …… 52
第三节 西方绿色政治思潮 …… 58
第四节 城市环境责任的兴起 …… 66
第四章 中国生态文明建设的绿色发展 …… 77
第一节 国土空间开发和生态功能区 …… 77
第二节 生态修复工程的实施 …… 84
第三节 可再生能源是绿色发展的核心 …… 90
第四节 仅靠科技不能有效逆转环境恶化 …… 100
第五节 绿色发展需要卓有成效的生态补偿机制 …… 106
第五章 中国生态文明建设的低碳发展 …… 115
第一节 全球气候变暖的政治化 …… 116

第二节 气候变化对发展的实质:“限定性关系” …… 123
第三节 碳关税是何物 …… 127
第四节 碳预算:低碳发展的抓手 …… 138
第五节 中国如何应对气候变化和低碳发展 …… 143
第六章 中国生态文明建设的循环发展 …… 157
第一节 循环经济的理论、方法和中国实践进展 …… 157
第二节 循环发展 …… 159
第三节 资源环境价格改革对循环发展的核心意义 …… 174
第四节 循环经济能否单独在一国实现 …… 185
第七章 中国生态文明建设的核心诉求 …… 187
第一节 “美丽中国”与雾霾治理 …… 187
第二节 互联网可否推进“美丽中国”早日到来 …… 209
第三节 修改《环境保护法》为“美丽中国”保驾护航 …… 216
第四节 为全球生态安全做出贡献 …… 224
第五节 推进全球环境治理建设 …… 237
参考文献 …… 241

第一章　中国生态文明建设的基本国情

中国特色社会主义生态文明，既是对全球范围资源环境问题的积极反思，更是中国可持续发展的需要。目前中国建设生态文明的基本国情是：首先，人口多，人均资源占有量少，快速的城镇化进程；其次，污染严重，灾害事故和群体性事件多发，有些地方甚至到了相当严重的程度；再次，生态系统退化，森林、湿地、草地退化程度高。

第一节　资源约束趋紧

人口多是我国的基本国情，根据第六次全国人口普查数据，全国总人口为1370536875人，其中内地31个省、自治区、直辖市和现役军人人口共1339724852人，香港特别行政区人口为7097600人，澳门特别行政区人口为552300人，台湾地区人口为23162123人。2000—2010年平均增长率为0.57%。尽管我国人口增长率已经很低，甚至低于发达国家，但庞大的人口基数和对物质生活需求的渴望必然给自然资源和生态环境带来沉重压力。图1-1是我国主要物质资源的消耗与世界平均水平的比较。

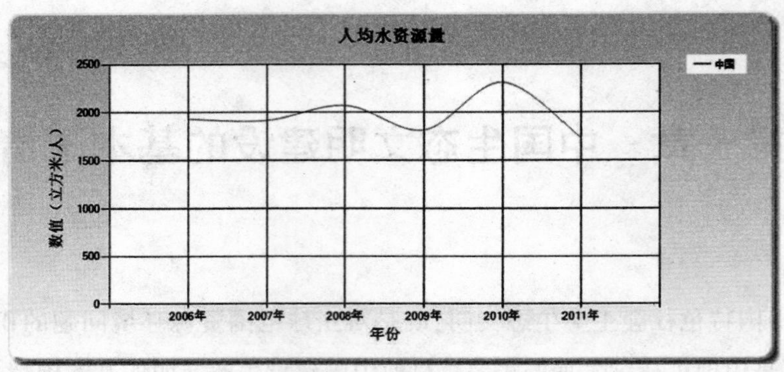

图 1-1 人均水资源

2000—2011 年这 12 年我国人均水资源占有量为 2035.79 立方米，2012 年为 2100 立方米。2009 年人均水资源量已逼近联合国可持续发展委员会确定的 1750 立方米用水紧张线，仅为世界平均水平的 28%。我国人均水资源占有量居世界第 110 位，已被联合国列为 13 个贫水国之一。更紧要的是，目前全国城市中约有 2/3 缺水，约 1/4 严重缺水，水资源短缺已成为制约经济社会持续发展的重要因素之一。

爱德华·格莱泽在《城市的胜利》一书中明确指出了注重垂直化的高楼大厦、人口密度很高的城市本质上采取的是环境友好、资源集约化的发展方式。[①]尽管这种方式有着集聚和规模双重效应，但人口增长、地域扩张、经济发展和生活水平提高都需要相应物质资源的支撑。如果技术水平不变，那么城市化就是对资源环境的消耗，城市化的速度和规模决定着对资源消耗的强度和数量。城市化和资源环境消耗的关系大体沿拉平的 S 形路径推进。在城市化初期，城市发展水平较低、速度较慢；在城市化中期，产业和人口向城市集聚，发展速度加快，城市化水平不断提高；在城市化后期，城市发展速度又趋于缓慢，甚至停滞。我国用近 47 年时间完成了城市化初期发展，1996 年开始进入城市化发展中期，即城市快速成长阶段。根据统计数据，

---

① 参见［美］爱德华·格莱泽：《城市的胜利：城市如何让我们变得更加富有、智慧、绿色、健康和幸福》，刘润泉译，上海社会科学出版社，2012 年。

过去10 年城市化速率为年均 1 个百分点，每年约有 1300 万人进入城市居住生活，到2011 年人口城市化率达到 51.27%、户籍城市化率达到 35%以上。这意味着我国在过去 30 年走完了西方发达国家上百年的城市化历程。

表 1–1　中国城市化率

年份	城市化(%)
2006	44.34
2007	45.89
2008	46.99
2009	48.34
2010	49.95
2011	51.27
2012	52.57
2013	53.73

第五次人口普查数据显示：2000 年居住在城镇的人口为 4.5594 亿人，占总人口的 36.09%；第六次人口普查数据显示：2010 年城镇人口为 6.6557 亿人，占全国总人口的 49.68%，比 2000 年提高 13.59 个百分点。由此可见，10 年间城市人口总量增加了 2.10963 亿，接近全部城市人口的 0.5 倍。2012 年城镇人口为 7.1182 亿人，占总人口比重的 52.6%。人口增加必然导致城市用地规模增速异常迅猛。2001 年我国地级以上城市市区面积为 489421 平方千米，建成区面积为 17605 平方千米；2010 年地级及以上城市行政区域土地面积为 628573 平方千米，其中建成区面积达 31766 平方千米。10 年间建成区面积增长近一倍，主要城市体系和空间分布发生了急剧变化。据《中国 1990—2010 年城市扩张卫星遥感制图》显示，城市建成区平均海拔明显下降，以上情况至少说明两点：

第一，未来 10 年乃至 20 年，我国城市化率将以平均 1.2 个百分点的速度提升，每年新增城镇人口接近 2000 万人。更重要的是，城市化率人口新增 1%就得新增建设用地 3460 平方千米，分别是过去 30 年全国城市化率每提高 1%需新增城市用水量和城市建设用地量的 1.88 倍和 3.45 倍。这将导致城市占用更多耕地资源。实际上截至 2010 年年底，我国耕地面积约为 182 万平方千米，人均耕地不足 1000 平方米，还不到世界平均水平的 1/2、发达国家的1/4,只有美国的1/6、阿根廷的1/9、加拿大的1/14。

第二,城市化耗损的资源急剧提升,根据城市化与资源消耗S形的曲线关系,我国还没有达到拐点。根据中国相关部门统计数据,中国城镇化率每提高1%就需消耗6000万吨标准煤(其中包括煤炭、石油、天然气等),6亿吨钢材、水泥等物资,新增用水17亿立方米。城镇化速率低于物质资源和环境消耗速率,2001—2010年城镇化的年均增长率为3.12%,远低于建成区面积的年均增长率5.84%,城镇用电量的增长率为12.62%,也低于城镇生活垃圾产生量增长率5.64%以及城镇生活污水排放量的增长率5.72%。[①]可见,更多资源投入只取得相对较低的成果。根据环保部规划研究院测算,未来15年城市化水平每提高1%还需新增城市用水量32亿立方米(其中需新增城市生活用水22.4亿立方米、城市工业用水9.6亿立方米),由此导致的结果就是我国总的能源利用效率和水的利用效率都异常低下,仅为33%,与发达国家相差10个百分点,单位国内生产总值能源消耗分别是日本的11.5倍,意大利的8.6倍,法、德的7.7倍,英国的5.3倍,美国的4.3倍,加拿大的3.3倍。

随着城市化的不断推进,人口急剧扩容,建筑物总量相应增加,建筑物不仅占用土地,消耗能源和物资,还产生废水、废气和固体垃圾,因而是环境治理和经济发展的重要结合点。建筑耗能占社会总能耗的30%,再加上建筑使用、运营等过程中的能耗,接近总能耗的50%,与工业、交通运输并称为三个耗能大户,成为温室气体排放的重要源头。我国每年城乡新建房屋建筑面积接近20亿平方米,预计到2020年,新增住宅面积将达200亿平方米,如果不对这些建筑能耗加以控制,不但会造成巨大的能源缺口,还极可能使2020年单位国内生产总值二氧化碳排放降低40%~45%的目标落空。这些数据充分说明了绿色建筑在减轻环境负荷、节约能源及资源等方面的重要意义,从某种意义上说发展绿色建筑已经关系到"十三五"规划

① 卢伟:《缓解资源环境约束的若干思考及政策建议》,《中国经贸导刊》,2012年第28期。

和2020年中期节能减排目标能否顺利实现。目前，我国水资源和土地供应难度增大，城市化进程面临的用水与用地保障形势十分严峻，由此中国城镇化的边际资源环境压力依然处于上升时期。

中国的城市化不仅消耗了大量国内资源环境需求，还消耗了大量国际进口资源，其主要表现在铁矿石、石油、天然气等几个方面。在铁矿石方面，需求量成倍增长，紧缺态势明显，国内铁矿石需求以每年5000万吨的速度猛增，铁矿石进口以每年20%的速度增长，导致中国钢铁企业寻求海外矿石资源已成为一种趋势。宝钢、首钢等已与非洲、澳大利亚、巴西等地区和国家达成开矿意向。

表1–2　铁矿石进口

单位：万吨

	2006年	2007年	2008年	2009年	2010年	2011年	2012年
铁矿石进口量	32630.33	38309.33	44358.78	62777.92	61865.15	68610	74360
铁矿石产量	58817.14	70707.34	82401.11	88127.3	107155.5	132694.2	130963.6

在石油方面，2011年，我国国内原油表观需求量超过4.5亿吨，进口量略超2.5亿吨，产量基本维持在2亿吨。2013年原油表观消费量达到4.87亿吨，累计进口原油2.82亿吨，石油产量2.1亿吨，净增370万吨，对外依存度接近58%。按照国际通行观点，如果一国石油进口依存度达到或者超过50%，说明该国已进入能源预警期。此外，中国石油进口的一大特点是进口国主要集中于中东和非洲。中东、非洲一旦发生战乱，原油供应链中断，将会给中国经济造成巨大损失。值得关注的是，伊朗石油禁运事件持续发酵，波及我国市场，引发国内成品油大幅度调价。在煤炭和电力方面，"十二五"规划实施之后，随着中央领导层的更换，经济刺激计划的实施，很多项目纷纷上马，能源需求持续增长，尤其是电力需求增长飞快，使煤炭供应捉襟见肘。

表1–3　石油消耗量

单位：万吨

	2006年	2007年	2008年	2009年	2010年	2011年	2012年
石油产量	18368	18666	18973	18949	20300	20364.6	20747.8
石油进口量	19453	21139	23016	25462	29437	25378	27102

在天然气方面，随着新气田的发现和技术发展，天然气产量逐年增加，

却仍然赶不上国内需求的增长速度。近年,我国进一步开拓其他气源引进渠道,加快储备库、液化天然气接收站建设,进入天然气管网建设高峰。管网建设为我国天然气供应带来安全保障,但对外依存度上升、成本上升带来的价格上涨也随之而来。中石油数据显示,2011 年全年我国液化天然气进口 166.12 亿立方米,增加了 30.6%,管道天然气进口 140.98 亿立方米,天然气进口量合计 307.10 亿立方米, 而 2010 年全年天然气进口量为 162.52 亿立方米,增加了 89.0%。与此同时,在出口方面,液化天然气没有出口,而管道天然气则在 2011 年全年出口 31.42 亿立方米, 比 2010 年的 39.72 亿立方米减少 8.3 亿立方米,减少了 20.9%。2013 年,我国天然气表观消费量达到 1676 亿立方米,同比增长 13.9%,超越伊朗成为全球第三大天然气消费国。而未来数年,我国天然气消费可能继续保持每年 10%左右的增长速度。我国天然气对外依存度不断提升,2013 年已达 30%,2015 年天然气供需缺口继续上升至 900 亿立方米,相当于对外依存度的 35%。随着天然气需求量不断提升,国内产量短期内无法满足需求的增长,进口天然气对于保障天然气价格的稳定变得相当重要。经济增长迅猛、大众消费型社会对钢铁、石油、天然气、煤炭和电力等能源资源的消耗必然冲击西方的大众心理,使得国际社会对中国不断施加压力。发达国家除了施加种种外交舆论压力之外,在煤炭、石油、天然气以及铁矿石等重要矿产资源方面还掌握着定价话语权,迫使中国接受对它们极为有利的价格。

表 1-4 天然气消耗量 单位:亿立方米

	2006 年	2007 年	2008 年	2009 年	2010 年	2011 年	2012 年	2013 年
天然气产量	585.53	692.4	802.99	852.69	948.48	1010.89	1077.3	1146
天然气进口量	10	40.2	46	76.3	164.7	323.2	425	530

第二节 环境污染严重

全国整体环境状况持续恶化已是不争的事实。首先是水。根据《2012 中国环境状况公报》的数据显示,全国地表水水质总体为轻度污染,湖泊富营养化问题突出。截至2011 年上半年,长江、黄河、珠江、松花江、淮河、海河、辽河、浙闽片河流、西南诸河和内陆诸河十大水系监测的469个国控断面中，Ⅰ~Ⅲ类水质断面比例为61.0%，劣Ⅴ类水质断面的比例为13.7%，其中海河水系劣Ⅴ类水质断面比例超过40%，为重度污染，其余水系均为中度或轻度污染。我国1200条河流中，有850条江河和超过90%的城市河段受到不同程度污染，130个湖中有50多个处于富营养化状态。河流遭受污染不仅对动植物生长不利，也使饮用水安全受到威胁。《环境统计公报》指出，2011年尽管全国地级以上城市86.6%的集中式饮用水水源地已完成保护区的划定和调整工作，重点城市供水量、水质达标率提高到84.8%，仍有20%城市居民的饮用水水源不达标，更有超过一半城市市区地下水污染严重，57%的地下水监测点位水质较差，甚至极差，仍有2.98亿的农村居民饮用水不安全。

其次是空气。空气污染日趋严重，城市大气污染物浓度远远超过国际标准。世界银行报告称空气污染最严重的前20个城市中16个位于中国，依照新的空气质量标准(GB3095-2012)评价，我国大部分城市(尤其是北方城市)空气质量超标严重，如果增加PM2.5监测指标，则全国将会有70%的城市空气质量情况由达标变成不达标。

再次是固体废弃物。我国60%以上的大中城市陷于垃圾包围中，垃圾堆存量超过100亿吨且以年10亿吨的速度继续囤积，循环利用率仅为50%左右，多数被简单堆放或填埋降解，这会造成土壤和地下水的污染。

最后是土壤污染。土壤污染扩散趋势亦是不争的事实，有的甚至已对食品安全构成重大威胁。中国地质科学院地球物理地球化学勘查研究所等机构的检测数据显示，我国局部地区土壤污染严重，长江中下游某些区域普遍存在镉、汞、铅、砷等异常，城市及其周边普遍存在汞、铅异常，部分城市明显存在放射性变异。与1994—1995年采样相比，2010年监测到的数据显示，土壤重金属污染分布面积显著扩大并向东部人口密集区扩散。根据中国水稻研究所与农业部稻米及制品质量监督检验测试中心2010年发布的《我国稻米质量安全现状及发展对策研究》的数据显示，我国1/5的耕地受重金属污染，其中镉污染涉及11省25个地区，湖南、江西等长江以南地带，这一问题更加突出。土壤重金属污染的成因，既有工业造成的点源污染，也有农业投入品滥用造成的面源污染。我国耕地化肥平均施用量是国际化肥安全施用上限的1.93倍，耕地农药残留率达60%~70%。水污染、土壤污染造成的后果是食品安全遭受重大威胁，食源性疾病增长。我国2200种食品添加剂中还有近60%无法检测，存在重大隐患。

2009年4月，《凤凰周刊》以封面故事的形式讲述了我国百处致癌危地。同年，华中师范大学地理系学生孙月飞在题为“中国癌症村的地理分布研究”的论文中指出：“据不完全统计，中国癌症村总数超过247个，有197个癌症村记录了村名或得以确认”，有2处区域分别描述为十多个村庄和二十多个村庄，还有9处区域不能确认癌症村数量。这样，中国癌症村的数量应该超过247个，涵盖中国内地的27个省份。

2013年1月底，北京律师董正伟向环保部申请公开全国土壤污染状况调查方法和数据信息。2月，环保部对此作了长达22页的回复，但提到调查数据时，却以“国家秘密”为由拒绝公开。实际上，全国土壤污染调查7年前就已展开，新华社2007年7月18日的消息声称：“为全面、系统、准确掌握我国土壤污染的真实‘家底’，环保总局和国土资源部当日联合启动了经费预算达10亿元的全国首次土壤污染状况调查。”环保总局还公开承诺，一旦结果出来，“将第一时间向新闻媒体公布”。2010年，这场被称为我国有史以来最大、最全面的土壤污染调查终于完成了，但令人意外的是，最终结论秘而不宣，几乎所有和土壤污染调查有关的人员都避而不谈。信息不公开的原因很简单，“不愿公开”或“不方便公开”。不公开全国土壤污染信息，从程序上看没有问题，不存在明显的“硬伤”。我国《保密法》规定，涉及国家安全和利益，泄露后可能损害国家在政治、经济、国防、外交等领域的安全和利益的七大类事项，应当确定为国家秘密，其中之一是“国民经济和社会发展中的秘密事项”。同时规定，中央国家机关、省级机关及其授权的机关、单位可以确定绝密级、机密级和秘密级国家秘密。全国土壤污染信息作为国民经济和社会发展中的一个重要事项，如果公开将可能损害国家安全和利益，所以环保总局有权将其确定为国家秘密，并以此为由拒绝向社会公开。问题在于，土壤污染信息公开后到底会不会损害国家安全和利益，应作出客观、理性的判断。

根据武汉大学环境法研究所所长王树义教授的论述，从20世纪90年代到2009年，中国受污染的土地超过了10万平方千米，而且有的地方土壤污染严重到需要被迫放弃耕种的程度。土壤污染呈现多样化趋势，既有重金属造成的，也有不恰当使用农药、化肥或者放射性元素造成的。2012年10月31日，温家宝主持召开国务院常务会议，研究部署土壤环境保护和综合治理工作。会议提出，全国土壤污染状况调查结果表明，土壤环境状况必须引起高度重视，工矿业、农业等人为活动是造成土壤污染的主要原因。其实，重庆、北京等地已出台一系列地方法规和文件保护土壤，但国家没有立法。目前环保法中包括了14种环境要素，但没有将土壤列入其中。环境污染监测过程表明，各种污染将最终被土壤所接受，水污染包括地下水污染都跟土壤有关，大气污染和固体废弃物等造成的污染，最大的受害者也是土壤。土壤污染是一个不断累积的过程，如果不治理，时间越长、污染越严重。土壤污染第一个造成的就是农产品的不安全，农产品污染就是食品污染，而食品污染会直接威胁人的健康。2013年湖南爆发的“镉大米事件”就是一个典型的案例。因此，必须采取措施进行治理。首先是建立完善的土壤品质状况评估机制。经过土壤品质状况评估，如果认定土壤已经受到污染，那就要对它进行修复或者整治。另外，政府应该对耕地进行详细普查，并在此基础上进行技术修复。污染比较严重的土壤，可以尝试轮耕，栽种其他非食用类的作物，或者对镉吸附能力较低的作物。

2014年4月17日下午公布的全国首次土壤污染状况调查结果显示，19.4%的耕地土壤点位超标。以182万平方千米耕地面积计算，中国约有1/5的耕地被污染，全国土壤总的点位超标率为16.1%。从土地利用类型看，耕地土壤的点位超标率高于其他土地利用类型，点位超标率为19.4%，林地和草地土壤的点位超标率分别为10.0%和10.4%。在点位超标的耕地中，轻微、轻度、中度和重度污染点位比例分别为13.7%、2.8%、1.8%和1.1%。耕地土壤的主要污染物为镉、镍、铜、砷、汞、铅、滴滴涕和多环芳烃等。在此次土壤污染调查中涉及的55个污水灌溉区中，有39个存在土壤污染。在1378个土壤点位中，超标点位占26.4%，主要污染物为镉、砷和多环芳烃。土壤污染导致的环境、生态、健康问题逐步显露，"镉米"危机就是其中一例，有学者预计中国约10%的稻米存在镉超标问题。

综合水、空气、固体废弃物和土壤污染情况，许多专家认为未来10年将是中国环境危机集中爆发期，主要体现为：一是过去30年污染和排放引发的环境后果逐步呈现；二是本来已贫乏的主要资源，譬如淡水、土地、海洋等持续受到大规模污染；三是突发性环境事件层出不穷。在这三方面，突发性环境事件凸显了总体环境的脆弱性，其频率和烈度成为最佳指示器。中国环境统计数据显示，2007—2011年全国突发环境事件一直居高不下，2007年为462次，2008年为474次，2009年为418次，2010年为420次，2011年为542次。

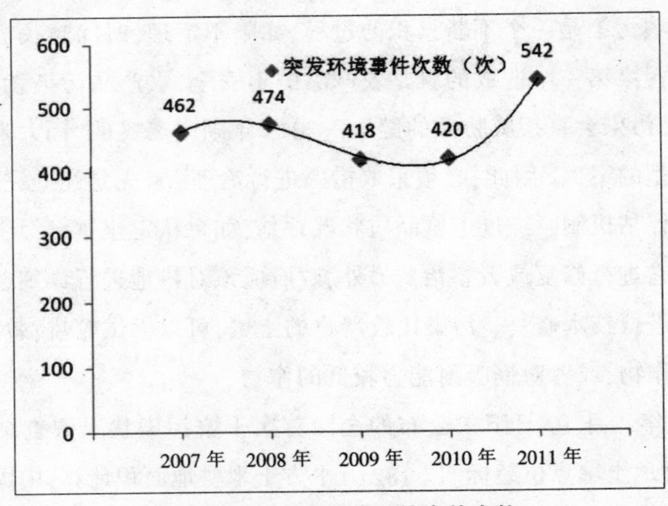

图1-2 近几年突发环境事件次数

自1996年以来，环境群体性事件一直保持年均29%的增速。特大环境事件高发、频发，2005年至2012年年底，环保总局直接接报、处置事件共

927 起，重特大事件 72 起，其中 2011 年重大事件比上年同期增长 120%，特别是重金属和危险化学品突发事件呈现高发态势。根据环保总局公布的《化学品环境风险防控“十二五”规划》，2008—2011 年我国共发生突发环境事件 568 起，相当于平均每 2.6 天发生一起，其中涉及危险化学品的 287 起，占 51%。2010 年全国石油加工与炼焦业、化学原料与化学制品制造业、医药制造业三大重点行业的环境风险及化学品检查发现，被调查企业中有 18.3%存在重大环境风险，22%存在较大环境风险。一些学者对历史上发达国家城镇化与环境事故的关系进行了统计，发现在城镇化率达到 50%时都出现了重大的环境突发事件，譬如 1851 年英国城镇化率达到 50%，出现了伦敦烟雾事件、公共卫生环境恶化、泰晤士河河道污染、霍乱肆虐；德国城镇化率达到 50%是在 1893 年，此时鲁尔工业区出现了大量雾霾、疾病，莱茵河河道污染；美国城镇化率达到 50%是在 1918 年，西部大开发如火如荼，植被被破坏、土壤贫瘠、森林被砍伐且流失、矿区掠夺式开发使生态破坏严重、工厂废水废气废尘排放加剧，导致了洛杉矶化学烟雾事件的爆发；日本城镇化率达到 50%是在 1953 年，此时水俣病、哮喘病流行，使得数十万人短时间内得病；韩国城镇化率达到 50%是在 1977 年，出现了蔚山污染事件、斗山集团污染洛东江事件，这充分说明城镇化率达到 50%将是城市生态环境事件的转折点。

表 1-5　2002—2013 年重大环境污染事件

时间(年)	事件	原因	后果
2002	贵州都匀矿渣污染事件	铅锌矿尾渣塌方	下游 20 多千米清水一片混沌，人畜一时饮水困难
	云南南盘江水污染事件	南盘江柴石滩以上河段发生严重的水污染	上百吨鱼类死亡，下游柴石滩水库 3 亿多立方米水库水体污染
2003	三门峡水库泻出一库污水	上游企业污水排放和黄河附近城镇生活污水排放逐年增加	三门峡水质为 V 类
2004	四川沱江特大水污染事件	四川化工股份有限公司将高浓度氨氮废水排入沱江支流	氨氮超标 50 多倍，50 万千克网箱养殖鱼死亡，直接经济损失 3 亿元，百万群众数周无水，生态恢复需要 5 年
	河南濮阳水污染事件	濮阳市黄河取水口连续多年遭受污染，城市饮用水源每年 4~5 个月受到污染	百姓喝不上“放心水”
	四川青衣江水污染事件	造纸厂排放大量工业污水	居民面临断水危机

续表

时间(年)	事件	原因	后果
2005	重庆綦江水污染事件	重庆华强化肥有限公司排出的废水污染水源	3万居民断水
	浙江嘉兴遭遇污染性缺水危机	上游过境水被污染，达标可用水十分缺乏	过度开采地下水使地面沉降加剧
	黄河水沦为“农业之害”	上游大量能源、重化工、有色金属、造纸等高污染工业企业林立，排放的废水直接进入引人渠	农作物减产甚至绝收
	松花江重大水污染事件	中石油吉林石化公司双苯厂苯胺车间约100吨苯、苯胺和硝基苯有机污染物流入松花江	吉林省松原市、黑龙江省哈尔滨市先后停水多日，顺流而下的污染甚至威胁到俄罗斯哈巴罗夫斯克边疆区
	广东北江镉污染事故	韶关冶炼厂设备检修期间违法超标排放含镉废水	高桥断面检测到镉浓度超标12倍多
2006	河北白洋淀死鱼事件	水体污染较严重、水中溶解氧过低	大片水域受到污染，鱼类大量死亡
	吉林牤牛河水污染事件	吉林长白山精细化工有限公司向牤牛河中人为排放化工废水	污染物为二甲基苯胺，形成长约5千米的污染带
	湖南岳阳砷污染事件	上游3家化工厂日常性排放工业污水	砷超标10倍左右，8万居民的饮用水安全受到威胁
	四川泸州电厂重大环境污染事故	四川泸州川南电厂工程施工，造成柴油泄漏	柴油泄漏混入冷却水管道并排入长江
2007	太湖、巢湖、滇池暴发蓝藻危机	化肥流失、生活污水、工业污染等导致水体富营养化	5月底太湖出现了大面积蓝藻，进入6月份，巢湖、滇池也出现蓝藻，饮用水出现污染
	江苏沭阳水污染事件	短时间内，大流量的污水侵入位于淮沭河的自来水厂取水口	城区供水系统被迫关闭，20万人口用水受到影响，整个沭阳县城停水超过40小时
2008	广州白水村“毒水”事件	私营小厂使用亚硝酸盐不当，污染了该厂擅自开挖的位于厂区内的水井，又导致自来水污染	41名村民中毒
	云南阳宗海砷污染事件	企业私自排放污水	水体中的砷浓度严重超出饮用水安全标准
2009	江苏盐城水污染事件	被评为当地标兵企业的盐城市标新化工厂，趁大雨天偷排了30吨化工废水，最终污染了水源地	江苏盐城市大面积断水近67小时，20万市民生活受到影响，占该市市区人口的2/5
	山东沂南砷污染事件	山东沂南县亿鑫化工有限公司非法生产阿散酸，并将含砷量超标2.7254万倍的废水排放到涑河中	造成水体严重污染

续表

时间(年)	事件	原因	后果
2009	湖南浏阳镉污染事件	一化工厂长期排放工业废物，在周边形成了大面积的镉污染	致植被大片枯死，部分村民因体内镉超标出现头晕、胸闷、关节疼痛等症状，两名村民因此死亡。2009年7月29日、30日，当地上千名村民因不堪忍受污染之害，围堵镇政府、派出所
	多地爆发儿童血铅超标事件	铅中毒事件均与当地企业的污染排放有关，重金属污染问题由此引起有关部门高度重视	2009年8月，陕西凤翔县接受检测的1016名儿童中，共查出851名儿童血铅超标，进而引发恶性群体性事件。随后，湖南武冈市被查出1354名儿童血铅超标，福建上杭县被查出121名儿童血铅超标。12月下旬，广东清远市数十名儿童也被集体查出铅中毒
	“有色金属之乡”饮水告急	多年以来，湖南的汞、镉、铬、铅排放量位居全国第一位，砷、二氧化硫和化学耗氧量(COD)的排放量居全国前列	湘江流域鱼类大幅减少，大片的农田无法耕种，相应地域的鱼类、粮食、蔬菜不能食用，4000万人口的饮水安全受到威胁
2010	紫金矿业铜酸水渗漏事故	福建省紫金矿业集团有限公司紫金山铜矿发生铜酸水渗漏，9100立方米的污水顺着排洪涵洞流入汀江，导致汀江部分河段严重污染	当地渔民的数百万千克网箱养殖鱼死亡，直接经济损失达3187.71万元
	大连新港原油泄漏事件	大连新港一艘利比里亚籍30万吨级的油轮在卸油附加添加剂时，导致陆地输油管线发生爆炸，并引起旁边5个同样为10万立方米的油罐泄漏。	据测算，此次事故至少污染了附近50平方千米的海域
	松花江化工桶事件	吉林省两家化工企业的仓库被洪水冲毁，7138只物料桶被冲入温德河，随后进入松花江	污染带长达5千米
	河南铬废料堆积成“城市毒瘤”	河南省在20世纪50年代至八九十年代兴建了一批化工企业，并留下了600多万吨废料铬渣，成堆存放在20多个城市的周边，成为“城市毒瘤”	铬渣中含有致癌物铬酸钙和剧毒物六价铬

续表

时间(年)	事件	原因	后果
2011	血铅超标事件频发不止	我国大多数中小企业存在各种环境违法问题,2009年、2010年多地曝出的血铅超标事件,在2011年继续蔓延	1月，安徽怀宁县高河镇228名儿童血铅超标。3月,浙江台州市路桥区峰江街道上陶村检测出172人血铅超标，其中儿童53人;浙江湖州市的海久电池股份有限公司被曝造成332人血铅超标,其中儿童99人。5月,广东省紫金县的三威电池有限公司被曝造成136人血铅超标,其中达到铅中毒判定标准的59人。9月，上海康桥地区25名儿童被测出血铅超标
	渤海蓬莱油田溢油事故	2011年6月4日,中海油与康菲石油合作的蓬莱19-3油田发生漏油事故,康菲公司和中海油将支付总计16.83亿元的赔偿款,此数额创下了我国生态索赔的最高纪录	截至12月29日,这起事故已造成渤海6200平方千米海水受污染,大约相当于渤海面积的7%,其中大部分海域水质由原一类沦为四类,所波及地区的生态环境遭严重破坏,河北、辽宁两地大批渔民和养殖户损失惨重
	哈药总厂陷“污染门”	哈药集团制药总厂长期违规排污,“水陆空”立体式排污已非一日	对周围环境污染严重,导致周边硫化氢气体超标千倍
	浙江杭州水源污染事件	污染源来自青山湖附近的一个工业园区	被污染的水体中出现了10种左右挥发性的苯烯类有机物质,部分地区供水中断
	云南曲靖铬渣污染事件	云南曲靖陆良化工实业有限公司将5222.38吨重毒化工废料铬渣非法倾倒	附近农村77头牲畜死亡，并对周围农村及山区留下长期的生态风险
	苹果公司中国代工厂被指污染环境	苹果公司在中国内地的供应商存在严重环境问题	江苏137名员工因暴露于正己烷环境,健康遭受不利影响
	甘肃徽县血镉超标事件	甘肃徽县的宝徽实业集团有限公司锌冶公司防护措施落实不到位	869名职工的体检结果显示,共有266人血镉超标,71人住院治疗
	江西铜业排污祸及下游	江西铜业在江西德兴市下属的多家矿山公司被曝长年排污乐安河,祸及下游乐平市9个乡镇40多万群众	耕地严重减产,沿河9个渔村因河鱼锐减失去经济来源,当地民众重金属中毒病症和奇异怪病时有发生
2012	广西龙江河镉污染事件	广西龙江河突发严重镉污染,水中的镉含量约20吨，污染物顺江而下,污染河段长达约300千米,并于1月26日进入下游的柳州,引发举国关注的“柳州保卫战”	共有133万尾鱼苗、4万千克成鱼死亡,而柳州市则一度出现市民抢购矿泉水的情况
	江苏镇江水污染事件	水源水受到苯酚污染是造成异味的主要原因。停靠镇江的韩国籍“格洛里亚”号货轮有排放污染源的重大嫌疑	镇江发生了抢购饮用水风波

续表

时间(年)	事件	原因	后果
2013	主要特大城市雾霾	机动车、燃煤、工业制造以及生活污染等诸多方面造成	2013 年,"雾霾" 成为年度关键词。4 次雾霾过程笼罩 30 个省(区、市),在北京,1 月份仅有 5 天不是雾霾天。有报告显示,中国最大的 500 个城市中,只有不到 1%的城市达到世界卫生组织推荐的空气质量标准,与此同时,世界上污染最严重的 10 个城市有 7 个在中国
	上海黄浦江死猪事件	漂浮死猪累计达 10395 头	造成水体污染
	执法人员发现部分未经处理的造纸废水直接排入麦田	环境执法人员分赴新乡、临颍、济源等地暗访,发现部分未经处理的造纸废水直接排入麦田	严重污染粮食和水体
	青岛输油管道爆炸事件	中石化输油储运公司潍坊分公司输油管线破裂。事故发生后,斋堂岛街约 1000 平方米路面被原油污染,部分原油沿着雨水管线进入胶州湾,海面过油面积约 3000 平方米	受海水倒灌影响,泄漏原油及其混合气体在排水暗渠内蔓延、扩散、积聚,最终造成大范围连续爆炸。事故造成 62 人死亡、136 人受伤,直接经济损失 75172 万元
	河北钢铁公司大气污染	个别钢铁企业擅自开工建设违法、违规工程;部分钢铁企业存在烧结机脱硫设施不正常使用、自动监控数据弄虚作假现象;部分钢铁企业限期整改期间存在粉尘无组织放散严重、污染物超标排放现象	空气污染严重
	中石油长庆油田分公司水污染	6 月 20 日,中石油长庆油田号 5-15-27AH 苏气井污水直接排入额日克淖尔湖	当地数百头牲畜暴死,且百姓也出现身体不适

由此可以看出,生态环境事件不仅造成经济社会损失、威胁人体健康,还成为公共安全和社会稳定的重大隐患。什邡事件、启东事件、宁波 PX 事件等环境群体性事件说明任何项目只要产生环保问题,群众普遍不支持、强烈反对将成为常态。这种脆弱的社会心理环境一旦普遍蔓延,不仅威胁社会的稳定,还对未来发展构成空前挑战。一些专家甚至指出,如果不采取严厉措施,那么人类历史上突发性环境危机对经济、社会体系的最大摧毁将出现在中国。

第三节 生态系统恶化

中国资源环境危机还集中体现在生态系统服务上。所谓生态系统服务，即人类从生态系统获得的各种惠益，包括供给服务、调节服务、文化服务和支持服务。根据科学界的共识，提供生态系统服务的主要是湿地、森林和草地三种形态，目前森林、湿地、草地约占国土总面积的63.8%，总价值量占中国生态系统服务价值总量的74.4%~81.5%，如果这些基础性的生态支持系统遭到侵蚀，那么中国作为文明主体将遭遇巨大挑战。

湿地是地球三大生态系统之一，其作用是净化污染物，调节微气候，改善环境，为动植物提供丰富多样的栖息地，也为居民提供休闲娱乐和教育场所，常被称为“地球之肾”“淡水之源”“物种基因库”“储碳库”“物产宝库”。目前中国的湿地生态系统年服务价值为2.7万亿元。根据2007年的统计数据，中国湿地面积约为6590多万公顷(不包括江河、池塘)，占世界湿地总面积的10%，居亚洲第一位、世界第四位。其中天然湿地约为2594万公顷，包括沼泽约1197万公顷，天然湖泊约910万公顷，潮间带滩涂约217万公顷，浅海水域约270万公顷；人工湿地约4000万公顷，包括水库水面约200万公顷，稻田约3800万公顷。然而这些湿地正呈现数量减少、质量下降的趋势。譬如三江平原湿地损失136.75万公顷，面积比例由原来的52.49%下降到15.71%；滨海湿地面积累计丧失约219公顷，损失过半；新疆湿地面积由280万公顷下降到2001年的148万公顷；青藏高原典型高寒湿地面积萎缩10%；长江源区沼泽湿地退缩幅度达到29%，大约有17.5%的内流小湖泊干涸、消失；黄河源区和若尔盖地区湿地系统空间分布格局破碎化和岛屿化程度显著加剧。剩下的自然湿地面积仅占国土面积的3.77%，也远低于世界平均水平。

湿地破坏、退化的原因大同小异，主要表现在三个方面：①湿地面积减少，功能衰退。人口的快速增长和经济发展造成湿地被开垦为农田或做其他用途，譬如围埂造田、兴建码头。②生物多样性受损，对湿地不合理的开发、利用导致湿地日益减少,功能下降,而狩猎、砍伐、采挖等过量获取湿地生物资源,造成湿地生物多样性逐渐丧失,生态功能受到严重影响。③污染加剧、环境恶化,工业废水、生活污染和农药等有害物质大量排入,形成富营养化的水环境,浮游生物和藻类大规模爆发性生长,严重损害了湿地原先的功能和生物多样性。据不完全统计,全国已有2/3的湖泊受到不同程度的影响,仅长江水系每年工业废水和生活污水就达120多亿吨。国内湿地破坏、退化还显著体现在城市湿地上,根据地理遥感监测数据,国内外城市湿地都不约而同出现面积变小、分布不均匀、孤岛式生境的斑块,斑块之间的连接度降低等情况。早在20世纪60年代北京市尚有湿地12万公顷,到2010年只有4.8万多公顷,湿地在北京市土地面积中所占比重由以前的15%降至2.93%,当前已很难找到一块自然形成的水域。杭州西溪湿地也经历类似变化,公园建成之前被周边蚕食,面积从历史上的6000公顷减少到目前的1008公顷。城市化对湿地的影响不仅仅是面积的侵蚀和外观形状的割裂,对湿地的功能、水质也造成不可逆转的负面效果。此外,一些城市还以公园的形式对湿地进行观光旅游、休闲娱乐开发,导致湿地环境从功能和结构上都有所恶化。

上海地处太平洋西岸、亚洲大陆东端,东临东海,北界长江,位居长江三角洲,按一级湿地类型分,滨海湿地305421公顷,占95.53%;河流湿地7191公顷,占2.25%;湖泊湿地6803公顷,占2.13%;库塘湿地299公顷,占0.09%。按二级湿地类型分,潮间淤泥海滩滨海湿地13495公顷,占4.22%;岩石性海岸滨海湿地2502公顷,占0.78%;河口水域滨海湿地总面积289425公顷,占90.53%;永久性河流湿地7191公顷,占2.25%;永久性淡水湖泊湿地6803公顷,占2.13%;水库湿地299公顷,占0.09%。根据上海林业局2010年统计数据,面积超过100公顷的湿地有27块,主要分布在杭州湾北岸、长江河口地区。如果坐上飞机从空中鸟瞰,不难发现上海本身就建立在湿地之上。丰富的湿地资源必然带来生物物种的多样性,迄今为止上海共有植物160种,动物269种,其中鸟类资源尤为丰富,有150多种,占全国鸟类资源的60%以上。从新闻媒体上、网络上我们经常可以看到这样的说法:上海湿地的面积在减少、功能在退化、质量在下降,这具体表现在湿地区域用途的变化、水质变差、生物多样性丧失等方面。江湾城所在的区域是原来市区内唯一的一块生态湿地,面积共有945公顷,总体绿地率超过50%,基本不存在污染和破坏问题;然而通过谷歌地图能清晰地看到近几年房地产开发对湿地面积构成的显著影响,楼盘的加速入侵使绿地面积消失1/3,连政府唯一承诺保护的、面积极小的18公顷原生态湿地也已遭到各种人工设施的破坏,原生湿地系统几近消失。实际上不仅仅是江湾湿地,包括河流、湖泊、水库、边滩、稻田、养殖池塘、景观水面的整个内陆湿地都处于持续减少的状态,根据地理遥感监测数据,1990—2000年内陆湿地面积减少了12396公顷,而2000—2007年内陆湿地减少了7695公顷,几乎每年以10%的速度递减,减少量为100~120公顷。

不但内陆湿地呈现快速萎缩状态,就连海岸湿地也在逐年下降,根据地理遥感监测数据,上海2007年湿地现有面积为248819公顷,比2002年调查结果显示的319714公顷减少了22.2%,整整70895公顷。减少区域主要集中在上海近海及海岸湿地,如崇明东滩从71896.77公顷减少到60070公顷,崇明岛周缘从41188.24公顷减少到31663公顷,横沙岛周缘从50549.87公顷减少到44517公顷,浦东新区边滩则从5954.7公顷减少到3344公顷,南汇边滩则从58086.13公顷减少到39246公顷。湿地功能退化,水污染加剧,富营养化的现象也异常突出,上海有些地方的芦苇越来越稀疏,长得越来越细小、矮,这与水质变差,污染变多,有机物含量变少有关。此外,鸟类和生物物种也越来越稀少。根据上海绿化市容管理局2011年3月31日发布的2010年上海水鸟资源监测报告,2006—2010年,上海水鸟数量正从2006年的20多万只次,下降到目前的不足15万只次,其中冬候鸟和旅鸟的数量下降最为明显。除奉贤边滩和崇明东滩保护区的数量呈现少量上升趋势以外,其余各区域的水鸟数量均出现了下降,其中崇明东滩鱼蟹塘和九段沙保护区最为明显。此外,生态系统恶化还表现在外来物种入侵。大量证据表明,从美国引进的互花米草虽有促淤、消浪、护岸的功能,但却对崇明东滩湿地的生态环境造成了恶劣影响,对其他动植物生存和栖息地质量造成了明显的伤害。

除了湿地,我国森林资源建设也有待进一步加强。根据第七次森林资源清查(2004—2008年)结果,全国森林面积共19545.22万公顷,覆盖率为20.36%,活立木蓄积量为149.13亿立方米,森林蓄积量为137.21亿立方米,列世界第五位,人工林面积居世界首位。尽管与第六次森林资源清查相比,我国森林面积增加了2054.30万公顷,覆盖率增长了2.15个百分点,但是横向比较仍存在总量不足、质量不高、分布不均衡的情况,覆盖率只有世界平均水平的2/3,人均森林占有面积不到世界平均水平的1/4,人均森林蓄积占有量仅相当于世界平均水平的1/7强。从地域上看,我国东北的大、小兴安岭和长白山,西南的川西川南、云南大部、藏东南,东南、华南低山丘陵区,以及西北秦岭、天山、阿尔泰山、祁连山、青海东南部等区域,森林资源分布相对集中;而地域辽阔的西北地区、内蒙古中西部、西藏大部,以及人口稠密、经济发达的华北、中原及长江、黄河中下游地区,森林资源分布较少。我国现有森林资源中,中、幼龄林比重较大,面积占乔木林面积的67.25%,蓄积量占森林蓄积量的40.03%,造林良种使用率仅为51%,与林业发达国家的80%还有很大差距。我国采伐用材年生长量不足1亿立方米,商品材年耗森林资源1.5亿立方米,用材林资源赤字严重。21世纪房地产业发展迅猛,木材需求陡增,必须依靠进口。森林资源状况彻底改善至少还需30~50年时间。

表1-6 中国木材进口情况　　单位:万立方米

年度	2006	2007	2008	2009	2010	2011	2012
总量	3822.08	4358.11	3662.19	3792.25	4905.86	6384.28	5846.69
原木进口	3215.29	3709.08	2957	2805.93	3434.75	4232.58	3790.13
锯材进口	606.79	649.03	705.19	986.32	1471.11	2151.7	2056.56

我国草原的状况亦不乐观。根据2008—2012年度《全国草原监测报告》,我国是一个草原大国,拥有各类天然草原近4亿公顷,约占陆地国土

面积的2/5。草原是我国面积最大的绿色生态系统,也是干旱、高寒等自然环境严酷、生态环境脆弱区域的主体生态系统,遍布全国各个省(自治区、直辖市),其中西藏、内蒙古、新疆、青海、四川和甘肃6省(自治区)是我国的六大牧区,草原面积占全国草原总面积的75.1%,可分为北方干旱半干旱草原区、青藏高寒草原区、东北华北湿润半湿润草原区和南方草地区四大生态功能区域。

北方干旱半干旱草原区位于我国西北、华北北部以及东北西部地区,涉及河北、山西、内蒙古、辽宁、吉林、黑龙江、陕西、甘肃、宁夏和新疆10个省(自治区),是我国北方重要的生态屏障。在构建"两屏三带"为主体的生态安全战略格局中,北方防沙带主要位于该区。全区域有草原面积15995万公顷,占全国草原总面积的41.7%。

青藏高寒草原区位于我国青藏高原,涉及西藏、青海全境及四川、甘肃和云南部分地区,是长江、黄河、雅鲁藏布江等大江大河的发源地,是我国涵养水源、保持水土的核心区域,享有中华民族"水塔"之称,也是我国生物多样性最丰富的地区之一。全区域有草原面积13908万公顷,占全国草原总面积的35.4%。

东北华北湿润半湿润草原区主要位于我国东北和华北地区,涉及北京、天津、河北、山西、辽宁、吉林、黑龙江、山东、河南和陕西10省(直辖市)。全区域有草原面积2961万公顷,占全国草原总面积的7.5%。

南方草地区位于我国南部,涉及上海、江苏、浙江、安徽、福建、江西、湖南、湖北、广东、广西、海南、重庆、四川、贵州和云南15省(自治区、直辖市)。全区域有草原面积6419万公顷,占全国草原总面积的16.3%。

草原是保护草原动植物资源、维护生物多样性的重要手段,是重要的动植物基因库。由于多种多样的原因,我国草原主要存在以下问题:畜牧业粗放型增长方式难以为继,草畜矛盾仍十分突出;草原灾害频繁发生,防灾、抗灾能力薄弱;草原退化、沙化、盐渍化严重,草原生物多样性遭到破坏,毁坏草原资源的现象时有发生。农业部发布的《2008年全国草原监测报告》显示,退化主要是人为造成,重点天然草原的牲畜超载率为32%。尽管目前超载率有所下降,但过牧现象严重,开垦、乱征滥占、乱采滥挖等破坏草原的行为仍时有发生。《2009年全国草原监测报告》显示,全国草原退化、沙化、盐渍化、石漠化现象依然十分严重。全国重点天然草原的牲畜超载率仍在30%以上,水土流失面积接近1333万公顷,鼠虫害年均危害面积6153万公顷,草原旱灾、火灾、雪灾等灾害严重,防灾、减灾、救灾能力不强。《2010年全国草原监测报告》显示,我国草原生态总体形势发生积极变化,草原生态环境加速恶化的势头得到有效遏制,总体上呈现"点上好转、面上退化,局部改善、总体恶化"态势,草原生态环境治理任务十分艰巨。《2011年全国草原监测报告》显示,全国草原综合植被覆盖度为51%。国家对草原生态保护建设力度不断加大,部分地区草原生态环境加快恢复,但超载过牧现象依然严重,草原退化、沙化、盐渍化仍在不断延续,草原生态环境形势严峻,全国草原生态环境治理步入攻坚阶段。《2012年全国草原监测报告》显示,全国草原大部分综合植被覆盖度为53.80%,仍处于超载过牧状态,草原退化、沙化、盐渍化、石漠化现象依然严重,生态环境形势依然严峻。

第四节 全球性议题深入影响

全球环境变化多种多样,种类却并非一成不变,随着科学发现和实践层面的推进, 一些原先意料不到或者不甚显著的环境变化也愈加明显,譬如气候变化和生物入侵,而原先关联度并不突出的水、能源、土地、海洋、农业和灾害等,其相互贯穿性、连通性、纽带性关系也日益凸显。2012年6月20日至22日召开的联合国可持续发展大会(里约+20峰会)关注两大主题:可持续发展和消除贫困背景下的绿色经济、可持续发展制度框架,聚焦七大关键议题:就业、能源、城市、粮食、水、海洋和灾害,但这七大议题并无有效解决办法,反而出现了解决方案相互矛盾、否认和抵消的情况。过分强调某个问题很可能引起其他问题恶化,譬如过分强调解决水资源安全则引致农业和粮食生产遭遇挑战,而过分强调风能、太阳能、光能等可再生能源则可能引致稀缺贵金属的浪费和土地资源紧张，过分强调为了能源供应而发展生物燃料则会对粮食价格产生潜在的负面影响，过分强调为了预防公共灾害而关闭核电站则会使能源供应出现困难，过分强调粮食安全就会导致水资源供应的急剧恶化等，最终导致所有问题都趋于恶化。因此，人类在集体推进可持续发展的进程中出现了越来越多两难、三难进而不知所措的情况。虽然世界各国在应对气候环境变化、推进可持续发展过程中都会遇到一些共同性问题，但中国所面临的形势更为严峻、矛盾更为尖锐，其表现是核心资源、能源对国外的依存度越来越高，地缘经济越来越向美国、澳大利亚等国集中，朝着不利于我国的方向发展。此外，中国的现代化和全球化、工业化、城市化同步展开，全球化造成消耗产业向中国转移，工业化造成消耗强度不断攀升，城市化促成生活方式不断变迁，与地球承载力构成尖锐矛盾。

最近查塔姆研究所出台了《资源未来》报告，对来自200多个国家的1200万份数据以及1200种自然资源进行了分析和咨询研究，分析了关键原材料或半成品(从作物、燃料、渔业、林产品、金属到肥料)的生长、贸易和消费的最新发展趋势。统计数据显示，过去10年新兴经济体的快速成长已经使其成为主要的资源消费中心，而资源生产仍然集中在少数几个国家。资源贸易在世界贸易中的地位越来越重要，在全球范围内一个更加复杂的资源贸易关系网络正在形成。在这种资源贸易网络关系中，中国虽然也是资源生产大国，在全球产量中占很大份额，譬如谷物产量占全球的19%、大豆占6%、木材占9%、鱼占35%、肉类占27%、铁矿石占26%、铝土矿占21%、煤炭占44%、铜占8%、石油占6%，但中国更是资源消耗大国，譬如谷物、大豆、鱼、煤炭、钢铁、棕榈油、肉类、石油的消耗量分别占世界的19%、25%、34%、46%、43%、15%、27%、11%。对比这组数据可以得出以下两个结论：第一，煤炭、钢铁、铜等生产性物资的生产和消费比例最高，说明中国处于快速扩张阶段。第二，中国在谷物、大豆等农产品方面不能自给自足，作为牲畜饲料和战略储备物资，农产品的进口量增长迅速，对外需求急剧增加。从美国输入的大豆由 2002 年的价值 12.3 亿美元上升到 2010 年的价值 125.3 亿美元，数量上将由2000 年的7.16 百万吨上升到 2020 年的27.87 百万吨；从阿根廷输入的大豆将从 2000 年的 2.87 百万吨上升至 2020 年的 11.90 百万吨，当然由于阿根廷为了满足本国畜牧业发展需求，其限制大豆出口的压力越来越大；巴西已成为最重要的大豆出口国，未来几年还有可能取代美国成为中国最大的大豆供应国，由 2000 年的 1.90 百万吨上升到 2010 年的 42.68 百万吨；马来西亚是仅次于印度和欧盟的中国棕榈油的第三大进口国，中国从马来西亚进口的棕榈油由 2000 年的价值 3.2 亿美元上升到 2010 年的价值 27.1 亿美元。以上数据说明中国资源缺口在不断扩大，寻求资源供给的能力在持续加强，中国对外部的依赖关系持续升级，然而由于资源供给地较为集中，如果供应中断、国际资源价格迅速攀升，那么中国的经济增长以及社会承受力、环境资源承载力将受到重大影响。更重要的是水源短缺对于资源的生产方和消费方来说都是一个重大的挑战。随着人口的增加以及气候变化的影响，资源行业与社会之间的竞争必定会愈加激烈。

其实中国所面临的诸多输入性环境问题中，以气候变化最为突出。气候变化给中国带来的挑战主要体现在两方面：一方面是经济社会的脆弱性，另一方面是国际社会要求中国接受强制性减排约束。按照 2008 年中国国务院新闻办公室发布的《中国应对气候变化的政策和行动白皮书》，气候变化对中国自然经济社会造成的影响主要体现在：对农牧业的影响，对森林和其他自然生态系统的影响，对水资源的影响，对海岸带的影响，对社会经济等其他领域的影响。未来 10 年，上述负面影响还将更为严峻：小麦、水稻和玉米三大作物可能减产；生态系统变迁，脆弱性愈加明显；水资源年内和年际变化加大，洪涝和干旱等极端自然灾害发生概率增加；沿海海平面将继续升高，海水入侵、土壤盐渍化、海岸侵蚀，沿海城市市政排水工程的排水能力降低，港口功能减弱；国民经济损失巨大等。为应对气候变化，国际社会制定了《联合国气候变化框架公约》及其附件《京都议定书》，并通过哥本哈根、坎昆和多哈会谈积极谋求后京都时代的制度安排。与此同时，国际社会对中国的碳排放总量日益关注并明确提出强制性量化减排要求。根据国际能源机构(IEA)2011年最新统计及国家发改委的《中国应对气候变化的政策与行动2012年度报告》，中国的温室气体排放总量已居世界第一。随着经济进一步增长、工业化和城市化的继续推进，碳排放量还会持续增加。党的十八大报告要求到2020年人均收入再翻一番，增加到8400美元，甚至更高，要实现这一目标，经济增长率至少要达到7%。根据2012年的《低碳经济蓝皮书》，到2030年，我国温室气体排放可能达到128亿吨，碳排放量占世界总量的30.5%。在温室气体等诸多空气污染物成为国际社会负外部性的前提下，中国担负的国际责任和强制减排的义务愈益凸显，然而目前就我国产业结构和技术水平而言，根本无法承担国际社会提出的绝对减排的责任。

表1–7 中国面对的重要环境与发展挑战

到2020年中国面对的重要环境与发展挑战
挑战一：中国将面临严重的能源安全、空气污染问题，以及日益增加的温室气体减排压力。
挑战二：日益严重的水资源危机。
挑战三：城市垃圾、工业废物和有害废物持续快速地增加。
挑战四：生态系统退化、生物多样性丧失。
挑战五：新生环境问题，如室内空气污染、地面臭氧、汞污染、环境健康问题，土壤污染以及与信息技术、生物技术和纳米技术相关的环境问题。
挑战六：持续恶化的全球环境。
挑战七：中国的快速发展对外部环境影响日益增加。

第二章 中国生态文明建设的世界背景

自金融危机爆发以来，全球性的消费、投资、贸易、生产、就业等均出现萎缩，振兴世界经济、扩大就业成为国际社会共识。美国、欧盟、日本等发达经济体遭受了严重打击，新兴经济体中国、巴西、南非的情况与往年相比也不容乐观。在这种背景下寻求经济快速复苏、推动就业增长成为全球最紧迫的任务。在寻求复苏的过程中，人们普遍意识到以牺牲资源环境为代价，以污染换取经济增长将越来越不可持续，"绿色经济"浮出水面。经过知识界几年的阐述和研究，在绿色经济是什么、要不要发展绿色经济等问题上已取得一系列共识。然而也有其他一系列问题始终争论不休，比如绿色经济在整个国民经济中的作用有多大，绿色经济何时才能取得关键性、突破性进展，这些问题还需要进一步考察。

第一节 绿色经济的全球共识

一、绿色经济的概念和范畴

要理解绿色经济在国民经济、世界经济中的作用就必须首先理解什么是绿色经济？绿色经济包含哪些具体范畴？是否符合循环经济原则、理念的行动和做法都属于绿色经济？

"绿色经济"首先源自经济学家皮尔斯 1989 年出版的《绿色经济蓝皮书》。他认为所有经济增长必须从社会及生态条件出发，在自然环境和人类可承受的范围内建立一种"可承受的经济"，不能因为盲目追求经济的增长而造成社会分裂和生态危机，最终使社会生活无法持续。一些人认为绿色经济是 20 世纪 60 年代以来伴随西方工业化国家的社会生态运动而兴起的一种清洁型经济形式，它以市场为导向、以传统产业为基础、以经济与环境的和谐为目的，是产业经济为适应人类环保与健康需要而产生并表现出来的一种发展状态。①这个定义和循环经济3R原则、生态经济趋势显然是一致的，从推动经济增长的角度来说，绿色经济就是循环经济，强调增长、盈利，需要投资、消费和出口。

绿色经济有狭义和广义之分，狭义层面仅指环保产业，包括污染控制与减排、废弃物处理、洁净技术与洁净产品、节能技术、资源综合利用等方面；而广义层面除了以上内容还包括可再生能源和清洁能源、现有能源的技术开发和新材料的研发以及气候、环境保护等。当下虽然日益高涨的废物污染问题、持续扩大的交通外部性问题、加剧恶化的资源管理问题、频繁发生的环境灾害给人们的生存带来了严峻挑战，但无论是从数量上还是从性质上还局限于一角、一域、一国，没有形成全球性趋势。工业革命以来真正对人类构成前所未有挑战的当属气候变化和能源安全。气候变化的公共性和非排他性、不可逆性等诸多特性决定气候变化不可能由一国以局部的眼光和方式处理这个问题，单个国家或许能够自愿做出自己的贡献，但是终究杯水车薪、无济于事。气候变化的事实还表明，能源安全已从传统化石燃料的日益稀缺和能源价格的波动等供应安全扩展到能源利用的形式和种类等使用安全。②绿色经济要反映未来发展趋势就必须减少温室气体排放，而要减少温室气体排放，关键还是要搞好能源利用，因此以新能源利用和能源技术为核心的绿色投资不应仅属于绿色经济的一部分，而应是绿色经济的发展核心，也正是基于这一点，低碳经济与绿色经济达成高度的一致性。

其实世界经济的绿色转型或者说绿色经济，早在2008年10月联合国环境规划署(UNEP)启动全球绿色新政及绿色经济计划时就提出来了。规划署要求世界各国应对危机时应执行环境友好、可持续的绿色经济增长

---

① 互动百科，http://www.hudong.com/wiki/%E7%BB%BF%E8%89%B2%E7%BB%8F%E6%B5%8E。

② 陆忠伟：《非传统安全论》，时事出版社，2003年，第166页。

模式，在其发布的一份报告里更将绿色经济定义为改善人类福祉和社会公平，同时又降低环境风险和生态稀缺的经济，包含三方面内容：经济转型、资源效率、进步和福祉。经济转型要求把投资转向低碳、清洁、浪费最小化、节约资源的生产生活活动，其关键指标包括投资转变（如联合国环境规划署定期发布可再生能源投资状况），以及随之而来的环保或有益于环境的产品与服务的相关工作；资源效率包括使用材料、能源、水、土地、生态系统变化、废物产生，以及与经济活动有关的有害物质的排放等方面的指标；进步和福祉指标，即促进社会进步、改善人类福祉的指标，调整绿色产品和服务的投资及转向并加强对人力资本和社会资本投资，包括满足人类基本需求的程度、教育水平、人口健康状况、贫困人口获得和使用社会安全网的情况。①

绿色经济除了有广义、狭义的划分，还有“浅绿”“中绿”和“深绿”的区别。1992年世界观察研究所所长莱斯特·布朗在《发起一场环境革命》一文中明确指出，深绿色的环境革命与20世纪六七十年代的浅绿色环境运动具有质的区别。一般说来，浅绿色环境观念是建立在环境与发展分裂的思想基础上，侧重于思考环境问题的现状以及严重后果，表现出对人类发展的悲观意识，甚至试图通过反发展以拯救危机，侧重于在技术层面讨论问题；而深绿色环境观念则是对环境与发展的整合性思考，不是对传统发展模式的简单修补，而是与旧的工业文明的彻底决裂，要求对环境问题产生的经济、社会原因进行深入探讨，并在此基础上寻找环境与发展双赢的路径。由此，不同于“浅绿”对旧式工业文明方式的调整和补充，“深绿”要求从发展机制上寻求途径以杜绝环境问题的发生。此外，“深绿”的绿色经济还要求在传统的经济学强调的三种基本要素——人力资本、自然资本和制造资本的基础上加入社会组织资本。社会组织资本指的是从地方社区、商业团体乃至国家的法律、政治组织到国际的环保条约等。社会组织不仅仅是单纯的个人的总和，它包括习惯、规范、情操、传统、程序、记忆和文化，

① 联合国环境规划署（UNEP）：《衡量一个朝向包容性绿色经济进展》，2012年12月2日。

以及由此培养出的相应的效率、活力、动机和创造力。①

二、绿色经济究竟多重要

绿色经济低碳化、可持续、能循环、少污染的性质表明，以新能源利用和能源技术为核心的绿色经济对人类全面自由发展具有根本意义。然而有些学者却认为绿色经济虽然重要，但并不一定能够成为此次经济复苏的引擎，也不表明绿色经济一定会成为国民经济的重心，其原因如下：

第一，对于大部分国家来说，能源和环保产业对经济增长贡献的比率不到10%，而新能源目前在能源中所占比例不足10%，也就是说，新能源投资对经济的拉动作用仅为1%，因此靠新能源走出经济低谷是不现实的。②

第二，表面上看是美国金融体系的缺陷引发了经济危机，其实经济危机的根源在于美国消费和储蓄的失衡，而这与绿色经济风马牛不相及，如果这个问题不解决，还会引发下一次经济灾难，因此奥巴马总统试图依靠投资绿色产业使经济走出低谷的做法是重大失误。③

第三，绿色投资会造成资源的错置，任何人都无法保证绿色经济成本会小于带来的收益，诺贝尔经济学奖得主加里·贝克尔就认为全球变暖引致的损失如果贴现率过高的话，那么发展绿色产业、绿色技术投资会使得成本远远大于收益，并不符合经济活动的逻辑，因此把资本用于回报率较高的地方而非气候治理，可能对后代有更多的福利改善。④

第四，为发展绿色经济而引进政策措施，如设定减排目标、总量排放权交易体系、制定绿色经济发展规划、引入碳价格等会让很多工厂一夜倒闭，经济增长趋缓，工作机会蒸发，因此国家不应以法律手段通过补贴或管制来随意支持某种技术(如可再生能源技术)，也不应以法律手段通过税收或管

① 参见季昆森：《协同发展循环经济与低碳经济》，安徽省人大常委会：《经济发展方式转变与自主创新——第十二届中国科学技术协会年会(第一卷)》，2010年。

② 李俊峰：《一个新的高风险、过度竞争产业：新能源》，《绿叶》，2009年第6期。

③ Matthew E. Kahn, Think Again: The Green Economy, *Foreign Policy*, May/June 2009.

④ 王军：《全球气候变化与中国的应对》，《学术月刊》，2008年第12期。

制来限定某种技术(如化石燃料),而应该让每一种技术在不存在管制、税收和补贴的情况下和其他技术展开充分竞争,只有这样才能迅速找到应对气候变化和环境问题的最佳解决方案。也就是说,如果为了发展绿色经济、应对气候变化而制定的任何措施阻碍了财富最正确、有效的创造,那么绿色经济就会是一个巨大的负担。①

第五,短期内最激进的绿色支出也只能对温室气体有微弱的减排效应,绿色复苏计划对能源安全和经济增长产生的效果有限,因此绿色复苏计划的首要价值并不是减排温室气体,也不是创造就业机会,而只能起到未来降低温室气体减排成本与负面影响的作用。②

第六,还有一种观点认为绿色经济能否成为未来世界的经济引擎其实并不重要,因为绿色经济的出发点和合法性是基于气候变化和不可持续的生产、生活方式,如果我们基于现有技术,通过制度、措施建立经济可持续发展途径,那么提出绿色经济就没有必要,因为无论对技术推广还是国家环境政策来说,公众参与最具有关键意义。③

以上论述试图说明绿色经济对经济复苏的拉动作用其实并没有想象的那么大,或许还称不上引擎的作用,那么绿色经济能否成为世界经济未来发展的引擎呢?作为一种发展趋势,答案是肯定的,众多迹象表明世界各国都有充足的动力发展绿色经济,未来一片光明。

(一)从现实来看,绿色投资实际上已经成为全球应对经济危机、振兴经济的着眼点,各国为抵御金融危机、增进市场有效需求、扩展就业机会纷纷建立了绿色经济长期投资规划

2009年,美国颁布《美国复苏与再投资法案》以图重振美国制造业,在

---

① [德]柯武刚等:《全球公民社会气候变化报告》,国际政策出版社,2007年,第11~13页。

② Trevor houser, A Green Global Recovery? Assessing U.S. Economic Stimulu sand the Prospects for International Coordination, World Resoureces Institute, Number PB09-3,http://www.piie.com/publications/pb/pb09-3.pdf.

③ [日]宫本宪一:《环境经济学》,朴玉译,生活·读书·新知三联书店,2004年,第1~11页。

2009—2014 年，向这一领域投入总规模为 1507 亿美元的扶持资金，这比 2002—2008 年的政府投入多出 3 倍，在资源和产业两大层面都有极大的推进。在资源层面，奥巴马提出逐步发展全新能源战略：首先，对传统能源进行改革。到 2030 年将石油消费降低一半，至少减少 35%，以推动主要产业能源战略转换。其次，支持新能源。未来 10 年投资 1500 亿美元建立“清洁能源研发基金”，用于太阳能、风能、生物燃料和其他清洁可替代能源项目的研发和推广，为使用此类能源的企业提供 250 亿~450 亿美元的税收优惠，可增加 500 万个就业岗位；未来 3 年内可再生能源产量增加 1 倍，2012 年可再生能源发电量占总发电量的比例由目前的 8%提高到 10%，2025 年增至 25%。再次，节约能源和提高效率。一是提高燃料利用效率，未来 18 年内，燃料利用效率至少要提高 1 倍；二是提高汽车能效，动用 40 亿美元政府资金，支持汽车制造和改造，引进新型材料、新引擎、新技术，生产更节能、更高效的汽车，到 2015 年使节能车销量达到 100 万辆；三是提高建筑物能效，未来 3 年内将对大部分联邦政府建筑进行改造，10 年内将现有建筑物能效提高 25%，2030 年将能效提高 50%。此外，奥巴马政府还放宽了法律限制，要求开采本土石油及天然气资源，发展清洁煤技术，加快太阳能、风能等可再生能源的开发利用，根据美国能源署统计数据，2012 年美国发电量的 12%来自可再生能源，这个比例到 2025 年将达到 25%。

近几年，美国的清洁技术及其产业得到较快发展。2011 年美国可再生发电能力比 2006 年增长了一倍，一批新型核电站已开工建设。在技术层面，联邦政府提供扶持资金，以直接投资、税收优惠和贷款或贷款担保的形式将资金的 74%给了清洁技术推广和使用，18%直接投给了清洁技术的研发和演示，另外 8%则给了清洁技术制造商。通过智能电网和超导电网对传统电网进行升级换代，发展节能汽车和电动汽车，全面推进建筑节能和分布式能源管理，改变美国过度依赖进口石油的现状。美国制造的先进电池和运输工具扩大了市场份额；太阳能、风能和其他清洁能源的技术价格持续下降，2010 年清洁技术产业部门的就业岗位比 2007 年上升了 12%，即便经济处于衰退低谷期，仍增加7万个就业岗位。此外，美国还试图设计一套合理的法规体系以成功推进清洁技术的创新和产业发展，为美国清洁能源产业提供更加稳定的环境，最终使清洁技术及其产业发展摆脱对财政补贴的依赖并获得长期的国际竞争力。除了政府提出相关政策和资助，美国能源企业和一些科研机构还积极采取行动，如减少温室气体排放、建设横跨四个时区的全国统一电网、加大对新能源技术的投入（包括超导电网、智能电网、太阳能、光伏电池等在内的一系列能源技术储备充足）、大规模使用混合动力汽车等。总体说来，美国在开发风能、太阳能方面已取得巨大成就，并在生物质能发电技术上进入世界先进行列，目前正试图全面占领技术制高点，同时建立广阔的新能源市场进而重塑自身的霸主形象。[①]

与美国类似，欧盟是对环保追求最严格的地区，作为应对环境变化的先锋，其所面临的最大挑战是如何使能源体系在安全地、可持续发展下去的同时满足经济社会发展需求。欧盟目前的能源现状是自然资源和化石燃料供求矛盾突出，对进口依赖很大，其中天然气高度依赖俄罗斯，由此一直致力于替代能源的开发和能源效率的提高。欧盟委员会多个官方文件指出，如果欧盟能源消耗持续增加，那么能源消耗总量将可能增加10%，这将使经济复苏、社会建设产生巨额成本，由此欧盟计划在建筑、运输、制造、金融和教育等共计75个行业限制汽车排放、增加能源效率投资、提高发电能效，力争在2020年能效提高20%。欧盟还制定了一系列政策：规范能耗产品，对建筑和服务业提出动态能源性能要求；改进能源转换，发展运输部门，进行能源效率融资、经济激励和能源定价；改变能源行为方式，加强国际合作等。欧盟新能源政策还具有以下特点：能源效率是能源战略和政策的一部分，政策工具多种多样，注重社会共识的建立和培养。[②]《欧洲战略能源技术计划》为欧盟发展经济、清洁、有效的低排放能源技术提供了蓝图，

---

① 靳晓明：《中国能源发展报告》，华中科技大学出版社，2011年，第45页。

② 赵浩君：《欧盟〈能源效率行动计划〉探析》，《华北电力大学学报》，2007年第10期。

积极发展新能源技术，推进重点行业，如海上风能发电，太阳能发电，生物能源，二氧化碳捕获、运输和封存，智能电网及核裂变等。按照该计划，到2020年，风能发电要占欧洲总用电量的12%~14%，届时装机容量可达到1800亿瓦。早在2008年，全欧太阳能光伏发电的总装机容量就已达到46亿瓦，增长率达到40%左右，预计到2020年，光伏发电最大量约可达到4100亿瓦，占欧盟总用电量的12%。随着利用规模的不断扩大，研发技术的成熟、光伏发电的成本将继续下降，相信将形成一定程度的市场竞争优势。二氧化碳存储技术将大大降低发电过程、工业和合成交通燃料中的二氧化碳排放量。随着新能源及技术在欧盟的快速发展，欧盟将向更高能效和低碳的后石油经济过渡。

欧盟一些重要成员国在发展新能源方面也各有特色。英国是未雨绸缪，尤为注重低碳发展之路，2003年发布的《未来能源——创建低碳经济》白皮书表示要在英国建成低碳经济，计划在2020年前提供1000亿美元建立7000座风力发电机组，新增就业16万人；德国十分注重新能源技术的开发，竭力扩大天然气和可再生能源利用，计划在2020年前使可再生能源领域的就业规模超过汽车产业的就业规模；法国也公布了一系列旨在发展可再生能源的计划，计划到2020年将可再生能源占能源消费总量比重提高到23%。

日本政府也着手制定日本版的"绿色新政构想"政策，加大对节能技术及产品开发、普及领域的投资力度，加大对与环境相关企业的无息贷款，提出了鼓励消费者购买节能家电和电动汽车等节能产品的减免措施。在新能源方面，日本还计划通过投资使太阳能发电量增加20倍，新型环保汽车的使用量达到40%，最终通过相关产业促进环境经济发展，同时争取到2015年实现100万亿日元的市场规模，就业人口达220万人。韩国在2008年正式提出"低碳绿色发展战略"，希望"绿色增长"能成为韩国经济新的增长点，又于2009年公布《绿色增长国家战略及五年计划》，明确指出要在2009—2013年，每年投入占国内生产总值2%的资金发展绿色经济，预计5年累计总投资达107万亿韩元，创造156万~181万个就业岗位，在2020年年底前跻身全球七大“绿色大国”之列，并投资50万亿韩元(约合380亿美元)大力推广、普及太阳能、地热、风能和生物能等，计划兴建200万套节能绿色住宅。

从过去实际情况看，绿色经济也已成为绿色投资的热点，各国都制定了未来发展计划。根据英国《新能源财经》《全球未来》的分析报告，2004—2008年短短4年间，清洁能源投资已从341亿美元增长到2007年的1484亿美元，即使2008年因金融危机和资金短缺而下滑到1420亿美元，《新能源财经》还是预测到2012年对清洁能源的投资(包括新的能源效率技术)将达到年均4500亿美元，到2020年将超过6000亿美元(甚至更高)[①]。2009年4月初，联合国环境规划署公布了《全球绿色新政政策概要》，称对风能、太阳能、地热、生物能源、建筑能效等相关领域的投资不仅会刺激建筑业及其他相关行业的复苏，而且还会创造大量的绿色就业机会，仅在欧洲和美国就可能因此增加200万~350万份工作，发展中国家在这方面的潜力将更大；到2030年之前向可再生能源领域投资6300亿美元能够至少新增2000万个就业岗位。[②]

一些发展中国家的绿色发展规划同样卓越，譬如柬埔寨的绿色经济增长路线图，以及埃塞俄比亚国家发展计划等。[③]1990年，墨西哥在联合国的支持下，将石油、水、空气、土壤和森林列入环境经济核算范围，通过估价将各种自然资产实物数据转化为货币数据并估算出环境退化成本，从而得出了“绿色GDP”核算值。这些发展中国家的绿色发展规划主要有两大关切：一是维持包容性经济增长以减少贫困和改善民生；二是改善环境管理以应对资源稀缺和气候变化等所带来的挑战，采取包括碳税、绿色能源基金、生态系统补偿计划、可再生能源倡议、可持续公共采购倡议和自然资源管理

---

① 《世界经济论坛、新能源财经：绿色投资——向清洁能源基础设施迈进》，国研网数据库，2009年6月15日。

② 庄贵阳：《绿色新政助推复苏》，《人民日报》，2009年5月27日。

③ 中国国际扶贫中心(IPRCC)：《绿色经济增长和发展中国家——供决策者参考的报告概要》。

倡议等政策工具。尽管这些国家很少构建整体性或系统性"绿色经济增长"政策、战略和公共机构体,但也取得不少成效。将发达国家和发展中国家的经验相联系,里约+20峰会把"可持续发展和消除贫困背景下的绿色经济"确定为主题之一,包含三层意思:核心依然是"发展",减少资源消耗,降低污染排放和减轻生态环境的压力;有利于应对各种新的挑战,特别是气候变化、粮食安全、能源危机等重大问题;有利于全球性合作,不设置新的市场壁垒,不搞贸易保护主义,推动国际经济秩序朝着有利于发展机会均等、发展方式多样的方向转变,发达国家有责任提供必要的资金、技术援助,增加欠发达国家的发展机会。[①]

(二)绿色经济已成为国家核心竞争力所在,对核心竞争力的追求和国际体系变革的巨大动力充分推动着世界各国对绿色经济的投资热情

新兴大国迅猛发展和全球城市化、工业化继续推进使得本来日益紧张的资源和环境容量更加紧缺,而海平面上升、海啸等灾难也说明阻止气候变化已刻不容缓。2007年的巴厘岛气候变化大会、2008年的波兹南会议、2009年的哥本哈根谈判以及这几年的国际谈判历程都说明,气候危机已成为国际政治的核心议程,并进一步与能源危机、达尔富尔政治冲突相联系形成某种程度的"国际政治合法性"。国际社会政治正确性话语的形成和应对各种危机的必然性,使得世界各国意识到发展以能源创新和低碳经济为核心的绿色经济[②]对自身在国际体系中的位置具有关键性影响。谁积极发展绿色经济、努力掌握新能源核心技术,谁就能抢占未来经济制高点;谁能减少温室气体排放、掌握低碳经济普及技术,谁就获得了对全球气候变化领导权和控制权,谁也就最终获得了未来发展的主导权。出于这种考量,发达国家以新能源为核心的投资显然不仅仅是应付金融危机的权宜之计。奥

① 邓楠:《中国的可持续发展与绿色经济——2011中国可持续发展论坛主旨报告》,《中国人口·资源与环境》,2012年第1期。

② 于宏源:《环境容量与能源创新——国际气候变化谈判的二元博弈视角》,《国际观察》,2008年第6期。

巴马指出，谁掌握了清洁和可再生能源，谁将主导21世纪；谁在新能源领域拔得头筹，谁将成为后石油经济时代的佼佼者。《斯特恩报告：气候变化经济学》、英国皇家国际事务研究院出台的《低碳经济道路报告》、气候变化委员会的《碳预算》以及英国政府出台的《气候变化法案》都说明，欧盟推动低碳经济、实行碳约束从根本上是要提升产业创新力和竞争力，让欧盟在全球治理中占据主动，并且为以后主导全球经济打下基础。即使是日本、韩国刚刚出台的绿色低碳经济发展战略也越来越显现出增强国力、抢占未来发展制高点的战略取向，这些趋势都说明以低碳经济和能源创新为核心的绿色经济已成为新一轮的国际竞争高地。

(三)绿色经济作为产业拥有足够的成长空间和利润空间

根据产业生命周期理论，产业在基本力量的推动下会依次经过形成期(幼稚期)、成长期、成熟期、衰退期4个阶段，绿色经济也不例外，而推动的基本力量无非是两种：需求和技术。需求是对化石燃料和传统燃料的替代，替代度是判断绿色经济成熟度的重要指标。全球电力生产结构中的可再生能源目前只占全球电力总装机容量的6.2%，即使是装配最先进的欧盟到2020年也只能把比重提高到20%，也就是说，在未来许多年里化石燃料仍然是世界上最重要的能源，即使对其他可替代能源技术的开发与应用程度作出最乐观的设想，结果亦然。①

这充分说明绿色经济总体上还处于产业形成期(幼稚期)，要达到总体盈利目标尚需走较远的一段路。但如果就此认为绿色经济将永远失去成为世界经济增长引擎的机会，那可是大错而特错，因为存量虽然可以大体上反映现实情况，但如果忽视增量，则必然会对未来发展趋势作出误判。其实根据联合国环境规划署发布的《2009年全球可持续能源投资趋势报告》，2008年可再生能源的新增装机容量已达到全球所有新增装机容量的41%，

① 《世界能源展望：2008》(执行摘要)，国研网，http://www.drcnet.com.cn/DRCnet.common.web/DocView.aspx?docid=1962228&chnid=4142&leafid=16111。

在新增发电装机容量上的可再生能源投资(约1400亿美元)已首次超过传统能源(约1100亿美元)。这说明绿色经济投资已与传统化石燃料投资并驾齐驱,风能发电、太阳能光伏等新能源的发展足以带动相关产业的发展,能源效率、智能电网、碳捕获和封存等核心技术近期也会取得突破性进展。从总体上看,新低碳能源基础设施、绿色经济发展整体形态得以初步显现,没有人能够确切地描述2050年世界经济的形态,但毫无疑问,绿色经济和低碳能源将扮演至关重要的角色。

(四)从市场微观个体来说,企业也具有投资动力

正如斯特恩所指出的,清洁能源、基础设施投资的回报率要远远大于汽车、建筑等旧领域,因而会给企业进入相关领域提供足够的动力。根据迈克尔·波特的竞争优势理论,企业无论是进行绿色投资,还是进行自身改造,在有效刺激社会需求、扩张市场、创造就业岗位的同时还实质性地提升了自身的竞争优势。此外,绿色经济还给予后发企业以千载难逢的机会,只要它们加大对核心技术的投资,拥有自主知识产权,那么它们就一定能够赶上先进企业。虽然近期国内外的情况表明以新能源产业为核心的绿色经济也会因为市场容量的狭小而导致企业失败,但由于产业成长空间的无限性赋予了拥有核心技术、核心竞争力的企业发展的必然性,在利益驱动下企业必定会发展壮大起来。

第二节　第三次工业革命勃兴

绿色经济既说明了人类发展困境,也说明了人类发展方式的发展大势,而这种大势又和我国现有的发展困境和经济社会发展模式的缺陷产生重叠效应,由此我国经济社会发展的转型尤为迫切。一般认为,我国全球化竞争优势主要体现在三个方面:比其他国家更低的工人工资,更为廉价的土地等自然资源,以及更高的环境污染容忍度。而这三种优势随着人口老龄化、人口红利的减少,自然资源价格不断攀升以及对环境优美需求的增加而逐渐消逝。危机之后,发达国家纷纷推行再工业化战略,以图重塑实体

经济竞争力,加紧争夺战略性新兴产业发展的制高点,比如当前美国制造业出现复苏态势,一些外迁的工业企业重新返回本土。

那么在新一轮的工业化战略中,什么将成为再工业化的重点呢?美国国家情报委员会作出了比较权威、完善的解答。它们认为"在未来几十年将花费 35 万亿美元去开展公共建设,城市基础设施执行方面需要广泛的途径去保障城市生态系统,以支撑世界经济的长期增长",这主要涉及六大类技术的突破:

第一类技术指可循环利用能源、废弃物、粮食和水的技术。所有城市都需要清洁水和稳定的电源供应,举例来说,显著的经济和环境激励驱动城市将废弃物、污泥和废水通过生产甲烷、丁醇转化为可再生能源,将可再生能源(风和太阳能)整合进建筑将愈益普遍。第二类技术指智能基础设施。使用自我修复、自我监测、自我传导系统将革命性地改变建筑建造方式、保养方式和操作模式。研究人员正从陆路、铁路获取能源以供给交通标识牌、灯和其他电子系统,另外,还将研发地震隔离器。智能基础设施不仅能为占有者化解危险(譬如火灾、地震和恐怖主义袭击),同时也能有效适应气候变化。第三类技术指交通系统。城市里的电子交通(短距离)比在郊区和乡村的环境问题要小,利益相关者准备执行以城市为重心的电子交通、基础设施建设和相关服务。第四类技术指健康建筑。传统建筑消耗了超过 1/2 的电力和大约 1/3 的能源,产生了大量温室气体。新兴技术将使建筑更为智能,一些公司甚至出售自我洁净玻璃,而另外一些公司则开发按期限变化的建筑材料以保持建筑内的温度。未来建筑可通过感应内(人的生理条件)外(风、雨、温度)条件来模拟生存环境。第五类技术指立体农场。在玻璃的摩天大楼各楼层运用水栽法种植农作物,这无疑将极大地提高农业生产效率,譬如可同时生产水果、蔬菜、谷物,甚至养殖水产品和牲畜等,使用不到原来 95%的水而实现 20 倍的传统产出,粮食生产更接近城市中心,意味着温室农业减少了对土地的需求,同时也使得废水得以再循环利用。第六类技术指城市连接。全球城市将从信息科技的汇流中收益,包括低成本的传感器、照相机和视觉技术,高能源效率的处理器以及高端无线网络。一些公司正在开发城市操作系统以在无数的传感器、基础设施、交通、废弃物和能源系统中进行沟通管理。

发展这六大类技术的关键就在于核心技术和新兴产品领先市场需求。其实任何制造业要获得大规模发展都必须具有配套、引导、支撑等各个环节的完整链接,在这方面欧美发达国家具有明显优势。而随着发达国家的经济重心开始由工业转向服务业,它们在这方面已不具备相应优势。基于该原因,西方积极寻求新的工业生产方式,以促使工业生产或者制造环节发生根本性变化。一些数据证明,发达国家的确取得了部分成功,比如全球工业机器人的使用量在2002—2007年迅速上升, 而现有工业机器人主要用来代替人工,当经济不景气、劳动力供大于求时使用量会随之下降。实际上,杰里米·里夫金、保罗·麦基里、彼得·马什、克里斯·安德森、岛中雄二等学者认为这六类技术和产品已经构成第三次工业革命的主体内容,也直接宣告了高投入、高消耗、低产出的粗放型增长方式的“死刑”。此外,制造业的数字化、新材料的应用以及诸如3D打印、易用机器人和网络协作生产服务等全新工序也会使小批量生产变得更加划算,生产也更灵活,对劳动力的需求也大幅减少。总结近代以来的工业革命或者科技工业革命经验不难发现,科技工业革命从根本上改变了现有生产方式和产业组织方式,改变了国家间的比较优势条件和产业竞争的关键资源基础,进而重构了整个经济地理和国际产业分工格局。显然,第三次工业革命远非单纯的工业技术革命, 而是包括了与这些技术相适应的企业管理方式和社会制度基础变革,而这又进一步决定了技术创新在生产领域应用的广度和深度。

杰里米·里夫金在《第三次工业革命》一书中预言,在接下来的半个世纪里,第一次和第二次工业革命传统的集中经营活动将被第三次工业革命的分散经营方式所取代。“新的能源,地球上的太阳能、潮汐能、生物能等”将被利用。“但如果这些新的可再生能源延续石油和天然气的传统集中化生产分配模式,将无法满足需要。新工业革命中,每座大楼、每座房屋都变成能源生产的来源,需要通信网络来分配这些能源。”新型通信技术与全新能源系统结合形成的新能源网络化将带来重大的革命，促使经济发生转型。化石能源经济不可持续，未来将没有大型电厂，电网都是分布式的，每一个家庭既是电能的消费者亦是生产者。集中式经营活动被分散经营方式所取代，等级化经济和政治权利让位于社会调节点组织的扁平化权利。他还提出五大技术支柱：一是可再生能源的利用，向可再生能源转型；二是分布式泛在的可再生能源采集，将每栋建筑物作为微型发电站；三是本地化的分布式储能技术；四是能源互联，形成能源生产和共享的网络；五是实现车辆与分布式能源的泛在能量交换。

麦基里是《经济学家》的主笔，他在2012年4月《经济学家》刊出的文章中指出，互联网和新材料、新能源相结合表明第三次工业革命的到来。其理论更侧重于制造业，可概括为"制造业数字化"，即智能软件、新材料、灵敏机器人、新制造方法与网络商业服务形成合力，产生足以改变经济社会的巨大力量。其中最具代表性的是3D打印。3D打印机不像传统工艺那样对产品进行锻打、弯曲、压切，是一种智能制造机械，跟激光成型技术一样，把一个物品分成很多层，然后一层一层打印出来，利用分层加工、叠加成型，逐层增加材料，最后变成产品，如零件、汽车和房子。显然这种技术可更快地适应市场需求，能让消费者毫无困难地适应更好的产品、更快捷的服务，成本也更为低廉，而大规模生产方式向更个性化生产方式的转变又可以把制造业中某些就业岗位带回发达国家。这导致的后果是未来人们想要从事制造业还需掌握更多技能，原先发展中国家的制造业工人将面临淘汰。克里斯·安德森认为新能源、新材料、互联网、物联网等的融合标志着数字化制造时代的到来。数字制造与快速成型技术真正赋予个体发明的能力，而利用互联网将自己的各种创意转变为实际产品的人将确凿无疑地成为"创客"。

表2-1　大规模定制与配套生产系统的比较

	福特模式	丰田模式	大规模定制
生产系统的特点	标准化、大规模、少品种，追求高效率、降低成本，移动制造生产线	采取与需求同步技术，制止过量生产，消除系统中过多存储，柔性生产，生产网络化	增强产品零件通用性、实现批量生产，增加顾客可感知的外部多样性，可重构生产系统

马什认为，未来制造业将重新回到美国等发达国家，其理由如下：这些国家掌握新兴高科技自动化技术；能满足消费者日益上升的对产品个性化的要求；离市场更近，物流成本降低；新兴经济体生产成本上升；这些国家对环境污染很重视。而正在兴起的可再生能源互联网，就是利用如水能、风能、潮汐能、太阳能以及生物能源等可再生能源，实现与互联网技术的融合，从根本上摆脱了第一、二次工业革命发展道路，从而使人类社会走上绿色、可持续发展道路。金融危机之后，西方国家纷纷用“再工业化”概念替代“后工业化”概念，一些曾经外迁的美国企业也在多种因素的驱动下纷纷撤回美国本土。

岛中雄二对产业革命的发展趋势进行了预测，认为目前世界正处于第四波长周期末期，一系列带有革命性的技术革新，如互联网技术、生物技术、超导磁悬浮列车、电动汽车、燃料电池，甚至包括太阳能、风能、地热等再生能源，以及甲烷水合物、页岩气等能源替代物的开发与利用，将在这个时期有力地推动和支撑世界经济的发展。当然也有人认为目前正处于第六次技术革命浪潮时期，不管对技术革命的划分方法如何，其内容都是一致的。

表 2-2 六次相继出现的技术革命浪潮

技术革命	该时期的流行名称	核心国家	诱发技术革命的大爆炸	开始年份
第一次	产业革命	英国	阿克莱特在克隆福德设厂	1771
第二次	蒸汽和铁路时代	英国（扩散到欧洲大陆和美国）	蒸汽动力机车“火箭号”在利物浦到曼彻斯特的铁路上试验成功	1829
第三次	钢铁、电力、重工业时代	美国和德国追赶并超越英国	卡内基酸性转炉钢厂在宾夕法尼亚的匹兹堡开工	1875
第四次	石油、汽车和大规模生产的时代	美国（起初与德国竞争世界领导地位），后扩散到欧洲	第一辆T型车从密歇根州底特律的福特工厂出产	1908
第五次	信息和远程通信时代	美国（扩散到欧洲和亚洲）	在加州的圣克拉拉，英特尔的微处理器宣告问世	1971
第六次	纳米技术、新材料、新能源和生物电子时代	美国、日本和欧盟		

人们对于第三次工业革命的探索不仅停留在理论和趋势的描述，许多国家已经纷纷开展了第三次工业革命的实践。2011 年，丹麦在波罗的海博恩霍尔姆(Bornholm)岛进行了完整的智能电网测试。2011 年 11 月 19 日，欧盟委员会提出“连接欧洲”计划，该计划总投资为 500 亿欧元，由“连接欧洲交通”“连接欧洲能源”和“连接欧洲通信”三个项目组成，该项计划拉开了欧洲第三次工业革命的序幕。据《纽约时报》报道，在飞利浦电子公司下设的荷兰工厂里，128 部具有高超柔韧性的工业机器人永不停息地工作，可以完成普通工人无法完成的精细工作。英国飞利浦设计公司还研发了一种布料，可以测量心脏活动数据，并将其传送至个人数字管理系统。

美国在制造业数字化方面处于世界领先地位。早在 10 年前，美国宇航局兰利研究中心的工程师就研制出一种 3D 打印机，可以按要求打印金属材质的物品。它采用电子束枪、双馈线和电脑控制，在短短几小时内为建筑物组件或者工具制造金属零件。在微软模型车间，3D 打印从设计到完成只用了 3 个小时，一个完整的鼠标就被打印了出来。不久前，美国一家名为 3D 系统(3Dsystem)的公司为参观者打印了一把锤子，锤柄有精致的木纹效果，还配有一个金属般质地的锤头。3D 打印机的软件可作随意调整，不管是单件还是容许的最大量生产，其设置成本一成不变，都可通过 3D 打印机制造的模具浇铸而成或直接使用越来越多元化的打印材料制造而成。美国科学家还采用和生物匹配的高分子材料在 3D 打印机中打印出人造耳朵，这种人造耳朵不但形状和真正的耳朵完全一样，与电子技术结合后，还可以接收非常细微的声波。除了 3D 打印，更重要的是，美国将清洁能源作为实现技术突破和经济增长的首选产业。在经济刺激方案中提供 50 亿美元的税收抵免，以带动 150 亿美元的清洁能源投资，刺激风力发电、太阳能电池、智能电网、电动汽车及零部件等产业发展。此外，还开展大规模智能电网研发和建设，把加快“三网融合”作为信息产业发展的重要方向，提出要在宽带普及率和互联网接入方面重返世界领先地位。

日本非常注重智能产品的研发，如插电式电动汽车、智能汽车和机器人等。2012年丰田汽车公司把电动汽车作为近距离用车推向市场的同时还推出插电式电混动力车(PHV)。在机器人研发方面,NEC公司开发出一种名叫PAP-ERO的机器人,高38厘米,重5千克,内置会话软件,能辨别人的面孔,其目光可以随着人移动,可以和老人一起生活。

中国有着同样较为先进的3D数字生产技术。湖南华曙高科技有限公司厂房内就有具有自主知识产权的选择性激光尼龙烧结设备——激光3D打印机。这种设备与一台两厢家用轿车大小相仿,从透出红光的观察窗外侧观察,不难发现机器底部均匀地铺着厚厚的白色粉末,在激光烧结作用下,粉末慢慢地堆积、组合成具有复杂几何形状的构件。通过计算机辅助设计和帮助,3D打印机还可以对产品进行扫描分析,生成一系列数字切片,并将这些切片的信息传送到3D打印机的控制计算机上。根据切片处理的截面轮廓,在计算机控制下,对相应的成型图进行扫描,在工作台上一层一层地堆积材料,然后将各层黏结,最终得到单个或者批量产品。与模具制造等传统工艺相比,3D打印技术制造的同类产品可以减重65%、节材90%。此外,华中科技大学经过10多年的努力,实现重大突破,研发出全球最大的3D打印机。这台3D打印机可加工长宽最大尺寸均达到1.2米的零件。从理论上说,只要长宽尺寸小于1.2米的零件,都可通过这部机器"打印"出来。在智能电网方面,中国总体进展也较快,天津有了首个智能电网综合示范工程——天津中新生态城,其覆盖面积达31平方千米,包括电力系统的发电、输电、变电、配电、用电、调度6个环节,以及智能家居、微网及分布式电源、电动汽车充电站等。这是全球目前覆盖区域最广、功能最齐全的智能电网系统之一。

对历史上发生过的工业革命进行系统总结,不难发现现在的工业革命是通信技术与新能源系统结合的结果,而以互联网技术和可再生能源结合为基础的第三次工业革命将改写工业史,甚至对人的生产、生活方式产生根本性的影响。过去工作或许只是谋求生存的一种手段,是以破坏生态环境为代价的;而新经济模式让我们在工作中获取快乐,让我们进一步靠近生物圈,融入自然并从中获得灵感,由此将传统、集权、自上而下的管理体制转变为扁平化、分散化的经济结构。譬如个人在家中、单位甚至任何一个地方都能产生电能,并将盈余能量通过能量源网络实现共享。能源民主化将改变传统商业模式,通过合作形成网络,能源共享与互联网的发展使中小微科技企业也能充分发挥其创新灵活的优势,成为新能源、新材料研发、应用的参与者和合作者。

当然也有一些人对第三次工业革命提出了质疑。他们认为当前所谓的第三次工业革命还称不上真正意义上的革命,因为生产方式的变化往往以动力强度的变化和生产指令传递效率的变化为基础，而目前电子、原子能、空间技术和信息技术的运用还没有引起生产方式质的飞跃。尽管分布式技术是诸多理论家强调的关键,且确实可被看作生产方式变革的重要力量,但目前还只是批量生产方式的补充,所演化的模块化生产和下包制(丰田模式)只是对生产方式的改良,严格地说只能是商业模式的改良,并没有达到冲击、颠覆的程度。此外,所谓的第三次工业革命特征,譬如个性化生产、分散式就近生产等,在短期内还没有成为主流。其实任何工业变革都首先发生在技术领域,紧接着是生产方式和产业组织方式,再者是更深层次的制度创新和管理方式变革,这种变革必须在两方面都有所体现:产业高端化和产业高效化。产业高端化有三方面的内涵:一是高级要素禀赋,指要素禀赋从传统的资源要素转到知识要素,而知识要素禀赋在企业中多体现为核心技术和关键工艺环节中有较高的技术密集度;二是高的价值链位势,制造业价值链形如“微笑曲线”,高的价值链位势占据“微笑曲线”两端,而动态维持高的价值链位势需要更高的自主创新能力;三是高的价值链控制力,从价值链上所处的环节位置判断,这实际是价值链的关键环节——对核心技术专利研发或营销渠道、知名品牌等的控制力,高的价值链控制力也意味着产业内部的高引领性。产业高效的内涵也由三方面集合而成:一是高的产出效率,如单位面积产出效率、人均产出效率等;二是高的附加值,如利润率高、工业增加值率高、税收贡献大;三是高的正向外部性,即产业与环境和谐友好,生产过程污染少,符合低端经济要求。显然,产业高端和产业高效足以使产业资源配置效率高,具有良好的经济和社会效益。

综上所述,第三次工业革命的主要技术基础在于:生产制造快速成型,新材料复合化、纳米化,生产系统数字化、智能化。其生产方式在于三重改变:①大规模生产转向大规模定制,②刚性生产系统转向可重构制造系统,③工厂化生产转型为社会化生产。其结果是对客户需求的快速响应成为竞争焦点,知识型员工成为核心竞争要素;设计、制造区域分工转向一体化;知识产权保护成为生态良性发展的必要条件;生产组织方式发生变迁。第一次工业革命将分散的家庭作坊、手工工厂转向纵向一体化的生产模式,第二次工业革命催生了许多大型企业集团,第三次工业革命为适应全新的生产方式,无论产业内部还是产业之间都呈现出变化的新趋势。产业出现的演变趋势有三种:①边界模糊化,第二产业、第三产业相互融合、渗透;②产业组织网络化,以知识为基础的经济和市场中,企业通过网络、跨越边界与环境相联系已成为普遍现象;③产业集群虚拟化,建设网络平台是大势所趋。

关键技术与核心产品勃兴以及崭新的组织方式对中国作为世界工厂无疑提出了根本性挑战。里夫金认为,中国由于采取的是集中式的管理体制,很难加入工业革命之中,同时他也指出,中国拥有丰富的可再生资源,只要加以集中利用和开发,也可能会发生一场史无前例的能源革命。除了新能源之外,第三次工业革命将对中国制造业产生的冲击主要表现在:①比较成本优势加速削弱。依赖比其他国家更低的工人工资、更为廉价的土地等自然资源以及更高的环境污染容忍度形成的综合比较成本优势将会大幅减少。②第三次工业革命的制造模式和组织形式对劳动力的需求大为减少,竞争优势不再是同质产品的低成本价格竞争。③面临更多的风险,包括新兴产业竞争压力增大的风险、技术密集型和劳动集约型行业国际投资"回溯"的风险、经济增长点断档的风险。

第三次工业革命也给中国带来了机遇，这主要表现在：①加速第二、三产业的深入融合，②催生新的产业群体和经济增长点，③有利于加快传统产业的创新驱动和转型发展，④缓解日益趋紧的要素约束。由此，中国将采取以下基本战略：①接入全球先进制造创新体系和产业网络，充分利用国际资源；②培育先进制造技术创新和产业化主体，掌握产业话语权；③通过应用示范启动数字化制造市场，引领产业发展；④构建基于先进制造技术的现代制造业体系，创造良好的发展环境。

第三章　中国生态文明建设的理论资源

第一节　中国古代"天人合一"思想

古往今来,人与自然的关系一直是我们探讨的哲学命题,而中国五千多年的悠久历史为我们留下了丰富的文化遗产。早在先秦时期我国就已零星出现过有关生态保护的法律。譬如《六韬·虎韬》中记载了作为中华民族的祖先之一的炎帝(神农氏)的"神农之禁"说,"春夏之所生,不伤不害。谨修地理,以成万物。无夺民之所利,而农顺之时"。《礼记·月令》中规定:"命祀山林川泽,牺牲毋用牝",即春天祭祀,母兽都在孕育幼崽,只能用公兽而不能用母兽。《尚书》中说:"唯天地,万物父母",天地既生万物,也生了人,人是自然之子。所以人应当尊重天地、效法天地,遵从自然的法则,才不会犯错误。《周易》明确提出"天人和谐"思想,"与天地相似,故不违;知周乎万物,而道济天下,故不过;乐天知命,故不忧""裁成天地之道,辅相天地之宜""范围天地之化而不过,曲成万物而不遗""先天而天弗违,后天而奉天时",也就是说,人不违背天地之道才是正确的。从天地万物中了解自然之道并且让普天之下的人都明白自然之道,那么人的行为就不会有错误;知道并乐于顺应天道的人,才没有忧愁。这些论述对当代人如何利用自然、顺应自然规律有着巨大的启发意义。

实际上中国古代的环境思想、环境观点集中体现于"天人合一"观念中。关于"天人合一"的思想解读有三种:第一种观点认为人应顺应、服从"天";第二种观点认为人可以制天或者人定胜天,这种观点以荀子为代表;第三种观点认为"天人交相胜",认为人和自然各有其特殊的功能和作用,其代表人物是唐代的刘禹锡。其实作为整体论的哲学思想,中国古代"天人合一"观念主要认为自然界是有价值的,人类与天地万物同源、生命本质同一,人类与自己的生存环境一体,人与自然和谐共生。

"天人合一"在中国传统文化中不仅是一个哲学命题、伦理原则,更是中华民族传统文化的核心价值。"天人合一"包含着对人与人之间关系的认知,更包含着对人与自然之间关系的探索。"天人合一"主张世界万物是一个有生命的整体,人与自然和谐统一,是一种宇宙的、生态伦理的道德情怀,追求"天、地、人"的整体和谐。这种观点还主张人对自然的态度与人的道德密不可分,有仁义道德的人必然懂得天人合一。

"天人合一"思想的集大成者是以孔子、孟子为代表的儒家。孔子创立了以"仁"为基础的儒家思想体系。在人与自然的关系上,孔子主张将自然界的"物"与人的德行联系起来,从道德角度要求人们不能仅仅被动地顺应自然,提出了"人能弘道,非道弘人"的观点。孔子主张用"仁""爱"的道德情怀对待自然界,对自然万物要施以爱心,把人对待自然的态度演化为一种道德问题。孟子在继承孔子思想的基础上进一步提出"仁"是具有层次性的,"弟子入则孝,出则悌,谨而信,泛爱众,而亲仁","夫仁者,己欲立而立人,己欲达而达人。能近取譬,可谓仁之方也",这说明"仁"是一种推己及人的心理机制,人将这种道德之心扩展到自然事物上,始于亲,但不终于亲,是超出亲亲的范围来爱众,并将爱推及广大的万物。"君子之于物也,爱之而弗仁;于民也,仁之而弗亲;亲亲而仁民,仁民而爱物。"他虽然认为人类的价值高于自然价值,具有天地万物之间的最高价值,但也承认自然界的一切生命具有价值,主张爱护所有的动植物及其他自然产物。既然主张爱护动植物和其他自然产物,那么就应该重视生态系统中各种生物物种的生长,就需要关注自然界中各种生物物种相互依赖、互为生存以及十分密切的食物链关系。《论语·述而》中有两个著名成语"钓而不纲"和"弋不射宿"。"钓而不纲"即不用大网取鱼,合理利用自然资源,取物有节;"弋不射宿"即不射夜宿之鸟,表现了对自然界中各种动物的爱护。这两句成语既体现了人们保护自然资源,使自然资源永不枯竭、取之有度的道德价值观,也体现了人们有效使用自然资源,物尽其用、用之有节的环境价值观。“伐一木、杀一兽,不以其时,非孝也”,说明儒家已成功地将“孝”这一伦理进行延伸和扩展,运用到处理人与生态系统、人和动物之间的关系上。

董仲舒在继承前人理论的基础上,建立了“天人感应”理论体系。他在《春秋繁露·阴阳义》中提出:“天亦有喜怒之气,哀乐之心,与人相副,以类合之,天人一也。”从环境角度讲,自然与人一样需要被关注、被保护,与人一样有感应。天是放大了的人,自然与人具有高度的一致性。他主张人要顺天不能逆天,认为天、地、人和谐的社会才是理想的社会,由此肯定了“天地之性人为贵”的观点,凸显了人在天人关系中的主体地位,赋予了人类对自然的责任感。

儒家的集大成者——张载提出:“性者万物之一源,非我得私也。惟大人为能尽其道。是故立必俱立,知必周知,爱必兼爱,成不独成。”天地万物都具有共同本源,而非一人所独有,只有道德高尚的人才能顺应自然本性,人若要求得自身生存,则必须让万物皆有生存的权利;人若要爱自己,则必须兼爱其他万物;人若要成就自己,则必须成就万物。在《正蒙·诚明》中张载完整地提出了“天人合一”命题,“儒者因明致诚,因诚致明,故天人合一,致学而可以成圣,得天而未始遗人”。张载还在此基础上进一步阐发了“民胞物与”的思想。在《正蒙·西铭》中,他提出:“天地之塞,吾其体;天地之帅,吾其性。民,吾同胞,物,吾与也。”由此只有“爱必兼爱”才能成为道德高尚的人,才能拥有完整的“仁”,使人类与万物都得以生存与发展,从而肯定了人与自然的统一,是对“天人合一”思想的最高认识。①理学开创者朱熹认为,所谓“物”就是“禽兽草木”,亦即“万物”也,也就是我们今天一般意义上的自然。

总之,在儒家的思想体系中,天地宇宙不仅是物质世界,也是一个道德

---

① 一些学者认为“天人合一”就是要论证天理与人伦道德的同一性,而不是追求人与自然界的合一。参见蒲创国:《“天人合一”与环境保护关系的误读》,《兰州学刊》,2011年第9期。

世界,“一阴一阳之谓道，继之者善也，成之者性也”,“乾以易知，坤以简能”,“易简之善配至德”。人是自然的人,人生命的最高境界是天地境界,人的道德的最高境界也就是“与天地合其德”,需要达到这一境界就要做到不仅“利用”“厚生”,而且要“正德”。

其实不仅作为中华传统文化主流思想的儒家倡导对自然事物的合理利用,主张人和自然在道德上实现统一,道家等其他思想流派也从不同层面对“天人合一”思想进行了完善和发展。

道家的“天人合一”思想集中体现在“道法自然”,通过“无为”达到“天、地、人”的相合,以回归自然的方式来解决人与自然、人与人之间的矛盾和冲突。老子用“道”揭示宇宙万物的演变,视其为天地万物的本原或本体,且把它当成天地万物运行的规律及人类行为准则,把思考范围扩大到整个宇宙。“人法地、地法天、天法道、道法自然”,“能尊生者,虽富贵,不以养伤身;虽贫贱,不以利累形”,“重生,重生则利轻”。这些论述初步体现了整体论、平等论等环境伦理思想的萌芽。“道法自然”思想还倡导:“以道观之,物无贵贱。以物观之,自贵而相贱。以俗观之,贵贱不在己”。其实站在各自立场,天下万物是不同的,人与自然的关系也是一种不对等的关系。但从“道”的角度看,天下万物则不存在高低、贵贱的差别,人与自然是平等的。“道法自然”引导人们树立热爱自然、尊重自然规律的美好情操,引发人们亲近自然和尊重生命,指导人们正确地发挥主观能动性,协调人和动物的关系。“道法自然”显然是我国古代最早的自然主义观念,对后世影响深远。“道法自然”反映到人的行为方式上则要求“无为”。这种无为显然不是消极的不行动而是不妄为,“为而不恃”“为而不争”。“圣人不积。既以为人,己愈有;既以与人,己愈多。故天之道,利而不害;圣人之道,为而不争”,是说,圣人不要多积蓄,自己的财富要用来济众;给予别人越多,自己越感到富裕。按天道行事,就是利于万物而不为害;按圣人之道行事,就是只救济民众,而不与其争夺。“无为”要求不违反自然的规律,不固执地违反事物的本性,不强使物质材料完成不适合的功能。显然,“道法自然”与“自然无为”的思想主张人们按照自然生态规律来利用和保护自然，反对为了人类一己之私而暴殄天物、违背生态自然的本性。“天下有始，可以为天下母。既得其母，已知其子；既知其子，复守其母，没身不殆。”显然人与自然的关系应犹如母子关系，人应对自然中的天地万物存在仁爱和敬畏之情，而不是一味地向自然索取或者企图征服自然。由此，古人坚持“天人合一”观念，将天地万物看作一个生态有机体，这种伦理思想对我们今后制定有关环境的法律有重要的借鉴意义。

除了道家，阴阳五行家提出了“天人感应”思想，认为人与天相类相通，天能够干预人事，人也能感应上天，人的行为要顺应天意。佛教强调的“众生平等”，最初并没有体现生态伦理的意识，主要指人与人之间的平等，以及天、人、阿修罗、饿鬼、畜生、地狱六道众生平等，“有情、无情，皆是佛子”，即众生皆平等，从佛性的内在性上承认万物平等，认为万物都有佛性。随着佛教在我国的传播以及与儒、道思想的融合，“众生平等”的思想演化为要求人们“不杀生”，能够平等地对待普天之下的万物，体现了保护自然和尊重生命的价值观。由此，“众生平等”逐渐成为一种环境观念、生命观和社会伦理。

寡欲节用也是中国古代珍惜自然资源的传统美德。古人警告人类要给自然生态以休养生息的机会，恢复自然的再生产能力，避免资源枯竭，使自然资源的开发、利用进入良性循环状态。《礼记·王制》《礼记·月令》中记载了有关四季打猎的规定和关于 12 个月的不同禁令。崇尚勤俭节约，反对暴殄天物历来是我国重要的传统道德规范。孔子提倡“节用爱人”，要求自己“绝四”，即“毋意，毋必，毋固，毋我”，主张摒弃自私、自利、固执和自我的行为。荀子主张“强本而节用，则天不能贫”，“本荒而用侈，而天不能使之富”。

以上内容说明无论“道法自然”“仁民爱物”思想，还是“众生平等”思想都在“天人合一”这一丰富而庞大的思想体系中有所体现。总的来说，“天人合一”思想以“天”“地”“人”的统一为基本点，主张人与自然、天道与人道的和谐统一，由此衍生出的生态伦理思想，集中国传统环境伦理思想之大成，进而为重塑当代环境伦理观念提供借鉴。

目前,我国思想界对于“天人合一”观念是否可以用来处理人和自然的关系有着不同意见,主要有以下三种:

季羡林和钱穆先生主要持肯定意见。季羡林先生在《为无告的大自然》一书的序言中,将“天人合一”观念具体定义为,“天,就是大自然;人,就是人类;合,就是互相理解,结成友谊。也就是说,人类只是天地万物中的一个部分,人与自然是息息相通的一体”[①]。他认为西方的天人对立思想已引发威胁人类生存与发展的严重的生态危机,只有东方的“天人合一”思想方能拯救人类。钱穆先生着重强调“天人合一”观的“人文自然相互调适之义”是中国文化对人类最大的贡献。西方人喜欢将“天”与“人”分开来讲。换句话说,他们是离开了“人”来讲“天”,今天科学越发达,越发显出它对人类生存的不良影响。中国人是把“天”与“人”合起来看。中国人认为“天命”就表露在“人生”上,离开“人生”,也就无从讲“天命”;离开“天命”,也就无从讲“人生”。“此义宏深,又岂是人生于天命相离远者所能知!”

张世英先生则认为,人类思想发展将经历从原始“天人合一”,即前主体性主客不分,进而到主客二分思想和主体性原则,然后再超越主客二分,达到后主体性的“天人合一”,即高一级的主客不分、物我交融的自由境界的过程,而中国传统哲学还基本上处在未经主客二分思想洗礼的原始的“天人合一”阶段。这种“天人合一”给中国人带来了人与物、人与自然交融和谐的精神境界,但由于缺乏主客二分思想和主体性原则而产生了科学和物质文明不发达之势,尤其是儒家传统把封建“天理”的整体性和不变性同“天人合一”说结合在一起,压制了人欲和个性。

张岱年先生不赞成中国古代的“天人合一”是人与自然未分时的前主体性思维的观点。他认为,中国古代“天人合一”观念已包含着区别人与自

---

① 参见季羡林:《〈为无告的大自然〉序》,梁从诚、梁晓燕编:《为无告的大自然》,百花文艺出版社,2000年。

然的意义,更认识到"与天地万物为一体"为人的自觉,"应该承认,所谓'天人合一'是在肯定天人区别的基础上再肯定天人的统一,这是一种辩证思维,是更高一级的思维方式"。他还认为"天人合一"包含正确方面,也包含错误方面。正确的方面是人的确是自然界的一部分,自然界有普遍规律,而人也需要服从这个普遍规律。错误的方面是将道德原则与自然规律混淆,把道德原则绝对化。

笔者认为,尽管传统文化中"天"的概念并非完全等同于"自然","天人合一"思想体系也并非仅局限于生态伦理意识范畴,但"天人合一"却在演化过程中真实地传达出人与自然和谐共存的生态伦理思想。即使在今天,"天人合一"的生态意义也并没有丧失,反而在某种程度上被凸显和深化了。德国汉学家卜松山指出,"天人合一"是具有中国特点的人与自然的统一思想,在遭遇环境危机和生态平衡受到严重破坏的情况下或许可以避免人类在错误的道路上越走越远。归纳起来,"天人合一"包括以下四个方面要素:①朴素的平等观念。人与自然界其他生物在价值和地位上都是平等的,没有高低贵贱之分。②尊重自然,遵循自然规律。人类的生存和发展依赖于自然与环境的供给,不可避免地要对自然进行索取和改造,但这并不否定人的主观能动性。因此要尊重和保护自然,不断探求自然的发展规律,做到"尽心知性知天",就需要在了解自然的基础上尊重并顺应自然规律。《礼记·礼运》中有句话,"人者,天地之心也"。人是有思想、有意识、会思维的,虽然"圣人作则,必以天地为本",但会以天地自然法则为法则,来规定自己的行为。③可持续发展理念的萌芽。"取之有度,用之有节",顺应自然规则,"使民养生丧死无憾",即不仅能满足当代人的需要,还能满足子孙后代维持生活。④圣王之制——渗透环境伦理意识的政法理念。孔子在论述他的治国纲领时说,"道千乘之国,敬事而信,节用而爱人,使民以时"。

第二节 马克思、恩格斯经典作家的思想

马克思、恩格斯对资源环境问题始终有着终极关怀。马克思认为:"这

个世纪面临的大变革，即人类同自然的和解及人类本身的和解。”

马克思对环境问题的论述首先源自对自然界的分析。马克思指出，无机的自然界，是人赖以生存的基础。从精神领域来说，自然界(包括动物、植物、石头、空气、光等)也是人的科学和艺术对象，是人的精神食粮；从实践领域说，自然界也是“人的生活和人的活动的一部分”。一方面，自然界被“作为人的直接的生活资料”；另一方面，人把自然界“作为人的生命活动的材料、对象和工具”。这就是说，人类维持生命所需的生活资料，如食物、水源等，无一例外都来源于自然界。同时，人类的劳动对象，无论是“天然存在的”，如土地、树林和矿产，还是“被以前的劳动过滤过的”都来源于自然界。所以马克思认为“没有自然界”，人类“什么也不能创造”。既然人类在利用自然界的外部条件中不断发展着，自然的生态环境也是人类生产和生活的前提，那么人类作为自然的、肉体的、感性的、对象的存在物，是否也和动植物一样，是被动、受制约和受限制的存在物？马克思认为也不是，有两点原因：一是自然界也不能“被抽象地理解的，孤立的，被认为与人分离的”，否则“对人来说也是无”。二是人的确是自然界的一部分，人靠自然界生活，但是人通过劳动作用于自然界。人的劳动与动物的“生产”不同，作为具有自然力、生命力的自然存在物，能把“内在的尺度”运用于对象，从而“按照美的规律来建造”。也就是说，“动物只生产自身，而人生产整个自然界”。“动物仅仅利用外部自然界，简单地通过自己的存在在自然界中引起改变；而人则通过他所作出的改变来使自然界为自己的目的服务，来支配自然界。”由此，人和自然界呈现出一种辩证法，一方面，人类本身是一种自然的存在，而他的劳动能力仅仅是自然能力的一种形式；另一方面，人努力去改变自然以满足自己日益增长的需要，进而呈现出一幅人与自然既对立又统一的生动画面。

人和自然的互动关系或者辩证法体现为“人化的自然界”。作为自然存在物，人与其他存在物具有共同的自然属性，都要通过新陈代谢持续不断地与外界环境进行物质和能量的交换，这是人与自然相统一的一面。但自然只提供人类生产和发展的可能性，要使这种可能性变成现实性，就需要人类劳动和创造。在人类实践活动所涉及的自然范围内,自然界就在不同程度上成为"人化的自然界"。实际上,马克思在《资本论》中还提及"自然物质代谢""人和自然之间的物质代谢""社会的物质代谢" 三个层次的概念。"他周围的感性世界绝不是某种开天辟地以来就已存在的、始终如一的东西,而是工业和社会状况的产物,是历史的产物,是世世代代活动的结果。"劳动作为"人以自身的活动来引起、调整和控制人和自然之间的物质变换的过程",物质变换除了人为地维持生命需要,呼吸空气、饮水、摄取食物、排泄之外,还包括人类从自然界获取资源,并把这些资源加工成为人类所需要的产品的过程,以及在加工过程中产生的各种废物(包括气体、液体、固体等形态)并把它们释放到自然界的过程。显然物质变换作为人与自然之间的物质和能量交换总是在一定社会组织和条件下进行。"人们在生产中不仅仅同自然界发生关系。他们如果不以一定方式结合起来共同生活和互相交换其活动,便不能进行生产。为了进行生产,人们便发生一定的联系和关系;只有在这些社会联系和社会关系的范围内,才会有他们对自然界的关系,才会有生产。"

为了说明一定的社会组织和条件的含义,这里需要说明"控制自然"与"控制人与自然的物质变换"的区别。"控制自然"意味着对自然尽可能地利用,譬如利用技术生产出结实的、性能良好的汽车。当汽车造成大气污染之后,如何利用新技术降低汽车污染又成为新问题。对于这种技术引发和造成的新问题,人们总是试图通过开发新的技术来解决。而"控制人与自然的物质变换" 就需要在产品生产前对其性能及对环境的影响作出综合评估。以汽车生产为例,汽车会对人产生何种具体影响要在生产某种汽车之前进行总体评估,譬如尾气污染、安全性能、循环再利用等,然后再决定如何进行生产。尽管如此,"控制人与自然的物质变换"仍有不合理之处,有创造必然有破坏,这里的破坏是指对自然界原有结构、状态和秩序的否定。从辩证角度看,不在一定范围内、一定程度上变革自然,人类就谈不上发展,而环境作为人类对立面,总是按照自己的规律发生和发展,由此造成的后果是人类有目的的活动同客观的环境之间不可避免地存在矛盾，造成人同自然界的冲突、人与自然关系的不和谐，但是这种冲突和不和谐是可控的。然而什么时候这种冲突和不和谐是不可控的呢？

除了技术和工艺方面的原因，更重要的是深层次的社会制度原因。当生产不是为了满足人们的实际需要，而是为了利润，就会导致资源浪费和不合理利用。恩格斯指出："当一个别的资本家为着直接的利润进行生产和交换时，他首先只注意到最近的、最直接的结果……不再去关心商品和买主以后是怎么样。这种行为的自然方面的影响也同样如此。"因此，合理调节人与自然的物质变换，不仅要重视研究和推广节约资源和能源、减少污染排放的技术和工艺，还要对"现有的生产方式，以及这种生产方式一起的整个社会制度实行完全的变革"。马克思在《1844 年经济学哲学手稿》中直接利用"异化劳动"理论来分析"制度完全的变革"的必然性。[①]他认为异化劳动有四方面体现：劳动者同自己的劳动产品相异化；劳动者同自己的劳动活动相异化；人同自己的类本质相异化，即人同自由自觉的活动及其创造的对象世界相异化；人同人相异化。这四类异化必然使人与自然关系相异化，导致"物质变换断裂"。异化和私有制的资本主义为了达到自己获取利润的目的，调动一切科技和工业力量，代表全人类开发和占有，专心致志、永无休止地积累、获取利润、制造需求，不断加大原材料与能源的生产量，随之也会出现产能过剩、劳动力富余和经济生态浪费，造成人在自然面前索取和占有的无政府状态。这充分说明，资本主义生产方式总是向和地球生态循环不相协调的方向发展。马克思在《资本论》中进一步明确指出，资本主义生产把人口聚集到城市，由于消费的废弃物的产生，"扰乱"人与自然之间的物质交换。控制人与自然之间的物质变换，不仅是对关系中的一方——自然进行控制，还要对另一方——人的活动进行控制，由此要解决资源环境问题就必须消灭资本主义私有制。

---

① 参见[德]马克思：《1844 年经济学哲学手稿》，中共中央马克思恩格斯列宁斯大林著作编译局译，人民出版社，2000 年。

恩格斯秉承了马克思的观点，他认为人类社会与自然环境是一个休戚与共的共生体，相互关联、相互作用，物质变换必须在人与人的关系范围内才能获得理解。人类只能顺应自然界，按照自然界的规则办事，如果物欲膨胀，只是一味地向自然界索取，不适当地干预自然界，就会引起人与自然关系的紧张，即严重破坏自然环境，到头来最终影响人类的生存和发展。恩格斯告诫人们，“我们统治自然界，决不能像征服者统治异族人，决不是像站在自然界之外的人似的——相反我们连同我们的肉、血和头脑都属于自然界和存在于自然界之中；我们对自然界的全部统治力量，就在于我们比其他一切生物强，能够认识和争取运用自然规律”。恩格斯在《家庭、私有制和国家的起源》《英国工人阶级状况》等著作中分析了近代生态破坏和环境污染的主要根源。工具的广泛使用，对财富永无止境的追求，生产力水平的提高，人口的增加都在加剧城市和乡村的分化和对立，对土地的高度利用以及毁林造田和将草原开垦为农田，破坏生态，引发环境问题。他进一步认为，处于工业手工业阶段的英国，环境问题并不严重，但进入机器大工业阶段之后引发了严重的环境问题。资本的逻辑是利润，在利润的驱动下，工厂大量地利用农田，村镇不断转变为城市，而小城市不断转变为大工业城市，工业污染和生活污染也使得城市环境问题越来越糟糕，空气污染、河流和地下水的污染等严重影响人们的工作和生活。他甚至指出，“文明是一个对抗的过程，这个过程以迄今为止的形式使土地贫瘠，使森林荒芜，使土壤不能产生其最初的产品，并使气候恶化”。1876年恩格斯在《自然辩证法》中再次警诫人类，“我们不要过分陶醉于我们对自然界的胜利。对于每一次这样的胜利，自然界都报复了我们。每一次胜利，在每一步都确实取得了我们预期的结果，但是在第二步和第三步都有完全不同的、出乎意料的影响，常常把第一个结果取消了”。日本著名的生态社会主义者岩佐茂指出，马克思在《资本论》中所阐述的人与自然物质代谢的思想包含了“自然物作为人的使用价值或产品被人占有”，以及“人以粮食和衣物的形式消费掉的土壤成分回归大地”的废弃过程这样两个方面，而且还指出了废弃物被作为资源重新利用即循环经济的可能性。“这种人和自然之间的物质代谢过程本身就是回收再利用(再循环)过程,它是自然循环过程的一部分”,他还进一步提出“资源回收再利用,即生产—消费—再生产过程中的回收再利用,只是作为人与自然物质代谢过程的回收再利用的一部分”。①

通过马克思、恩格斯的论述,不难发现马克思主义经典作家认为资本主义制度是导致人与自然关系紧张和人类出现重大环境问题的社会根源,要解决人与自然的矛盾就必须对资本主义政治制度实施根本变革。资本主义条件下的环境和社会问题,自然应当被看成这个特殊社会制度的产物,消灭私有制才是解决环境问题的根本。此外,他们还提及资源的可持续利用问题。“这些自然条件所能提供的东西往往随着由社会条件所决定的生产率的提高而相应地减少”,以及“森林、煤矿、铁矿的枯竭”,“整个社会、一个民族,以至一切同时存在的社会加在一起,都不是土地的所有者。他们只是土地的占有者,土地的利用者,并且他们必须像好家长那样,把土地改良后传给后代”。马克思和恩格斯在这里实际上已经提出了人类社会可持续发展的问题。

马克思、恩格斯在资源环境问题上的丰富论述显然为后来的学者发展生态马克思主义提供了思想资源。生态马克思主义是当代西方马克思主义最有影响的思潮之一,其核心是运用马克思主义理论的生态学、生态哲学意涵来分析当代资本主义社会的生态危机,探讨消除生态危机和实现社会主义思想。生态马克思主义的主要代表人物是美国俄勒冈大学社会学教授约翰·贝米拉·福斯特。他以《脆弱的星球》《马克思的生态学》《生态危机与资本主义》三部逻辑上一以贯之的著作阐述了资本主义条件下的生态危机,指出资本主义在生态、经济、政治和道德方面不可持续,要想遏制世界环境危机日益恶化的趋势,就必须以社会主义取代资本主义。当前的生态

① 庄艳:《从“资本的逻辑”到“生活的逻辑”——岩佐茂的环境思想及对马克思生态思想的继承发展》,浙江师范大学2010年硕士论文。

马克思主义则以两种思潮为主流,一种是生态中心主义,另一种是生态自治主义。生态中心主义认为人类和其他物种一样都是地球的组成部分,人自身不是宇宙内唯一具有内在价值的存在物,重建人类和非人类自然存在物的伦理关系要确立生态中心主义的自然权利论和自然价值论。自然权利论指自然界中除人类之外的其他事物有按照生态规律存在下去的权利;自然价值论即认为人之外的存在物具有不依赖于人类的内在价值。由此,生态中心主义坚持地球优先的观点,否认任何人的作用,造成了环保主义者和工人之间的矛盾和对立。美国学者奥尔多·利奥波德就认为人的伦理观念有三个层次:个人之间、人与社会之间以及人和土地之间。他还提出土地共同体的概念,认为土地不光指土壤,还包括气候、水、动物和植物,人也是这一共同体中的平等一员,共同体中的每个成员都有继续存在的权利,人应当改变他在共同体中的征服者面目,成为平等一员或者普遍公民。[①]生态自治主义则把自然价值论、自然权利论和无政府主义结合,认为造成生态危机的根源是人类社会发展过程中形成的等级权利关系,以及由此形成的人对自然的征服性统治。当然,反对等级制和征服性统治不代表主张采取激进的阶级运动解决生态危机,反而主张通过示范性的生态社区建设和个人生活方式的渐进性变革,建立一个以超越民族和国家、分散化、地方自治和直接民主为主要特征的人类社会与自然和谐一致的绿色社会。阿恩·纳斯是深层生态学的创始人,首次提出"深层生态学"概念,认为自然不依赖于人类的利益,自然具有自己的价值,出发点和归宿点是所有物种和自然界的整体利益。

第三节　西方绿色政治思潮

环境思想的出现经历了漫长的演化过程,并伴随着生态环境的日益恶化和问题的大量涌现。早在17世纪,英国古典政治经济学家威廉·配第就

① [美]奥尔多·利奥波德:《沙乡年鉴》,侯文蕙译,吉林人民出版社,1999年,第209页。

开始意识到劳动创造财富受到自然条件的限制;18 世纪, 法国思想家孟德斯鸠的《论法的精神》一书,将环境因素与政治民主联系起来,详细论证了气候、土壤、地理因素对一国民族精神、政治法律制度的影响。1798 年,马尔萨斯开始关注人口、土地与粮食的关系,认为人口增长有超过食物供应增长的趋势,提出"资源绝对稀缺论"。1817 年,李嘉图提出了不同于马尔萨斯的"资源相对稀缺论",同年约翰·穆勒提出"静态经济"观点,认为自然环境、人口和财富均应保持在同一水平上,并得出"生产的两重限制,即资本不足和土地不足"的结论。随着工业革命的持续推进,无论英国、法国、美国都出现严重污染,人们将这些污染归结为机械自然观、人类中心主义和资本主义产业文明。机械自然观是指以力学自然观的发展以及笛卡尔主义方法论的确立为标志而逐渐形成的一种占统治地位的世界观。这种世界观还导致人与自然的彻底分离,出现心灵对肉体、人对自然、精神对物质的支配,人类中心主义横空出现。人类中心主义助长了资本主义追求交换价值和经济增长的欲望,带来"大量生产—大量消费—大量废弃"的生产生活方式,由此系统的反思性著作开始出现。1854 年,美国作家梭罗发表自然环境主义著作《瓦尔登湖》。《瓦尔登湖》以自愿简朴的生活经历为开篇,倡导一种生态智慧理念,告诫人们不要有太高欲望,应简朴地生活,降低对有限的自然资源的索取。他强调自然有不依赖于人的独立价值,自然的审美和精神意义,极力反对把自然的价值降为经济和实力的价值。既然大自然是活的、有生命力的东西,就必须崇敬多种生命形式,以最宽容、最民主的态度拥抱整个充满活力的自然界。[①]正是看到荒野对人类道德和精神的价值,梭罗提出了保护荒野和建设国家公园的设想,这一思想后来成为美国自然保护运动的基础。

一、现代环境思想的兴起

现代环境思想的起源最早可追溯到 1962 年美国生物学家蕾切尔·卡

---

① [美]亨利·大卫·梭罗:《瓦尔登湖》,李继宏译,天津人民出版社 ,2013 年。

逊的《寂静的春天》一书。《寂静的春天》用动人心弦的语言把农药污染危险展现在人们面前，试图唤起人类对传统发展观的反思。1962年，美国经济学家K.波尔丁在《未来的太空飞船——地球经济》一书中提出"宇宙飞船论"，将物质循环理念引入经济学。他试图回答人类这个宇航员怎样才能驾驶地球这个小小飞船？怎样才能权衡经济发展、人口增长、资源消耗和环境保护这四者之间的关系？1967年爆发环境危机，思想史家怀特(L.White)发表题为"现在生态危机的历史根源"的文章，将环境问题恶化归结为犹太—基督教传统，给西方思想界带来巨大震动并引发极大争议。差不多同时，英国科学家哈里·哈丁在自然杂志发表《公用地的悲剧》(*The Tragedy of Commons*)一文，详细描述了理性地追求最大化利益的个体行为如何导致公共利益受损。后来"公用地悲剧"被引申为"救生艇"伦理，即把地球比喻为救生艇，认为救生艇载重有限，只有将一些人淹死才能让其他人获救。这一范式引发了环境研究范式变革。1971年，福雷斯特尔在《世界动态学》中提出动态平衡发展理论，主张必须有目的地暂时停止物质资料的生产和人口增长，以保持动态平衡的经济。1972年，以美国麻省理工学院教授梅多斯·H.唐奈勒(Meadows H. Donella)为代表的罗马俱乐部发表了著名的《增长的极限》报告。该报告第一次系统考察了经济增长与人口、自然资源、生态环境和科学技术进步之间的关系，说明人类社会的进程主要由加速发展的工业化、人口剧增、粮食私有制、不可再生资源枯竭及生态环境日益恶化这五种相互影响、相互制约的发展趋势构成，而这五种趋势的增长都是有限的。其中一章"人均资源利用"明确警告，人口、资源消耗、粮食生产、工业生产以及环境污染的增长存在极限。如果超过这一极限，后果很可能是人类社会不可控制的瓦解。这标志着人们对单纯以经济总量作为衡量发展指标的传统经济增长方式的全面怀疑，主张经济、社会、资源、环境、人口与科学之间的协调发展，并明确指出，按照"现在的趋势继续下去，这个星球上增长的极限有朝一日将在今后100年中发生。最可能的结果将是人口和工业生产力双方有相当突然和不可控制的衰退"，显然要想避免衰退就必须自觉抑制增长,从经典的经济增长转向"全球均衡"。英国的生态学家爱德华·戈德史密斯在《生存的蓝图》一书中指出,现行的工业方式是不能持续的,只有通过政治和经济的改变,灾害才可以避免。

随着现代环保思想的传播以及相应环保运动的兴起,1972 年 6 月 5 日,人类环境会议在斯德哥尔摩召开。该会议提出的《人类环境宣言》指出,人类在开发、利用自然的同时也要承担维护自然的责任和义务,这标志着人类对环境问题的重视,由此世界各国走上保护和改善生态环境的道路。1974 年,美国著名生态经济学家莱斯特·布朗出版的"环境警示丛书"进一步掀起全球环境运动的高潮。1978 年,美国建筑师麦克唐纳(William McDonough)与德国环境科学家布朗嘉特(Michael Braungart)教授联合提出了跨学科的"从摇篮到摇篮"的设计理论。"从摇篮到摇篮"理论以樱桃树的生长模式为例:樱桃树从环境中汲取养分,使自己花果累累,同时它撒落在地上的花叶也滋养了周围的事物。这不是一种单向的从生长到消亡的线性发展模式(从摇篮到坟墓),而是一种"从摇篮到摇篮"的循环发展模式。围绕樱桃树的生长应该提供正确的产品、服务和系统,希望建筑、系统、社区甚至整个城市都和周围的生态系统相互依存、共同成长。"从摇篮到摇篮",城市的最终目标是要把自然资源和人工物质融洽地联系在一起,并不断循环,由太阳及其他形式能源(风能、水能)来提供动力。依靠这种无限的清洁能源既可大大减少环境问题、能源问题,同时也可满足人类需求。这实际上是提出了生存发展的三重底线——公平、经济和生态。

二、可持续发展思想的提出

正如很多其他思想一样,环境思想也经历了一个由浅入深的过程。实际上,无论是《寂静的春天》、宇宙飞船理论,还是增长极限理论,甚至是环境警示、"从摇篮到摇篮"都属于典型的浅绿色观念。其特性主要表现在三点:①机械的自然观,以人类自身价值和利益作为需求尺度,自然只是实现自己利益的工具和手段,虽然人类环境会议提出"只有一个地球",但本质上仍是对自然环境的主体性审视。②极端的经济观,将环境保护与人类发展作为不可调和的矛盾，其中经济增长起决定性作用。③盲目的技术观，认为生态危机产生的所有物质问题都能用技术来解决。综上所述，不难发现"浅绿"是改良思想和工业主义的结合，把改善生态的技术措施不断施加于工业体系，以更好地开发自然，因此环境和自然本质是割裂的。"浅绿"的诸多弊端为"深绿"提供了可能。"深绿"的典型特征是环境革命将人类发展和环境相融合，与破坏生态环境的旧文明决裂，进而构建人与自然的和谐，这无疑要求物质层面、体制层面、技术层面、文化层面的全方位变革。这一变革主要体现在以下四个层面：①明确人在自然界中的作用和地位：人是自然界的一部分，自然为人类生存和发展提供基础，两者相互作用。②人类经济系统只是自然生态系统的子系统，只能在母系统范围内发展，诸如光合作用、净化作用、气候维持、自我更新等。经济的可持续性要通过发展可维持的、可共享的、可循环的经济模式同自然界达成微妙、复杂的统一。③生态危机不仅仅是物质技术的问题更是社会发展机制出现问题的反映。应该重新构建驾驭科技发展的社会结构、政治结构，促进技术的绿色转向。然而绿色技术的形成和利用是很复杂的过程，只有了解影响技术发展的更广泛的力量才能真正理解技术发展的实质。④树立科学生态政治观。生态环境的安全是关系国家安全的重要因素，土壤、水源、森林、气候等是国家环境基础的有机组成部分。

环境观念从"浅绿"发展到"深绿"，而"深绿"的发展与环境融合的结晶便是"可持续发展"思想的结晶。1981年，当代思想家莱斯特·布朗在《建设一个可持续发展的社会》一书中明确指出，"我们不只是继承了父辈的地球，而是借用了儿孙的地球"。这句名言呼唤人类必须改变价值观念，从高速增长的传统发展模式过渡到可持续增长模式。1984年美国学者爱迪·布朗·韦丝发表《行星托管：自然保护与代际公平》一文，首次提出代际公平和行星托管的理论主张，认为"上一代、这一代和下一代共同掌管着被认为是地球的我们行星的自然资源。作为这一代成员，我们受托为下一代掌管地球，与此同时，我们又是受益人，有权使用并受益于地球"。1987年在世界环境与发展大会上由挪威首相布伦特兰夫人领衔发表的《我们共同的未来》报告，系统探讨了人类面临的一系列重大的经济、社会和环境问题，其中的“公共资源管理”一章系统阐述了三大观点：①环境危机、能源危机和发展危机不能分割。②地球目前的资源供给和能源远不能满足人类发展的需求。③必须为当代人和下一代人的利益改变发展模式。在上述观点基础上，该报告第一次正式提出“可持续发展”理念，并较系统地阐述了可持续发展的含义，既满足当代人需要又不损害子孙后代满足其自身需求的能力。20 世纪 90 年代，可持续发展战略成为世界各国的指导思想。1992 年 6 月，第二届世界环境与发展大会通过了《里约热内卢环境与发展宣言》《21 世纪议程》以及《关于森林问题的原则声明》等一系列纲领性文件，签署了《气候变化框架公约》和联合国《生物多样性公约》，充分体现了当今人类社会可持续发展的新思想、新意识，反映了环境与发展应当融合的全球共识。2001 年 11 月，美国莱斯特·布朗教授在《生态经济——有利于地球的经济构想》一文中提出经济系统是生态系统的一个子系统的观点，给人们提供了一种全新的视角。2003 年布朗又撰写了《B 模式：拯救地球 延续文明》一文，指出生态资本化已成为经济社会可持续增长的主要变量。所谓生态资本是所有能创造效益的自然资源、人造资源以及生态服务系统，具有生态服务价值或者生产支持功能的生态环境质量要素的存量、结构，通过将生态化技术、生态化产品以及生态化资源导入经济系统中，使之成为经济主体的目标函数，以此指导当前经济主体的行动，影响当前经济体系的良性运行。

三、可持续发展理论走向实践

可持续发展在思想和认识上成为各国发展共识之后，随之而来的问题便是如何将可持续发展付诸实践。1989 年，美国福罗什首次在《加工业的战略》一书中提出工业生态学思想，工业生态学仿照自然生态系统物质循环方式，通过产业链将上游企业的废物变为下游企业的原料，一个企业产生的废物或副产品成为另一个企业的营养物，污染在物质流动过程中被自然消除，最终实现园区内污染物的“零排放”。此后其他一些学者相继从企业生产效率层面进行探讨，波特和克拉斯·凡·德尔·林德宣称，企业能通过节约资源、提高有效产出，以及更好地利用副产品等方法提高资源利用效率。20 世纪 90 年代末，保罗·霍肯、艾默里·洛文斯以及亨特·洛文斯等人再次指出，通过重新设计生产和消费系统，提高自然资源使用效率、转变生态导向的生产模式、尝试以解决方案为基础的商业模式最终实现环境成本内部化。实际上，无论环境是否被置于企业社会责任之下，生态效率都可通过降低生产、消费、制造前以及消费后等以流程为导向的环境影响来实现。①

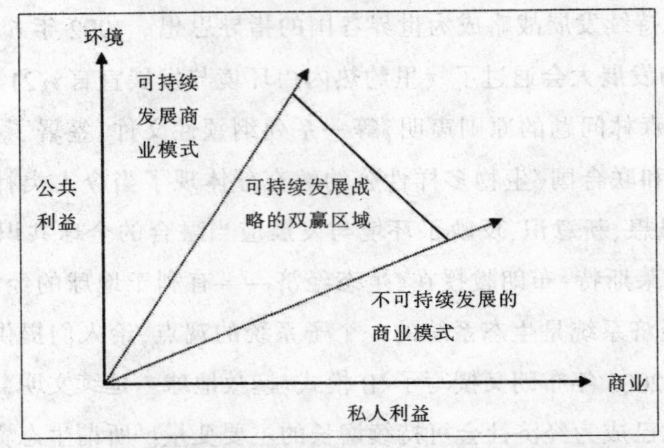

图 3–1 以商业为代表的私人利益和以环境为代表的公共利益的集合

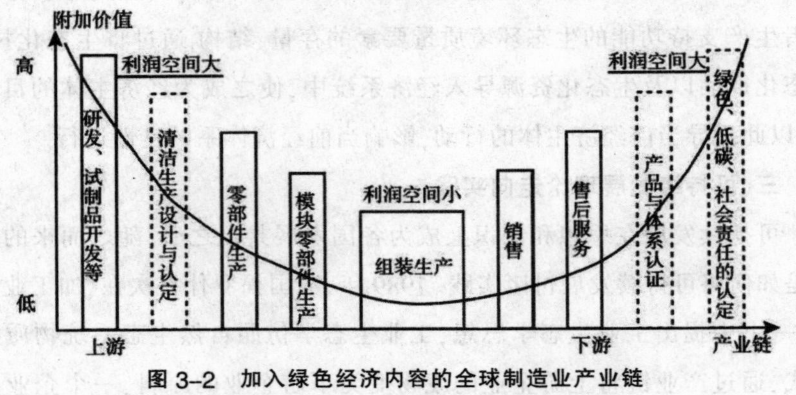

图 3–2 加入绿色经济内容的全球制造业产业链

① [意]雷纳多·奥萨多:《可持续发展战略:企业"变绿"何时产生回报》,李月译,机械工业出版社,2012 年,第 41 页。

可持续发展的自由主义实践者认为工业生态学、环境成本内部化都是解决环境问题的重要理论和方法,确信不需要改变当前价值观或生产、生活方式即可解决当前生态危机。生态危机产生的原因主要有三条:一是人口过快增长,二是消耗更多自然资源,三是现代技术的大规模使用特别是越来越多的化学品,破坏了生态平衡。由此给出的对策是,控制人口增长、开发更好的技术、自然资源市场化,然而这些措施最终是为了维持追逐利润的资本主义体系。

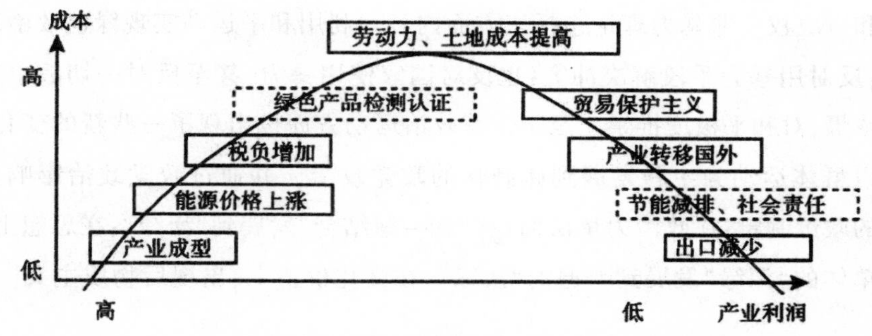

图 3-3 绿色产品和产业利润

资料来源:郭朝先:《全球绿色经济发展与中国产业竞争力》,张其仔主编:《中国产业竞争力报告》,社会科学文献出版社,2013 年,第 355~364 页。

伴随着环境文化的推广和现实层面环境危机的日益严重,人们越发意识到仅仅靠伦理道德、科学技术和经济规划根本不足以解决资本主义驱动下的生态危机。西方思想家通过对人和自然关系的系统反思和对工业文明的批判,将生态环境问题提高到政治层面来解决,于是绿色政治理论和生态政治运动兴起。绿色政治理论以生态学、政治学、经济学、未来学、女权主义等为理论基础,以生态效益为核心内容,以人与自然的和谐关系为追求目标,强调人类社会的整体利益和未来的个人利益。主要有五方面内容:生态经济、人与自然和谐、社会公正、政治民主、非暴力。生态经济学强调环境保护,维持生态平衡。最核心的观念是主张运用全面、整体、动态、相互联系的观点,取缔危害生态、消耗大量能源的行业,并用生态财政代替市场财政,用生态经济代替市场经济。人与自然和谐理论主张人与社会和人与人之间的和谐,要求人们改变传统的消费观念和生活方式,提倡生活简朴和回归自然,“小即是美”。社会公正理论主张经济平等和社会保障,十分关心普遍就业问题,如大力发展小型劳动密集型产业、实现生产单位和财产分散化、财富重新分配、缩短劳动时间、增加劳动者训练和教育、增加带薪休假时间、提前退休等。政治民主理论提出政治权力分散化、民主化,强调基层民主、分散化的直接民主,使决策过程开放化、透明化,使基层组织有自主权和自决权。非暴力理论包括三方面内容:利用和平运动实现绿色政治理论;反对用暴力手段解决冲突;也反对国家使用暴力,甚至反对一切战争和核威慑,对和平极度推崇。至于生态政治运动方面也出现了一些新的变化。从以群体运动为主题发展到体制化的政党政治,并通过政党政治影响具体的政策制定;在政治力量层面,从“红—绿结合”发展到“泛绿”;在思想上,从单体的“深绿”发展到普遍的“浅绿”;在文化价值上,出现后物质主义。

第四节 城市环境责任的兴起

发展中国家的城市化是21世纪人类最大的变化也是最大的挑战。世界银行发布的最新报告《作为经济城市的生态城市》称,2000—2030年,发展中国家城市面积将从20万平方千米增长到60万平方千米,相当于此前所有城市建成面积的总和。世界能源需求量从2006年到2030年增长45%,标油使用量从117亿吨增长到170亿吨,其中到2030年城市能源使用量将增加到73%。2030年全球城市人口比例将上升至61%,人口超过1000万的特大城市将达到23个。①城市化的加速必然导致能源消耗迅猛增长,温室气体排放急剧上升,联合国人类居住署(UNHS)和美国前总统克林顿指出,城市温室气体排放量大概占人类总排放量的75%~80%。世界一半

① World Bank, Eco2-Cities:Ecological Cities as Economic Cities, http://siteresources.worldbank.org/INTEASTASIAPACIFIC/Resources/226262 -1246459314652/Eco2Cities_FullReport_ConfEdition6 -26-09_sm.pdf.

人口生活在城市，城市化程度是经济由贫困向中等收入转型的一个重要标准。国际经验表明,发达国家城市化过程中,城市化率在20%~70%之间,产业结构经历了从以农业为主向以工业为主的转变,人均耗能和能源强度同时期快速上涨。城市化带来物质福利的改进、生活水准的提高、全球联系的加强,但低密度城市地理扩张也带来资源消耗、能源消耗、生态承载力的下降。大量计算结果证明,如果发展中国家城市化率和资源环境消耗达到欧美水平,那么全人类将需4~8个地球,由此如何实现城市化和环境的耦合、理论和操作双重意义上的可持续性成为理论和实践的焦点。为实现这一目标,不同学科作出艰辛探索,从而为生态文明建设贡献了新的理论资源，地球科学聚焦城市空间演变对环境的压力和局地气候的影响;经济理论着眼于经济增长和环境负荷的关系;政治科学对城市环境变化的研究分为三个角度,重点思考不同类型行为主体的角色、地位和作用;社会学则关注环境规范的演变。笔者认为环境变化中的城市责任绝非限于压力—回应,城市环境治理存在内在的逻辑演变,是一种多方面协同过程,对城市发展造成深刻的影响,值得深入探析。

一、概念逻辑

对环境变化中城市责任的探索必然起源于城市的环境影响机制,而环境影响机制要走向深入必须概念化。生物学家保罗·厄尔利克 (Paul Ehrlich)和能源科学家约翰(John Holden)提出环境压力方程:I=PAT,其中I代表人类活动总体环境负荷，而P代表人口、A代表财富、T代表技术或者制度能力。该方程以简单明了的方式凸显环境变化的影响因子,虽然方程中影响因子的权重有待争论,而每一项数值在不同国家、地区的差异也甚大,但通过统计技术和非线性回归方程仍可大体计算出环境负荷。生态学家理查德·瑞吉斯坦认为，环境压力方程虽有助于理解损害地球资源和生命保障系统的动力学机制，但忽视了将人口、财富和技术有效集聚的平台——城市。城市是人类以技术编织出来的体系,具有独特的物理形态和组织架构,而这种物理形态和组织架构的维持既需要设计、建设和管理,也需要能源、资源的输入输出与适宜的生态承载力。[①]土地利用和基础设施[②]是城市独特物理形态和组织架构的基础部分，不仅创造绝大多数财富，还激发对技术的需求，其布局和形态对能源、资源的输入输出几乎有着决定性影响，因此瑞吉斯坦认为I=PAT计算公式应改为I=PLAT（其中L代表着土地利用和基础设施）。[③]全球化和工业化使城市土地利用和基础设施出现“使用价值”和“交换价值”的矛盾。“使用价值”表明城市和乡村一样都是人类的栖息地，拥有健康、安全、可持续与自然的价值取向，而交换价值则表明城市化是商品和资本的有效载体。艾略特（Elliott）等人指出交换价值驱动城市政府、土地开发商、金融机构相互协作构造出一台极为有效的“增长机器”（Growth Machine）[④]，这台机器一方面驱动着经济增长和城市化进程，另一方面也对“使用价值”造成某种损害。为了给“交换价值”划定边界，明确“使用价值”不可突破的底线，学术界针对土地利用和基础设施对环境的影响展开评价，先后提出多种概念和指标，比如生态承载能力、生态足迹、基础设施生态效率、绿色账户、生命周期分析等。

城市化是一个包含了人口增多、经济发展、文化变迁、社会变革等多维的过程，但最直观的表现依然是土地利用和基础设施的扩张。由于资本、人口和生产要素规模效应和聚集效应的边际递减，这种扩张具有明显阶段性，分为起步阶段、起飞阶段、维持阶段、更新阶段，不同阶段衍生出不同的环境问题。1992年世界银行在总结大量案例的基础上将环境问题分成贫困

---

① Shu-Li Huang, Chia-Tsung Yeh, Li-Fang Chang, The Transition to an Urbanizing World and the Demand for Natural Resources, *Current Opinion In Environmental Sustainability*, 2010, Vol.2.

② 基础设施主要包括供水设施、排水设施、能源设施、交通和通信设施、废水废气固体废弃物处理设施等，这里的基础设施显然是技术创新和应用的主要环节。

③ ［美］理查德·瑞吉斯坦：《生态城市——重建与自然平衡的城市》，王如松、于占杰等译，社会科学文献出版社，2010年，第16页。

④ James R.Elliott, Scott Frickel, Environmental Dimension of Urban Change: Uncovering Relict Industrial Waste Sites and Subsequent Land Use Conversions in Portland and New Orleans, *Journal of Urban Affairs*, 2011, Vol.33, Iss.1.

主导型、生产主导型和消费主导型三种类型。后来白雪梅和井村延续了这种分析框架，认为这三类环境问题存在时间上的承接性，而这三类环境问题得到解决之后便是生态城市阶段，环境负荷随着经济增长呈现恶化、减缓、再次恶化、再次减缓的波浪形发展趋势。[①]贫困主导型环境问题多为环境基础设施匮乏引致，如卫生设施、安全饮用水供给不足引致的居高不下的传染病发病率，影响区域多局限于城市内部或者特定地点，在贫困的发展中国家城市中这些问题较为常见；生产主导型环境问题多是工业化和生产扩张所致，如工业三废的超标准排放、资源低效使用、环境灾害等等，影响多是地区性的，主要存在于发展中大国的城市；消费主导型环境问题是追求高质量生活而带来的高消耗、高浪费和高排放，"汽车—城市蔓延—高速公路—石油"是典型表现，温室气体和能源消耗在内在属性上是全球性的，这是欧美国家城市面临的主要问题。

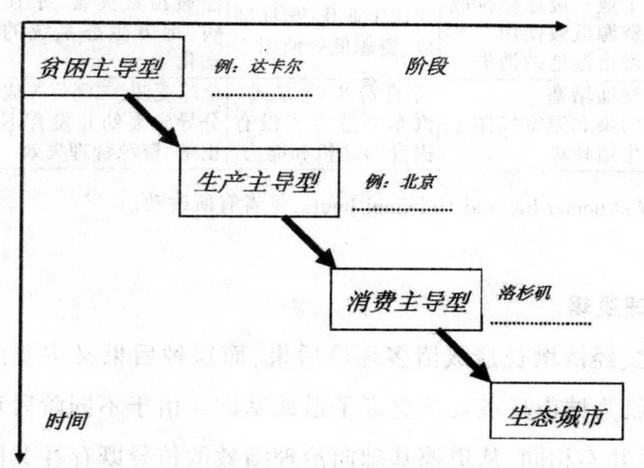

图 3-4　城市化的不同阶段和环境问题的关系

① Xuemei Bai, Hidefumi Imura, A Comparative Study of Urban Environment in East Asia: Stage Model of Urban Environmental Evolution, *International Review for Environmental Strategies*, 2000, Vol. 1, Iss.1.

贫穷国家城市化刚刚启动而发达国家城市化刚刚完成,这使得全球环境负荷增加,发展中大国的城市化所面临的问题最为突出,这不仅表现在温室气体排放和能源消耗持续、快速增长,也表现在它们未完成的工业化产生的高污染的消费型环境问题,环境问题正朝着复合化、全球化、深度化方向演变。根据波士顿咨询机构(Boston Consulting Group)的报告,全球新兴城市基础设施投资未来20年将达到30万亿~40万亿美元,这些投资在推动世界经济复苏的同时产生了资源拮据、环境负荷、气候变化等一系列问题,生态承载底线一再受到冲击。

表 3–1 城市环境问题的分类

类型	表现形式	原因	影响后果	空间层次
贫困主导型	清洁水匮乏 缺乏卫生设施 水体的有机污染 无垃圾回收系统	基础设施和服务不足、快速城市化、收入不平等	卫生条件引致的健康问题,比如腹泻和感染	地方性
生产主导型	工业三废超标排放 资源低效使用 城市湿地的消失	快速工业化、超标排放、资源低效使用	经典污染灾害、水俣病、地方生态系统的恶化	地方性和地区性
消费主导型	交通堵塞 污染和温室气体 生活垃圾	高消费生产方式、汽车制造方式没有提升的动机和能力	全球变暖、二噁英等成分导致婴幼儿发育不正常、资源管理失效	地区性和全球性

资料来源:Xuemei Bai and Hidefumi Imura,笔者有所改动。

二、治理逻辑

城市化、经济增长造成诸多环境后果,而这种后果又主要由城市居民来承担,这就为城市环境责任奠定了道德基础。由于不同阶段环境问题的表征和种类并不相同,从道德基础向治理绩效的传导既存在共同性也存在显著差异,共同性由思想基础、动力结构和政策工具三个环节链接而成,而差异性主要体现在动力结构和政策工具方面。

首先是思想基础。普遍认为可持续发展是城市环境治理的思想基础,对环境问题的治理必须兼顾改善人类总体物质福利和不损害环境的双重目的。1972年《人类环境宣言》指出:“人的定居和城市化工作必须加以规划，以避免对环境的不良影响，并为大家取得经济、社会和环境三方面的最大利益。"《我们共同的未来》一书认为，经济、社会和环境的可持续性成为可持续发展的三根支柱，国内学者也认为城市能源基础设施与经济、社会、环境构成了一个复合系统，其协调程度可以测算，存在协同发展的可能。[①] 里约会议以来的20年实践说明，无论可持续发展还是协同发展都没有得到现行政治经济框架的支撑。福托鲍洛斯指出："可持续发展这个概念……忽视了一个作为增长的基本结果和前提条件的权力集中现象。"一些激进学者甚至认为城市以可持续发展作为指导并不科学。城市以沥青和水泥取代土地，将垃圾排放到农村以克服承载力的局限性，从远方获取资源以支撑自身运行，实际上已经放弃了人和自然相互融合的生产、生活和社会组织方式。相反一些可持续发展经济学家认为，城市可持续性并不是要求实现某种人与自然融为一体的乌托邦，而是在城市原有功能基础上实现居民经济、社会、环境福利最大化，由此对城市可持续性的解读只能在"弱"的意义上，即人造资本和自然资本可以相互替代，对本地资源和环境尽可能利用以减少外部性，各项公共政策应具有充足的程序合理性。工商界人士指出，可持续发展就是要求市场充分考虑环境退化的外部代价，将外部成本转移给消费者，企业尽可能节省原材料，商界充分竞争，政府介入减少到最低程度，并使国际环境规则与自由贸易需求相一致。对城市可持续发展自由主义的理解显然没有放弃经济增长这一核心，罗马俱乐部认为只要增长就必然耗竭资源、破坏环境，因而要求"超越增长"。超越增长需要从宏观结构、制度安排、政策措施到具体细节的整体性方案，一些生态学家纷纷提出设想，譬如赫尔曼·戴利提倡"稳态经济"，保罗·霍肯提出"自然资本"等；城市规划学界和地理学家也贡献出大量智慧，霍华德(Ebenzer Howard)的"田园城市"，帕克(R.E.Park)首倡生命网络、自然平衡有机体观点，苏联生态学家亚尼茨

① 万冬君、刘伊生、姚兵：《城市能源基础设施—经济—社会—环境复合系统协调发展研究》，《中国管理科学》，2007年第10期。

基(O.Yanitsky)和联合国教科文组织分别提出“人与生物圈计划”“生态城市”观念,戈登(D.Gordon)提出绿色城市构想等。金融危机后,世界银行认为建设生态城市不可能脱离经济,因此需要生态与经济融合的生态经济城市。这些方案的总体特点是,生产方式从以“高耗能、高排放、高污染、高碳”为特征向以“低耗能、低排放、低污染、低碳”为特征转变,资源利用上“从摇篮到坟墓”的线性路径向“从摇篮到摇篮”的循环转变,城市空间布局从粗放、无序、非均衡向集约、有序、均衡转变,社会模式上从A模式向B模式甚至C模式转变。

其次是动力结构。可持续发展、生态城市、绿色城市、生态经济城市等方案为环境治理提供了方向性的指导,然而宏观层面的效果仍需微观层面动力结构的支撑。动力结构其实就是城市环境治理的主体性特征,由政府、企业和公民社会构成。由于城市嵌入的政治体系和制度环境截然不同,城市内部的动力结构相差甚远,譬如欧美多沿着“民间运动—绿党政治—政府决策—整体推进”自下而上的路径,而中国市场失灵和社会组织自治能力不足,多由政府自上而下下沉政府意志,使其转化为市场和社会的实践,[①]由此塑造、搭建何种类型的动力结构对城市环境治理异常关键。按照系统论观点,政府意识与政治制度、全社会行为有明显相关性,其中政治意识相当程度上决定着价值构成,而价值构成又决定着制度架构,制度架构从根本上约束着社会、市场和个人选择,因此政治意识起源是关键。政治意识起源于对问题的发现,除了发现还需对问题进行成功的解释,即“问题化”。在发现环境问题方面最为著名的便是八大公害事件,尤其是洛杉矶光化学烟雾事件、伦敦烟雾事件、日本水俣病事件,而对环境问题作出成功解释的当属蕾切尔·卡逊女士。她在《寂静的春天》一书中对食物链的动人描述不但促成环保主义运动兴起和环境保护机构的普遍设立,还使环境保护意识深

---

① 杜创国、郭戈英:《绿色转型的内在结构和表达方式——以太原市的实践为例》,《中国行政管理》,2010年第12期。

入人心,成为城市居民日常关注的一部分。然而环境的“问题化”并没有丝毫减缓发展主义、经济增长对地球的资源耗竭和环境侵蚀,“超越增长”“只有一个地球”“为了生存的蓝图”等生存主义话语兴起。生存主义通过语言界定了环境和生存的关系,虽然明显提升了公众的环境关切,却仍没有产生明显的政治、经济或政策效果,国家或者城市等权威主体只能采取一些紧急措施,于是“安全化”机制启动。

“安全化”的提出说明环境变化已超越经济社会而演化为政治安全议题,环境治理已不仅仅是经济发展的限定性规定,更是规范创新和构造社会共识的途径,而这种规范和共识又经新闻媒体和权威主体行动渗透、下沉、弥散到社会各阶层。经过安全化、规范创新和传播,环境意识在城市内部逐步累积为明显的三层:①社会大众对环境问题的关心,关心程度可以量化测量;②“节约”“预防”“共同但有区别的责任”等环境治理规范;③在关心和规范基础上的公民和社会团体的环境治理能力建设。政府决策和社会环境意识兴起说明城市环境治理的动力结构已确立, 而动力大小则往往取决于政府和社会不同的目标函数。相较于生产主导型环境问题,消费主导型环境问题治理与城市居民生活切身利益直接相关, 社会目标函数将可能受到影响,较难得到社会支持,这也部分解释了美国对《京都议定书》的态度。

最后是政策工具。生存主义唤起民众关注,构造社会共识,搭建动力结构,但环境治理绩效大小仍主要取决于政策工具的类型和使用强度。虽然使用政策工具旨在纠正外部性,但由于受到成本收益的计算、不同社会阶层的利益、政府失灵等因素的影响,政策工具的制定和执行复杂多变,这也决定了政策工具要成功必须具备三方面条件:成本收益合理、促进环境正义和法律化。1997 年世界银行在其年度报告中对环境政策工具进行系统收集和比较,将它们分成了利用市场、创建市场、环境管制、公众参与四种类型。环境经济学认为政策工具的合理性取决于边际成本是否等同于边际环境效益的改进。由于制度环境的差异,针对同类环境问题,城市选择和使用的政策工具往往并不相同，譬如同样是节能减排，欧美多通过排放权交易的市场手段，而中国更多地依赖政绩考核；而处理不同种类的环境问题，政策工具的差异也很大，譬如适宜生产性环境问题的征税就不适宜解决与城市居民切身利益相关的消费性环境问题。简·雅各布斯认为城市的本质在于聚集，然而社会阶层之间存在聚合力也存在张力，这导致不同社会阶层对环境问题的社会认知、选择偏好、利益诉求和政治影响力差异甚大，政策制定、执行和出台必然伴随激烈的利益博弈。①加拿大学者托马斯·霍默-迪克森认为在环境治理过程中常存在社会阶层对环境资源占有的结构性稀缺，大量数据和研究报告证明当遭遇环境变化时，处于较低经济社会的阶层通常要承担比他们所应承担的份额更高的治理费用，这就要求在制定和执行政策工具过程中应对目标群体予以有效区分，尽量不使境遇最差者陷入更差境地。这方面不论发达国家还是发展中国家都有成功的案例，英国伦敦在根据《气候变化法案》执行碳预算征收碳税时就充分考虑到贫穷家庭的用能问题，对它们予以减免或者财政补贴，而我国在征收环境税收时也充分考虑到了中性原则。相比政府的公共物品供给、技术规制和税费财政政策，法律无论在信息公开，还是执行效果方面都更为明确可靠，环境政策工具的法律化应是未来发展方向。

表 3-2 不同的政策工具类型

利用市场	创建市场	环境管制	公众参与
削减补贴	产权与地方分权	标准	公众参与
环境税费	可交易许可证和权利	禁令	信息公布
使用者收费	国际补偿机制	许可证与限额	
押金—退款		分区	
有指标的补贴		责任	

资料来源：世界银行 1997 年报告。

环境问题的根源和种类决定城市环境责任需要思想基础、动力结构和政策工具的有效链接。图 3-5 表明城市既是技术发展的综合体现，包括物

① 参见[美]简·雅各布斯：《城市与国家财富》，金洁译，中信出版社，2008 年。

质新陈代谢和建成环境，也是制度和人文的集合，含有城市内部活动的治理网络和社会动力，从概念到治理转换效果将最终取决于这四部分的重合。城市在不同发展阶段存在不同类型的环境问题说明这四部分是相互联系、相互转化的。

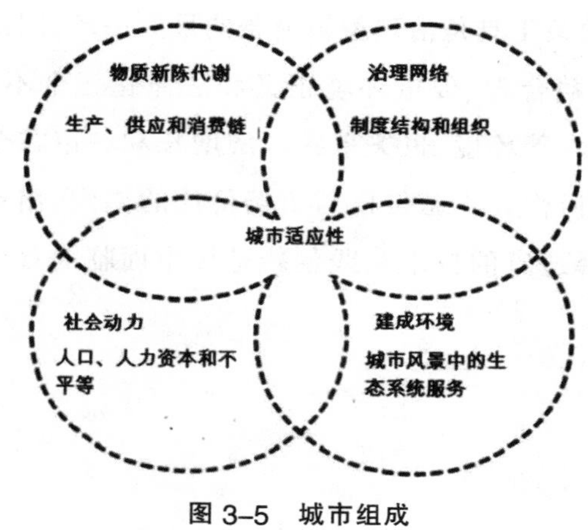

图 3–5 城市组成

资料来源：Gail Whiteman，2011。①

总之，城市是生产力的空间聚合，聚集了相应地域范围的资本、劳动力和科学技术；城市也是人与人之间、城乡间和世代间思想交流、商品和服务交换的有机体。前者要求城市以追求经济增长、改善物质福利为目标，而后者要求注重情感和生命关怀。目前发展中国家正经历快速的城市化进程，表现出强劲的经济增长势头，人民生活水平迅速提高，但同时也消耗了资源、破坏了环境。消耗和破坏不仅使城市内部的经济和社会发展成果随时为环境灾害所噬，而且还使城市内外情感和关怀都受到伤害，因此通过城市治理环境不仅是生存发展的需要也是人性的体现。城市化的实质是物理形态和组织架构在地理上的扩展，其核心部分是土地利用和基础设施，由

① Gail Whiteman, Business Strategies and the Transition to Low-carbon Cities, *Business Strategy and the Environment*, 2011, Vol.20.

于资源、人口和要素的边际效应，城市化产生了贫困、生产、消费三类时间上继起的环境问题，只有对这三类环境问题都有效治理，才能最终建成生态城市。既然城市承担着与生俱来的环境责任，那么就需要将这种责任从概念转化为治理绩效，将思想基础、动力结构和政策工具三者有效链接完成这一转变。政策工具是治理逻辑链条的最后一环，围绕其制定、执行，始终存在成本收益合理、促进环境正义和法律化三个不同的维度，它的应用不仅关系到改善环境，也关系到经济增长和城市在全球政治经济循环中的定位。如何弥补生态价格与市场价值的鸿沟、出台符合实际需要的政策框架、选择适宜的技术实践创新是城市面临的难题。

第四章　中国生态文明建设的绿色发展

党的十八大报告提出:“坚持节约资源和保护环境的基本国策,坚持节约优先、保护优先、自然恢复为主的方针,着力推进绿色发展、循环发展、低碳发展,形成节约资源和保护环境的空间格局、产业结构、生产方式、生活方式,从源头上扭转生态环境恶化趋势,为人民创造良好生产生活环境,为全球生态安全做出贡献。”绿色发展需要绿色发展机制的支撑,这包括基本政策和具体政策两种,基本政策有国家发展总体规划、国家发展专项规划,譬如“十二五”规划,而具体政策包括管制政策、制度设计等。

表 4-1　我国的绿色发展机制

政策		科学发展观
基本政策	国家发展总体规划	转变经济增长方式,将节约资源作为基本国策,发展循环经济,保护生态环境,促进经济发展与人口、资源、环境相协调
	国家发展专项规划	国土规划、环境保护规划、生态环境建设规划、可再生能源中长期发展规划等
	财政政策	政府投资、税收与收费、转移支付
	金融政策	“绿色信贷”政策,绿色保险制度
具体政策	管制政策	价格管制、投资管制、外贸管制
	制度设计	立法:《循环经济促进法》(2008)、《节约能源法》(2007)、《环境保护法》(正在修改) 制度设计:部分地区实行排污权、排放权交易;建立上海能源环境交易所和北京环境交易所,以及生态补偿机制

第一节　国土空间开发和生态功能区

国土是生态文明建设的空间载体,党的十八大报告将优化国土空间开发放在生态文明建设的首位，这恰如其分地说明空间布局在节约资源和环境保护中的重要性，这种重要性首先体现在物流上。大量的研究表明，物流成本在我们国内生产总值中占了较大的比重，这种较大的比重既是生产要素集聚的结果，也是自然资源时空分布不均、资源富集区远离经济发展重心的结果。而城市规划和建设在空间布局上的不合理，也增加了“生态足迹”，譬如北方干旱地区要过上与南方同等质量的生活，就要增加水、煤炭等资源消耗。其实我国国土辽阔，哪些地方可以建城、哪些地方应该保护，其主体功能都已有原则分区，而这种分区最早体现在1935年划定的“胡焕庸线”。胡焕庸在1935年提出从黑龙江的瑷珲到云南的腾冲画一条线，可以表明我国自宋元以来就存在的南重北轻的人口密度分布状况。根据调研，“胡焕庸线”东南侧占全国43.18%的国土面积，集聚了全国93.77%的人口和95.70%的国内生产总值。

国土开发是生态文明建设的空间载体，应按照人口、资源、环境相均衡，经济、社会、生态效益相统一原则，控制开发强度、调整空间结构、以“生产空间集约高效、生活空间宜居适度、生态空间山青水秀”为目标，实施主体功能区战略。划分主体功能区就是要推动各地区严格按照主体功能定位，构建科学合理的城市化格局、农业发展格局、生态安全格局。根据2010年12月21日国务院印发的国土规划文件《全国主体功能区规划——构建高效、协调、可持续的国土空间开发格局》，我国国土空间主要分为以下类型：按开发方式，分为优化开发区域、重点开发区域、限制开发区域和禁止开发区域；按开发内容，分为城市化地区、农产品主产区和重点生态功能区；按层级，分为国家和省级两个层面。优化开发区域是经济比较发达、人口比较密集、开发强度较高、资源环境问题突出的地区，应该优化进行工业化、城镇化开发。重点开发区域是有一定经济基础、资源环境承载能力较强、发展潜力较大、集聚人口和经济条件较好的地区，应重点进行工业化城镇化开发。限制开发区域分为两类：一类是农产品主产区，是保障国家农产品安全以及中华民族永续发展的地区；另一类是重点生态功能区，即生态系统脆弱或具有重要生态功能的地区，必须把增强生态产品生产能力作为首要任务。禁止开发区域是依法设立的各级各类自然文化资源保护地区和其他禁止进行工业化、城镇化开发，需要特殊保护的重点生态功能区。这几个功能区又和城市化战略格局有着密切关联，由此构成了主体功能区分类及其功能的详细划分。

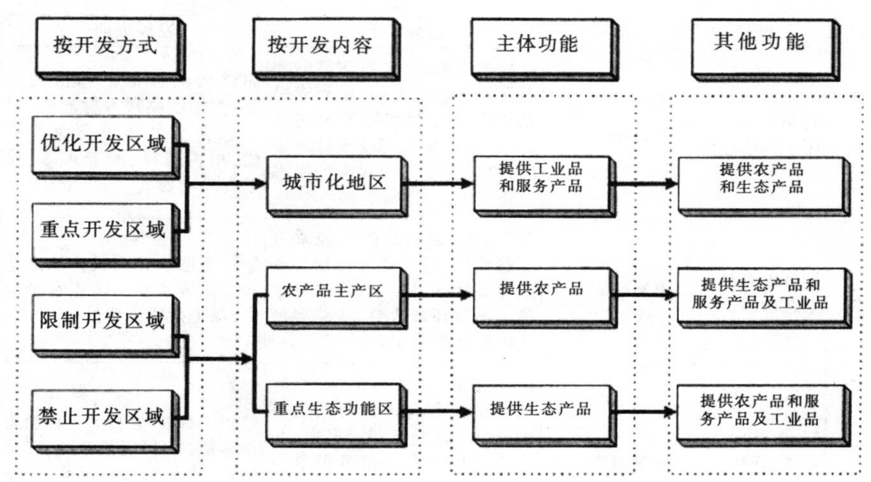

图 4–1　主体功能区分类及其功能

目前最主要的便是禁止开发区域和限制开发区域，正是这两个开发区域共同构成了生态安全战略格局的基础。以"两屏三带"为主体的生态安全战略格局主要指以青藏高原生态屏障、黄土高原—川滇生态屏障、东北森林带、北方防沙带和南方丘陵山地带以及大江大河重要水系为骨架，以国家重点生态功能区为重要支撑，以点状分布的国家禁止开发区域为重要组成部分的生态安全战略格局。

青藏高原生态屏障，要重点保护好多样、独特的生态系统，发挥涵养大江大河水源和调节气候的作用；黄土高原—川滇生态屏障，要重点加强水土流失防治和天然植被保护，发挥保障长江、黄河中下游地区生态安全的作用；东北森林带，要重点保护好森林资源和生物多样性，发挥东北平原生态安全屏障的作用；北方防沙带，要重点加强防护林建设、草原保护和防风固沙，对暂不具备治理条件的沙化土地实行封禁保护，发挥“三北”地区生态安全屏障的作用；南方丘陵山地带，要重点加强植被修复和水土流失防治，发挥华南和西南地区生态安全屏障的作用。

表 4-2　国家重点生态功能区的类型和发展方向

编号	区域	类型	综合评价	发展方向
1	大小兴安岭森林生态功能区	水源涵养	森林覆盖率高，具有完整的寒温带森林生态系统，是松嫩平原和呼伦贝尔草原的生态屏障。目前原始森林受到较严重的破坏，出现不同程度的生态退化现象。	加强天然林保护和植被恢复，大幅度调减木材产量，对生态公益林禁止商业性采伐，植树造林，涵养水源，保护野生动物。
2	长白山森林生态功能区	水源涵养	拥有温带最完整的山地垂直生态系统，是大量珍稀物种资源的生物基因库。目前森林被破坏导致环境改变，威胁多种动植物物种的生存。	禁止非保护性采伐，植树造林，涵养水源，防止水土流失，保护生物多样性。
3	阿尔泰山地森林草原生态功能区	水源涵养	森林茂密，水资源丰沛，是额尔齐斯河和乌伦古河的发源地，对北疆地区绿洲开发、生态环境保护和经济发展具有较高的生态价值。目前草原超载过牧，草场植被受到严重破坏。	禁止非保护性采伐，合理更新林地。保护天然草原，以草定畜，增加饲草料供给，实施牧民定居。
4	三江源草原草甸湿地生态功能区	水源涵养	长江、黄河、澜沧江的发源地，有“中华水塔”之称，是全球大江大河、冰川、雪山及高原生物多样性最集中的地区之一，其径流、冰川、冻土、湖泊等构成的整个生态系统对全球气候变化有巨大的调节作用。目前草原退化、湖泊萎缩、鼠害严重，生态系统功能受到严重破坏。	封育草原，治理退化草原，减少载畜量，涵养水源，恢复湿地，实施生态移民。
5	若尔盖草原湿地生态功能区	水源涵养	位于黄河与长江水系的分水地带，湿地泥炭层深厚，对黄河流域的水源涵养、水文调节和生物多样性维护有重要作用。目前湿地疏干垦殖和过度放牧导致草原退化、沼泽萎缩、水位下降。	停止开垦，禁止过度放牧，恢复草原植被，保持湿地面积，保护珍稀动物。

续表

编号	区域	类型	综合评价	发展方向
6	甘南黄河重要水源补给生态功能区	水源涵养	青藏高原东端面积最大的高原沼泽泥炭湿地，在维系黄河流域水资源和生态安全方面有重要作用。目前草原退化、沙化严重，森林和湿地面积锐减，水土流失加剧，生态环境恶化。	加强天然林、湿地和高原野生动植物保护，实施退牧还草、退耕还林还草、牧民定居和生态移民。
7	祁连山冰川与水源涵养生态功能区	水源涵养	冰川储量大，对维系甘肃河西走廊和内蒙古西部绿洲的水源具有重要作用。目前草原退化严重，生态环境恶化，冰川萎缩。	围栏封育天然植被，降低载畜量，涵养水源，防止水土流失，重点加强石羊河流域下游民勤地区的生态保护和综合治理。
8	南岭山地森林及生物多样性生态功能区	水源涵养	长江流域与珠江流域的分水岭，是湘江、赣江、北江、西江等的重要源头区，有丰富的亚热带植被。目前原始森林植被破坏严重，滑坡、山洪等灾害时有发生。	禁止非保护性采伐，保护和恢复植被，涵养水源，保护珍稀动物。
9	黄土高原丘陵沟壑水土保持生态功能区	水土保持	黄土堆积深厚、范围广大，土地沙漠化敏感程度高，对黄河中下游生态安全具有重要作用。目前坡面土壤侵蚀和沟道侵蚀严重，侵蚀产沙易淤积河道、水库。	控制开发强度，以小流域为单元综合治理水土流失，建设淤地坝。
10	大别山水土保持生态功能区	水土保持	淮河中游、长江下游的重要水源补给区，土壤侵蚀敏感程度高。目前山地生态系统退化，水土流失加剧，加大了中下游洪涝灾害发生率。	实施生态移民，降低人口密度，恢复植被。
11	桂黔滇喀斯特石漠化防治生态功能区	水土保持	属于以岩溶环境为主的特殊生态系统，生态脆弱性极高，土壤一旦流失，生态恢复难度极大。目前生态系统退化问题突出，植被覆盖率低，石漠化面积加大。	封山育林育草，种草养畜，实施生态移民，改变耕作方式。
12	三峡库区水土保持生态功能区	水土保持	我国最大的水利枢纽工程库区，具有重要的洪水调蓄功能，水环境质量对长江中下游地区的生产、生活有重大影响。目前森林植被破坏严重，水土保持功能减弱，土壤侵蚀量和入库泥沙量增大。	巩固移民成果，植树造林，恢复植被，涵养水源，保护生物多样性。

续表

编号	区域	类型	综合评价	发展方向
13	塔里木河荒漠化防治生态功能区	防风固沙	南疆主要用水源，对流域绿洲开发和人民生活至关重要，沙漠化和盐渍化敏感程度高。目前水资源过度利用，生态系统退化明显，胡杨木等天然植被退化严重，绿色走廊受到威胁。	合理利用地表水和地下水，调整农牧业结构，加强药材开发管理，禁止过度开垦，恢复天然植被，防止沙化面积扩大。
14	阿尔金草原荒漠化防治生态功能区	防风固沙	气候极为干旱，地表植被稀少，保存着完整的高原自然生态系统，拥有许多极为珍贵的特有物种，土地沙漠化敏感程度极高。目前鼠害肆虐，土地荒漠化加速，珍稀动植物的生存受到威胁。	控制放牧和旅游区域范围，防范盗猎，减少人类活动干扰。
15	呼伦贝尔草原草甸生态功能区	防风固沙	以草原草甸为主，产草量高，但土壤质地粗疏，多大风天气，草原生态系统脆弱。目前草原过度开发造成草场沙化严重，鼠虫害频发。	禁止过度开垦、不适当樵采和超载过牧，退牧还草，防治草场退化、沙化。
16	科尔沁草原生态功能区	防风固沙	地处温带半湿润与半干旱过渡带，气候干燥，多大风天气，土地沙漠化敏感程度极高。目前草场退化、盐渍化和土壤贫瘠化严重，为我国北方沙尘暴的主要沙源地，对东北和华北地区生态安全构成威胁。	根据沙化程度采取针对性强的治理措施。
17	浑善达克沙漠化防治生态功能区	防风固沙	以固定、半固定沙丘为主，干旱频发，多大风天气，是北京乃至华北地区沙尘的主要来源地。目前土地沙化严重，干旱缺水，对华北地区生态安全构成威胁。	采取栽种植物和工程修复措施，加强综合治理。
18	阴山北麓草原生态功能区	防风固沙	气候干旱，多大风天气，水资源贫乏，生态环境极为脆弱，风蚀沙化土地比重高。目前草原退化严重，为沙尘暴的主要沙源地，对华北地区生态安全构成威胁。	封育草原，恢复植被，退牧还草，降低人口密度。
19	川滇森林及生物多样性生态功能区	生物多样性维护	原始森林和野生珍稀动植物资源丰富，是大熊猫、羚牛、金丝猴等重要物种的栖息地，在生物多样性维护方面具有十分重要的意义。目前山地生态环境问题突出，草原超载过牧，生物多样性受到威胁。	保护森林、草原植被，在已明确的保护区域保护生物多样性和多种珍稀动植物基因库。

续表

编号	区域	类型	综合评价	发展方向
20	秦巴生物多样性生态功能区	生物多样性维护	包括秦岭、大巴山、神农架等亚热带北部和亚热带—暖温带过渡的地带，生物种类多样，是许多珍稀动植物的分布区。目前水土流失和地质灾害问题突出，生物多样性受到威胁。	减少林木采伐，恢复山地植被，保护野生物种。
21	藏东南高原边缘森林生态功能区	生物多样性维护	主要以分布在海拔900~2500米的亚热带，常绿阔叶林为主，山高谷深，天然植被仍处于原始状态，对生态系统保育和森林资源保护具有重要意义。	保护自然生态系统。
22	藏西北羌塘高原荒漠生态功能区	生物多样性维护	高原荒漠生态系统保存较为完整，拥有藏羚羊、黑颈鹤等珍稀特有物种。目前土地沙化面积扩大，病虫害和溶洞滑塌等灾害增多，生物多样性受到威胁。	加强草原草甸保护，严格草畜平衡，防范盗猎，保护野生动物。
23	三江平原湿地生态功能区	生物多样性维护	原始湿地面积大，湿地生态系统类型多样，在蓄洪防洪、抗旱、调节局部地区气候、维护生物多样性、控制土壤侵蚀等方面具有重要作用。目前湿地面积减小，破碎化、面源污染严重，生物多样性受到威胁。	扩大保护范围，控制农业开发和城市建设强度，改善湿地环境。
24	武陵山区生物多样性及水土保持生态功能区	生物多样性维护	属于典型亚热带植物分布区，拥有多种珍稀濒危物种，是清江和澧水的发源地，对减少长江泥沙具有重要作用。目前土壤侵蚀较严重，地质灾害较多，生物多样性受到威胁。	扩大天然林保护范围，巩固退耕还林成果，恢复森林植被和生物多样性。
25	海南岛中部山区热带雨林生态功能区	生物多样性维护	热带雨林、热带季雨林的原生地，我国小区域范围内生物物种十分丰富的地区之一，也是我国最大的热带植物园和最丰富的物种基因库之一。目前由于过度开发，雨林面积大幅度减少，生物多样性受到威胁。	加强热带雨林保护，遏制山地生态环境恶化。

全国生态功能区是在生态现状调查、生态敏感性与生态服务功能评价的基础上确立的，划分为216个，其中具有生态调节功能的生态功能区148个，占国土面积的78%；提供产品的生态功能区46个，占国土面积的21%；人居保障功能区22个，占国土面积的1%。确立生态功能区是我国生态文

明建设的基础性工作，已开始由经验型管理向科学型管理转变、由定性型管理向定量型管理转变、由传统型管理向现代型管理转变，成为指导产业布局、资源开发的重要依据。不仅如此，生态功能区还是为国家和人民提供生态产品的主产地。所谓“生态产品”，按照《全国主体功能区》的定义，指的就是“清洁的水、空气”，这些产品一般说来不同于有形的商品或者服务，缺乏完备的交易市场和价格形成机制，但“保护和扩大大自然提供生态产品能力的过程也是创造价值的过程，保护生态环境、提供生态产品的活动也是发展”，这说明生态产品已成为发展的重要内容，必须将增强生态产品生产能力作为国土空间开发的重要任务。显然，全国的其他地区都在消费、使用生态功能区生产出来的生态产品，既然生态产品也是发展的重要内容，那么发展本身就应该获得回报，那么这一回报如何实现呢？这就应该实现交易方式的创新，这种交易方式一种是市场方式，一种是生态补偿的转移支付，但这两种都必须建立在生态产品本身的价值评估基础之上。这种生态价值评估主要有以下三个步骤：①应建立生态功能区的生态产品名录，明确各类生态产品的价值评价指标体系；②测定这些功能区不同类型地区的生态产品贡献，并据此科学测算生态补偿额度；③丰富生态产品的各种不同类型的支付方法，譬如生态补偿机制的构建。其实生态补偿的转移支付是政府对生态功能区的集体支付，是政府代表公众购买生态产品。中央的纵向转移支付所给予的生态补偿是中央政府代表全国人民对生态产品的购买，而横向转移支付则是受益地区政府对生态产品的集体购买。

第二节 生态修复工程的实施

生产生态产品的地区遭受破坏，经济社会发展需要消耗资源环境，而当这种消耗超越一定界限和阈值时，资源环境功能区的功能就会受到损害，如果受损，依靠自身或者自然力无法修复时，这就需要人工的介入。党的十八大报告第八部分“大力推进生态文明建设”中，明确表示生态文明建设要求“加大自然生态系统和环境保护力度”，“良好生态环境是人和社会持续发展的根本基础,必须实施重大生态修复工程”。生态修复是个宏观概念,是应用生态系统自组织和自调节能力对环境或者生态本身进行修复。为了加速已被破坏生态系统的恢复,还可以采取人工修复措施。生态修复按照可持续发展的战略思想,切实遵循自然生态经济规律,充分利用当地的水、土、光、热、生物等自然资源,依靠大自然循环再生产能力和人为干涉快速恢复植被、控制水土流失,实现人与自然的和谐相处。生态修复主要应用的是恢复生态学理论。生态修复理论的内容包括:根据限制性因子原理寻找生态系统恢复的关键因子、热力学定律确定生态系统能量流动特征、种群密度制约及分布格局原理确定物种的空间配置、生态适应性理论尽量采用乡土种进行生态恢复、生态位原理合理安排生态系统中物种及其位置、演替理论缩短恢复时间(演替理论不甚适用于极端退化的生态系统恢复,但仍具有指导作用)、植物入侵理论和生物多样性原理在引进物种时强调生物多样性(生物多样性可导致生态系统趋于稳定)、缀块—廊道—基底理论从景观层次考虑生境破碎化和整体土地利用方式等。生态修复工程主要包括土壤修复、区域大气污染防治、湖泊流域治理等内容,主要涉及生活与工业污水治理、大气污染治理、重金属污染治理和土壤修复技术等。一些学者也认为生态功能区域退化不仅仅是自然生态系统结构和功能的破坏,还包括生态系统为人类生存和发展提供的物质服务能力的下降,使区域经济、社会发展受阻,因此生态修复包含了对自然、经济和社会人文三个方面的修复。本书所指的生态修复主要指工程技术手段,并不涉及经济和社会方面的内涵。

下面是生态修复的三个主要案例,范围从小到大显示了生态修复对生态服务功能的重大意义。

案例 1

什刹海是北京市著名的风景游览区,一个小型浅水富营养湖泊。它应用的生态修复技术有:①臭氧/超声波除藻,②基底修复,③水下曝气充氧及冬季冰下底部充氧,④上游区复合生物浮床,⑤水下光补偿技术,⑥高等水生植物栽植与优化配置,⑦水生植物调控与机械割草,⑧水质净化与保洁管理。工程实施近1年(2001年8月—2002年6月)后效果明显,总氮、总磷分别下降4.74毫克/升和0.45毫克/升,去除率达到79%和91%,什刹海的水质也由Ⅴ类上升为Ⅳ类。

案例2

太湖是我国第三大淡水湖泊,也是长江流域的重要水体。随着人口增长,经济高速发展,人为社会经济活动影响,水资源系统受到很大冲击,水质变劣,湖体富营养过程加剧,生态环境明显损害。2007年五六月间,太湖爆发严重蓝藻污染,造成无锡全城自来水污染。生活用水和饮用水严重短缺,超市、商店里的桶装水被抢购一空。要实现长江和太湖流域水资源的可持续利用,必须加快综合污染治理技术:①太湖重污染区底泥的生态疏浚,减少底泥释放二次污染;②利用浮床陆生植物治理太湖典型富营养化水域,利用生物吸收、降解,继而富集营养盐,净化水质;③建立环湖湿地保护带;④恢复和重建湖滨带水生植被,实现长效生态管理和调控;⑤生态渔业工程,有效控制过度养殖,恢复湖泊生态良性循环;⑥藻类采集和资源化再利用。

案例3

(1)海洋修复。在生态修复最新的发展趋势中,海洋生态修复随着海洋环境污染问题的日益突出和生态系统退化趋势日益严重而逐渐浮出水面,海洋生态修复本质上是指利用大自然的自我修复能力,在适当的人工措施的辅助作用下,使受损的生态系统恢复到原有或与原来相近的结构和功能状态,也使生态系统的结构、功能不断恢复。按照人工干扰程度,分为自然生态修复、人工促进生态修复及生态重建。目前海洋生态修复从研究尺度看,已从特定的物种或单个生态系统的生态修复工程逐渐向大尺度的生态修复转变,如加利福尼亚南湾、路易斯安那滨海湿地等修复项目。从生态修复的内容方面看,从生态修复技术措施的单方向研究向系统化研究转变,涉及生态修复的监测与评估,生态修复的方法、措施和管理等。我国海洋生态修复主要集中于红树林生态修复、富营养水体污染生态修复及少量滨海湿地、海岸沙滩修复工程等。红树林生态修复主要基于受人为干扰和破坏，树林面积锐减，处于退化状态的情况。虽然相继建立了多个红树林自然保护区，如深圳福田自然保护区、淇澳红树林保护区、湛江红树林国家级自然保护区等，红树林面积有所恢复，但是人造红树林成活率低下，因此需要积极利用自然修复的手段。修复滨海湿地的有效措施主要在于恢复红树林植被、保护水禽栖息环境、建立湿地自然保护区及加强污染治理，并进行滨海湿地生态重建等。富营养水体污染生态修复主要聚焦于陆源入海污染源、海上污染源，使沿海区域水体受到严重污染，水质恶化，尤其是营养盐负荷的增加造成水体富营养化。近年来很多水体富营养化修复研究比较集中于测量大型海藻在生长旺期体内的总氮和总磷含量，筛选石莼和羽藻作为近海富营养化水体环境修复的优选海藻。海岛生态修复主要包括南澳岛生态修复、厦门猴屿生态修复等，涉及外来物种入侵控制、植被修复、海岛土壤修复等。尽管我国海岛生态修复已取得一定成效，但主要集中在本地物种修复，而对于外来物种入侵等其他生态问题修复的研究相对薄弱。

(2)沙滩修复。我国大陆海岸线长 1.8 万多千米，沙砾质海岸相对较少。沙砾主要来自河流、海岸和海岛的侵蚀，波浪的冲击作用引起沿岸漂沙，加上河水流动与潮流的作用使沙滩泥沙保持平衡，但人类活动尤其海滨旅游的开发，海滩遭受严重侵蚀。我国沙滩生态修复起步较晚，最早是香港南岸浅水湾的填沙补滩工程，以扩大海滩宽度，后来有三亚小东海与鹿回头湾人工海滩。珊瑚礁生态修复，根据 2004 年的世界珊瑚礁调查报告，全世界超过 20%的珊瑚礁被破坏，目前我国对珊瑚礁的保护主要体现在保护区的建立，如海南三亚珊瑚礁自然保护区、福建东山珊瑚礁自然保护区、广东徐闻珊瑚礁自然保护区等。

如果将生态修复放到全国范围来看，起主导作用的无疑是 1978 年起就开始的 16 项重大生态修复工程，包括天然林保护、退耕还林、防沙治沙、湿地的保护与恢复、三北防护林、沿海防护林，涉及森林、湿地、荒漠三大自然生态系统，约占国土面积的63%。尽管这些生态工程在覆盖范围、建设规模、投资额度方面堪称世界之最，经过多年努力也的确形成了整体推进、重点突破的格局，森林面积和蓄积量实现双增长，草原得到有效保护、土地沙化态势得以遏制，石漠化综合治理工程稳步前进，但“生态欠账”仍很多，修复工作仍十分艰巨。

(3)草原修复。在草原生态保护补助、奖励机制等一系列政策、措施激励下，草原生态修复速度明显加快，2012年全国草原综合植被覆盖度为53.8%，比上年提高了2.8个百分点；重点天然草原牲畜超载率为23%，较2009年下降了8.2个百分点。目前全国落实承包草原41亿亩，占可利用草原的82%。2012年，中央财政草原总投入超过220亿元，是2009年的5倍多，创历史新高。农牧民人均牧业纯收入达到6046元，比2009年增加1890元，增幅为45.5%，其中牧民人均草原补助、奖励等政策性收入达到700元。截至2012年，定居游牧民户数累计达到35万户，占游牧民总户数的80%，牧民群众的生产、生活水平大幅度提高。退牧还草等工程建设成效显著，与非工程区相比，工程区草原植被覆盖度提高了10%以上，牧草高度提高了40%以上，鲜草产量提高了50%以上。

(4)森林修复。1992年世界环境与发展大会之后，中国政府率先制定了《中国21世纪议程——中国人口·环境与发展白皮书》，原国家林业部制定了《中国21世纪议程林业行动计划》。在党中央作出“加快发展林业的决定”后，中国林业进入快速发展期。国家林业局组织国内诸多著名专家开展中国可持续发展林业战略研究，提出了“三生态”“三步走”、六大工程、五大转变等一系列政策、措施。林业发展必须从国家生态安全角度出发，然而不限于此，围绕林业产业的发展还要提高人们的生态意识，最大限度地发挥生态、经济和社会效应。三北防护林是中国林业建设最恢宏的一个项目，在1978年经国务院批准而开展，该工程规划建设期限长达73年，分8期实施。规划力争到2050年，工程区森林覆盖率提高到约15%。截至2012年8月，经过4期工程，已累计完成造林面积2647万公顷，工程区森林覆盖率由1977年的5.05%提高到12.4%。其中第四期从2001年开始历时10年,共完成造林面积790.9万公顷,工程区森林覆盖率提高近4个百分点。更重要的是,4期工程坚持以防沙治沙为主攻方向,实现了由“沙进人退”向“人进沙退”的重大转变,毛乌素、科尔沁两大沙地的沙化面积已呈现出整体逆转态势。可以说,三北防护林改善了工程区人居环境和生产条件,拓展了人们的生存和发展的空间,促进了农村产业结构调整和区域经济发展,加快了农村牧区脱贫致富的步伐,为带动和促进全国的生态建设发挥了前所未有的作用。目前第五期工程已启动,预计到2020年完成造林1647.3公顷,新增森林面积988.4万公顷,森林覆盖率提高2.27个百分点。

上述案例和重大生态修复工程的确在维护国土生态安全格局方面取得巨大成绩,然而国家生态安全压力并无实质性缓解,自然生态系统退化、生态布局不平衡、生态承载力低仍是基本国情。湿地生态系统还有一半未得到保护,面积减少、功能退化严重;荒漠生态系统问题更加严重,沙化土地面积占国土面积的18%。就以取得防护林建设巨大成绩的三北地区来说,经过34年,三北地区仍是我国林草植被最短缺、生态状况最脆弱的地区,植被仍存在着分布碎片化和质量不高、功能不强的问题。根据相关数据,三北地区沙化土地面积仍有14380万公顷、水土流失面积13850万公顷,分别占全国的83%和39%。已经实施的封山禁牧、退耕还林还草、天然林保护可使项目区的绿色植被覆盖度迅速提高。但是与撂荒地的自然恢复过程相比,半干旱地区植树造林可能降低了总的植被覆盖度,导致退化土地面积增加,加剧当地沙化;同样重要的是,天然林保护项目所实施的禁采、禁牧政策缺少必要的补偿措施,对当地居民的生计造成一定的负面影响;当退耕还林还草工程结束后,已修复植被将再一次面临被开垦的危险。由此可见,实施生态补偿机制在改善环境和促进社会发展的同时避免贫困与环境恶化也十分必要。因此,国务院总理李克强在国务院常务会议上要求继续推进青海三江源生态保护、建设甘肃省国家生态安全屏障综合试验区、治理京津风沙源、治理全国五大湖区环境等一批重大生态工程。《青海三江源生态保护和建设二期工程规划》要将治理从 1520 万公顷扩大至 3950 万公顷,以保护和恢复植被为核心,将自然修复与工程建设相结合,以加强草原、森林、荒漠、湿地与河湖生态系统保护和建设。《甘肃省加快转型发展建设国家生态安全屏障综合试验区总体方案》要求突出水资源节约、集约和合理利用,促进产业结构优化、人口有序转移,加强生态保护建设与环境综合治理,在实施主体功能区规划、集中连片特困地区区域发展与扶贫攻坚等方面不断取得突破,构筑西北乃至全国的生态安全屏障。京津风沙源治理工程进一步推进二期工程实施,继续提高中央造林补助标准。鼓励各类社会主体投资治沙造林,凡达到技术标准的,均可享受相关补助。《水质较好湖泊生态环境保护总体规划》对东北、蒙新、青藏、云贵和东部五大湖区水质较好的湖泊进行分区保护,作好相关规划衔接,调整流域产业结构和布局,加强入湖河流污染防治,建设和修复流域生态,有序推进湖泊休养生息。

第三节 可再生能源是绿色发展的核心

国际能源署最新报告显示,可再生能源发电是目前发展最快的能源部门,2011 年已达到世界总电量的 20%。预计在未来 5 年将增加 40%。至 2018 年,可再生能源发电量将占世界能源结构的 1/4。政府间气候变化专门委员会(IPCC)的第五次评估特别报告《可再生能源与减缓气候变化》称,如有正确的公共政策支持,到 2050 年可再生能源将可满足全球近 80%的能源需求,并且突破性增长的可再生能源将在 2010 至 2050 年间累计减少温室气体排放约 2200 亿~5600 亿吨二氧化碳当量。

通过法律来调整可再生能源发展的目标、速度、步骤、技术种类已成为世界大多数国家的共识。然而不同的国家基于不同法系、基本国情、资源条件和社会认知,可再生能源法律体系各有特色。我国可再生能源发展的法律法规散见于《节约能源法》、2005 年的《可再生能源法》、2007 年的《可再生能源中期规划》、2009 年的《可再生能源法》修正案。譬如《节约能源法》第

7 条明确规定:“国家鼓励支持开发和利用新能源、可再生能源”,第 59 条第 3 款规定:“国家鼓励、支持在农村大力发展沼气,推广生物质能、太阳能和风能等可再生能源利用技术,按照科学规划、有序开发的原则发展小型水力发电、推广节能型的农村住宅和炉灶等,鼓励利用非耕地种植能源植物,大力发展薪炭林等能源林。”《可再生能源法》是关于可再生能源发展的专门性立法,分为立法目的、可再生能源的范围、可再生能源市场化、可再生能源管理体制等,并确立了五项重要制度:总量目标制度,“能源主管部门……应制定可再生能源开发利用的中长期总量目标”;强制上网制度,“电网企业……全额收购其电网覆盖范围内可再生能源并网发电项目的上网电量,并为可再生能源发电提供上网服务”;电价和费用分摊制度,“上网电价收购可再生能源电量所发生的费用,应高于按照常规能源发电平均上网电价计算所发生费用之间的差额,附加在销售电价中分摊”;财政支持和专项资金支持制度,“国家财政设立可再生能源发展专项资金”;产业发展指导制度,“能源主管部门制定、公布可再生能源产业发展指导目录”。此外,《可再生能源法》还确定了可再生能源的法律地位。在《节约能源法》和《可再生能源法》的推动下,我国可再生能源建设取得了较大成绩,无论发电量还是装机容量都呈现快速发展趋势,2005 年发电量为 4568 亿千瓦,到 2011 年达到 8242 亿千瓦,翻了一番;2005 年装机容量为 12091 万千瓦,2011 年就达到 29030 万千瓦,翻了一番。①这为保障能源供应、调整能源结构、应对气候变化、促进可持续发展做出了重要贡献。然而可再生能源法律体系还有诸多不足,具体体现在:第一,尚无完整基本法《能源法》和专门性的石油法、天然气法、原子能法、风能法、太阳能法,过分倚重政策制定,稳定性和连贯性不足。第二,可操作性不强。譬如《节约能源法》过于强调原则,内容不具体,没有实施细则,有法不依普遍存在。第三,未建立专门

① 史文婧、张晓玉:《我国可再生能源基本情况》,北京大学能源安全与国家发展研究中心 CCED 工作论文系列。

性的财政激励措施,使很多政策措施大打折扣。2012年中国能源政策白皮书明确提出要大力发展新能源和可再生能源,到"十二五"末,非化石能源消费占一次能源消费比重将达到11.4%,非化石能源发电装机比重达到30%。党的十八大也提出推动能源生产和消费革命,支持节能低碳产业和新能源、可再生能源发展,确保国家能源安全。这样高度的可再生能源发展需要更加完备、细致的可再生能源法律体系,由此对主要发达国家的可再生能源法的比较、分析成为必需。

一、可再生能源的立法宗旨

能源立法成为国际法律体系重要组成部分,目前已大致经历了40年历程。最初能源立法主要是保障能源安全尤其是供应安全,世界主要国家纷纷制定石油法、煤炭法、电力法,其后随着石油哈伯特顶点的发现和罗马俱乐部增长极限的冲击,能源消耗成本对经济增长和经济成本的影响持续加大,能源效率的重要性持续攀升,节约能源成为共同选择,由此《节约能源法》的制定日益普遍。20世纪90年代全球范围的环境污染严重。随着勃兰特夫人的报告《我们共同的未来》的发表,里约环境和发展议程的启动,环境保护意识史无前例的提升,能源法的制定目标也就演变为能源、经济与环境的协调发展。1997年《京都议定书》出台,以及2005年正式生效以来,气候变化逐步成为国际社会的焦点议题,一些国家譬如欧盟成员国纷纷出台应对气候变化的计划、方案甚至制定法律,英国率先制定了《气候变化法》,德国出台了"能源和气候变化整合计划",法国也制定了应对气候变化的计划。就是美国众议院也以219票对212票的微弱多数通过了美国《清洁能源安全法案》,法案要求2020年在2005年基础上削减温室气体17%,到2050年削减80%,到2020年可再生能源比例增至20%。尽管应对气候变化的主旨是减少温室气体,但该目标的实现和能源利用息息相关,由此可再生能源法律中包含应对气候变化的内容成为普遍趋势,也正因为此气候变化将超越传统环境保护成为可再生能源持续发展的巨大力量。实际上,利用可再生能源不仅是从多元化角度保障能源安全,以应对环境保护和气候变化的举措，还是经济刺激计划和绿色经济重要组成部分。一般说来，可再生能源需要先进设备，而先进设备的设计、制造是重要的经济增长点。以太阳能光伏产业链为例，该产业链由超纯硅材料制造、硅锭/硅片生产、太阳能电池制造、光伏组件封装以及光伏发电系统建设等多个产业环节组成，从价值链环节来说，硅材料提纯最高，占据了毛利率的50%~60%，硅片生产占据了毛利率的20%~30%，太阳能电池生产占据了毛利率的10%~15%，组件封装占据了毛利率的5%~10%，由此纷纷追求技术高端环节和制造成为不约而同的选择。实际上扩大可再生能源的利用必然造成设备制造市场的扩大，而设备市场的扩大意味着经济增长的契机，由此以可再生能源为核心的清洁能源成为世界各国应对2008年金融危机的重要手段。

二、法律推进可再生能源立法

既然可再生能源兼具能源安全、环境保护、气候变化的功能，又拉动经济增长，随着法律的不断健全，可再生能源的开发利用成为潮流，实际上根据法系的不同、社会文化的差异，存在三种不同的法律体系，即法典式立法模式、通则式立法模式和"政策式"立法模式。这里主要以美国、英国、德国、法国、日本为例。

(一)美国

自20世纪70年代起，美国开始重视可再生能源的开发利用，现有大部分可再生能源立法也是20世纪70年代末80年代初制定的。如1978年的《公用事业管制政策法案》、1980年的《太阳能和能源节约法》《风能促进法》《生物能源和酒精燃料法》《地热能法》。《公用事业管制政策法案》首次提出电力公司须按照"可避免成本"购买合法发电企业生产的清洁电力，为可再生能源发电技术与化石燃料发电公平竞争创造条件。1979年的《能源税法案》首次对可再生能源的投资者给予投资税抵扣，并允许可再生能源项目实行加速折旧。1992年的《能源政策法案》首次对可再生能源生产给予生产税抵扣，对免税公共事业单位、地方政府和农村经营的可再生能源发电企业按照生产电量给予经济补助。2005年实施的《能源政策法》标志着美国真正对可再生能源开发利用采取优惠措施予以明确规定。[①]《能源政策法》集美国能源立法之大成，总共有1720多页，共有“能源效率”“可再生能源”“石油与天然气”“核能问题”“汽车与燃料”“电力”等18章，涉及能源生产、消费、研究与开发各方面，体系完整，操作性和约束性都比较强，保障国家意志的能源战略顺利实施。该法还界定可再生能源生产税收减免范围，包括风能、生物能源、地热能、小规模发电机组、废物堆沼气等；创新金融工具，授权政府机构、合作制电力企业等组织发行“清洁可再生能源证券”，为公共领域可再生能源项目募集资金。

在建筑行业，美国规定2015年前降低联邦建筑能耗20%，为包括学校和医院在内的公共建筑提供资金，并加大对公共交通燃料效率的发展。为提高国家输电能力和可靠性，制定强制性的官方标准，完善输电网络的激励政策，并对输电走廊选址法规进行修订。2007年美国制定的《国家能源独立和安全法》又提出非常激进的可再生能源目标，希望通过大力发展生物乙醇，用10年时间将美国汽油消费降低20%，要求美国可再生燃料生产从2008年的90亿加仑/年增加到2020年360亿加仑/年。[②]该法案第二章还提供了可再生燃料标准、研发、基础设施和环境保护措施；第五章对可再生能源中的太阳能、地热能、流体动力学可再生能源技术等研究和开发作了规定。2008年美国又制定了《能源法改进及延长法》、2009年又制定了《可再生能源许可法》，2009年美国众议院以219票对212票微弱多数通过《美国清洁能源安全法案》，该法案首次提出美国应对气候变化一揽子方案，法案导入排放权交易制度；到2020年可再生能源在总能源消耗中的比例将达到20%；2005—2020年削减温室气体17%，到2050年削减80%。尽管这个法案主要为了应对气候变化，但其目标的实现却很大大程度上依赖于可再

① 董勤：《美国2005年〈能源政策法〉“气候变化”篇评析》，《前沿》，2011年第6期。

② 张永伟、柴沁虎：《美国支持可再生能源发展的政策及启示》，《国家行政学院学报》，2009年第6期。

生能源的发展。美国发展可再生能源除了联邦立法还有州和地方立法。

目前美国已有30多个州通过专门性的《可再生能源法》,内容大致包括州综合能源规划、州气候变化行动规划、财政刺激手段、鼓励绿色消费与可再生能源消费者权益保护、电力回馈、可再生能源配额、公用事业性企业绿色能源信息披露、公共效益基金等制度。[①]其中能源配额制度不但规定可再生能源电力在电力总额中的比例,还要求电力企业必须生产一定比例的可再生能源电力且比例逐年增加,同时电力企业每月还要向消费者发送账单,公布其用于发电的燃料构成,而消费者据此自由选择电力供应商。由于不同州有着不同的可再生能源资源禀赋,这为可再生能源电力通过证书方式在各地区间的交易提供动力和便利条件。[②]从总体上看,美国可再生能源法律有以下特点:①联邦、州、地方立法并重;②从立法技术上看,综合立法与分类立法并重、专门立法与其他立法并重;③充分利用市场机制,甚至推进金融创新将自愿行动、政府强制措施融合起来,利用财政、税收等刺激手段鼓励企业、个人推动分布式可再生能源的发展;④注意其他立法的协调配合,与应对气候变化等法案相互衔接。

(二)英国

英国发展可再生能源开始于1990年的《非化石燃料公约》(Non-Fuel Obligation,简称NFO),而后1999年7月为《可再生能源义务令》所取代。2003年英国能源白皮书要求英国可再生能源电力要占总电力的10%,到2020年要达到20%,而2009年低碳经济转型计划要求2020年可再生能源电力要达到30%。2008年英国又通过《气候变化法案》,要求英国能源利用的12%来自生物能、沼气和太阳能等可再生能源;交通电动车、铁路进一步实现电气化、系统化。2009年英国正式发布长达220页的《英国低碳转

---

① 《美国可再生能源发展现状与预测》,国际能源网,http://newenergy.in-en.com/html/newenergy-0922092253866047.html。

② 桑东莉:《美国可再生能源立法的发展新动向》,《郑州大学学报(哲学社会科学版)》,2011年第1期。

换计划》国家战略白皮书，提出到2020年和2050年英国碳排放量将在1990年基础上减少34%和80%，大力提高能源效率，发展核能、碳捕捉和存储、可再生能源等技术。为配合该计划实施，英国政府同时发布了《英国可再生能源战略》，要求2020年可再生能源在能源供应量中的比例提升至15%，发电量占总发电比重从2008年的5.5%提高至30%以上，石油需求量减少10%左右，天然气进口量减少20%~30%，可再生能源占取暖用燃料和交通用燃料总量的10%、2020年达到20%左右。英国《2010年能源法》是继2009年《英国低碳转换计划》国家战略文件公布后出台的第一部能源法律。英国的可再生能源法律体系还包括2004年7月颁布的《能源法案》，能源法规定国务大臣可以法令形式要求交通燃料供应商在一定的时期内供应或者交付特定数量的可再生交通燃料。2007年7月英国颁布的《可再生交通燃料义务法令》要求逐年提高可再生交通燃料供应比例。显然可再生能源义务法令是支持可再生能源发展的核心机制，此外，气候变化税还免除了所有与可再生能源相关的税收。2009年英国政府颁布了现行的《可再生能源义务法令》，进一步明确了可再生柴油、轻油等术语的含义，并修改可再生交通燃料供应比例。最近英国又试图再次修改能源法案，并提出在未来数十年内关闭大量煤炭和核能发电设施以降低对化石能源的依赖，采取经济激励措施以降低能源消耗。①

（三）德国

德国在1991年颁布了《电力输送法修正案》，提出为保障可再生能源发展可以实行奖励金补贴和可再生能源电力强制收购。2000年《可再生能源优先法》取代《电力输送法修正案》，确立了以固定电价发展可再生能源的思路。2004年修订的《可再生能源优先法》明确要求提高德国可再生能源

---

① Department of Energy & Climate Change, Energy Bill, https://www.gov.uk/government/organisations/department-of-energy-climate-change/series/energy-bill.

在整体电力供应体系中的比例。预计到2010年,可再生能源发电量占全国总发电量的12.5%,到2020年至少提高到20%。[①]2008年、2010年、2012年德国又对《可再生能源优先法》进行了修改,并在目标和比例上多次调整。显然德国的"立法模式"属于典型的政策调整。《可再生能源优先法》主要规范的是电力领域,然而德国可再生能源在电力、供热和交通三大领域发展得并不均衡,供热占其最终能源消费总量的一半还多,而可再生能源还不到1/10,天然气和石油占供热能源消费总量的近2/3,[②]为扭转这一局面,德国2000年开始施行《热电联产法》,并在2002年进行修订,但都没取得最满意的绩效。德国在2008年制定了《可再生能源供热法》,规定2009年1月1日之后的建筑物都负有利用可再生能源的义务,所有人可自主决定利用何种可再生能源,并对不同种类可再生能源的比例有不同规定。德国还要求在交通能源领域使用生物质燃料。这方面的法律主要有《引入生态税改革法》(1999)、《进一步发展生态税改革法》(2003)、《生物燃料配额法》(2006)。修改后的《燃料质量条例》规定,与汽油混合使用的生物乙醇的比例由5%提高到7%,与柴油混合使用的生物柴油比例由5%提高到7%。为了配套生物质燃气能被用于发电、供热和交通领域,2007年12月德国配套修改《燃气供应网准入条例》《燃气供应网支付条例》和《激励措施条例》。[③]2009年德国通过《新取暖法》和《国家生物质能行动计划》,规定2009—2012年政府将继续为采用可再生能源取暖的家庭提供5亿欧元补贴。此外,德国还制定了其他一系列法律,包括《热电联产法》《未来投资计划》《生物质发电条例》《能源供应电网接入法》《能源行业法》《可再生能源市场化促进方案》《可再生能源分类规则》《能源补贴分配总规则》《太阳能电池政

① Paolo Agnolucci, Use of Economic Instruments in the German Renewable Electricity Policy, *Energy Policy*, 2006, Vol.34.

② 桑东莉:《德国可再生能源立法新取向及对中国的启示》,《河南省政法管理干部学院学报》,2010年第2期。

③ 慎先进、王海琴:《德国可再生能源法及其借鉴意义》,《经济研究导刊》,2012年第35期。

府补贴规则》《建筑节能法》以及每年都会根据上年情况修订的《能源投资补贴清单》等。地方各州也制定了有关可再生能源的一系列法律法规，主要表现在提升可再生能源产品竞争力、增加可再生能源领域投资和科研项目、促进技术提升、适时修订优惠条件和促进可再生能源发展。[1]

（四）法国

法国政府同样重视可再生能源和气候变化问题，为更好地应对气候变化，法国政府2007年改组成立了专门的生态、能源、可持续发展和国土整治部，2010年将原子能委员会更名为原子能与可替代能源委员会，2010年成立低碳能源研究所，2012年法国电力公司、道达尔公司、国家科学研究院、综合理工学院及法国液空公司等联合成立巴黎大区光电研究所以全力推进可再生能源开发。法国政府积极实施一系列计划，包括生物质能发展计划、能源跨学科研究计划、适应气候变化国家战略、可再生能源发展计划、欧盟能源气候一揽子计划、核能研发计划、法国应对气候变化计划等。尽管法国有如此多计划却并无一部专门针对可再生能源的法典，涉及可再生能源的法律规范散见于能源基本法、综合性法律以及专门性能源立法三个门类。能源基本法主要指2005年7月颁布的《确定能源政策定位的能源政策法》，该法提出的目标是保障能源供应安全、适当考虑环境因素、促进能源供应多样化，不仅支持核能还支持风能、太阳能和生物质能等一系列激励措施。综合性法律主要有三部：①《电力公共服务的现代化与发展法》规定法国电力公司和其他的私人电力公司应按照政府规定价格购买可再生能源电力，以保证可再生能源电力进入电网；②《格纳勒格法案一》提出两个目标：一是2050年温室气体排放量降低到当时的1/4，二是可再生能源利用比例达23%；③《格纳勒格法案二》涵盖了建筑与城市规划、运输、能源、公共卫生和垃圾等多方面内容，主要为促进可再生能源的利用、推广节能建立温室气体报告、减少温室气体排放的计划

① 相震：《德国可再生能源开发与利用现状及促进措施》，《四川环境》，2012年第2期。

机制。专门性能源立法主要体现在核立法方面，涵盖了核设施、人体防卫、环境保护等。[①]此外，法国国会还批准了光伏发电法规修改方案，支持光伏建筑一体化以及一系列的增值税减免激励措施。[②]

（五）日本

日本于1991年制定了《再生资源利用促进法》，并在同年发布了《再生资源利用促进法施行令》。实施该法的目的主要在于推动废品回收，后该法屡次修改并更名为《资源有效利用促进法》；在节约能源和提高能源效率方面，日本制定了《能源利用合理化法》，又称为《节约能源法》，该法包括总则、基本方针、工厂的相关措施、运输的相关措施、建筑物的相关措施、机械器具的相关措施、杂则、罚则和附则8章，并严格规定能源标准，不达标产品禁止上市，并配套了财政、金融以及税制政策，还要求通过教育、广告加强国民对能源合理化的理解。该法从制定之初到现在已经历多次修改。日本于1997年4月18日制定了《促进新能源利用特别措施法》，该法分为总则、基本原则、促进企业对新能源的利用、分则和附则4章，共16条。为贯彻实施《促进新能源利用特别措施法》，又制定了《促进新能源利用特别措施法施行令》，该法令又具体规定了新能源利用的内容、中小企业者的范围。[③]《促进新能源利用特别措施法》也经历了屡次修改，最新一次修改是2011年通过的，于2012年7月1日正式实施。这里要特别提及的是日本核电政策的演变。2006年5月，日本颁布《新国家能源战略》，确立"核能立国、油气补充"的能源战略，2010年6月修订的《能源基本计划》提出日本核电发电量比例从26%提高到50%，但"3·11"日本福岛地震迫使日本弃核，并在2011年9月4日出台以"零核电"为目标的"能源和环境创新战略"报告。然而弃核却给日本经济、社会发展带来巨大成本，石油、天然气和煤炭对

---

① 罗国强、叶泉、郑宇：《法国新能源法律与政策及其对中国的启示》，《天府新论》，2011年第2期。

② 孟浩：《法国CO_2排放现状、应对气候变化的对策及对我国的启示》，《可再生能源》，2013年第1期。

③ 罗丽：《日本能源政策动向及能源法研究》，《法学论坛》，2007年第1期。

外依赖度不断攀升。日本政府认为未来能源基本计划主要有两点:一是积极开发海底可燃冰,实现能源供给;二是积极发展可再生能源。通过对日本资源利用、节约能源、能源效率及可再生能源法律进行梳理不难发现,日本既有《促进新能源利用特别措施法》《电力事业法》等一系列能源专门法,也有能源政策基本法,由此一种金字塔式的能源立法体系得以构建。

第四节 仅靠科技不能有效逆转环境恶化

2014年4月25日通过的《环境保护法》第七条指出:“国家支持环境保护科学技术研究、开发和应用,鼓励环境保护产业发展,促进环境保护信息化建设,提高环境保护科学技术水平。”的确,随着人类改造环境能力的增强,经济发展、社会进步和环境治理的矛盾越来越复杂,无论是加深对生态环境的本质认识还是防治、治理环境问题都需要科技持续不断的介入,由此以应用、保护环境为目的的环境科技体系逐步形成。那么我国环境科技体系在我国环境治理和保护的过程中发挥了什么样的作用呢?

一、环境科技的分类

环境科技,从字面上看,是与生态效益相协调的科学技术,一般意味着提高资源、能源使用效率,促进资源、能源节约,以实现人和自然的和谐发展。按照切入角度的不同有不同分类,譬如按领域可分为空气污染技术、土壤污染技术、铬处理技术、挥发性有机废气治理技术、粉尘废气处理技术、燃料废气处理技术、地下水污染治理技术等。按照环节可分为事后污染处理技术,譬如汽车尾气污染物治理;事前污染预防技术,包括清洁生产技术、无废工艺技术、资源再利用技术等;还有环境保全与修复技术,包括新能源技术、资源综合利用技术、节能技术等。同一种技术也有难易不同的处理方式,譬如水污染控制技术,有高温、沉淀、过滤、吸附等多种处理方式。随着废水量急剧增加以及对废水处理要求日益严格,一些新的物理、化学、生物方法不断涌现, 如AB法、ABR法、SBR法、LINDE法、UASB法、人工湿地等。随着有机污染物增多，单元技术的优化组合成为发展方向，如活性炭/臭氧法、臭氧/生物法、紫外/过氧化氢法等。从环境科技和环境保护的相关性上还可分为"深绿""淡绿"两种。直接以保护生态环境为目的的技术称为"深绿色技术"，譬如专门处理环境污染问题的技术、工业废水和城市污水处理工艺、烟气除尘脱硫装置等，而以间接保护生态环境为目标，同时又具有多重目的的技术称为"淡绿色技术"，譬如提高产品质量、降低废品率、减少废料和废弃物的产生，以及降低能耗等。

通过分析"深绿""淡绿"技术不难发现，环境科技并不局限于传统的环境保护和污染控制，也可以泛指资源节约、降耗、减污、增效，近年来随着全球温室效应和气候变化议题的升温，可再生能源、减碳技术逐渐成为环境科技不可分割的组成部分。实际上，环境科技的分布如此广泛、种类如此繁多以至于已演变为颇具经济效益和发展潜力的环保产业，一些国家甚至将环保产业视为国家经济的核心竞争力。事实上，环保产业并不局限于具体环境技术本身，而是渗透和融合到产业的许多层次和环节，譬如智能管理、网络购物、远程办公等，还有为应用这种科技而衍生出来的装备，譬如绿色空调、环保型工程机械、水污染治理设备、空气污染防治设备、固体废物处理装置、噪声振动与控制设备、化学药剂材料、环保监测仪器等。此外，一些先进的数字技术，譬如地理信息技术、网络技术、物联网技术等，也在帮助政府提升管控各类环境风险的能力，由此这类技术也可视为环境科技的重要组成部分。

二、中国环境科技现状

环境科技对污染治理的重要作用体现在方方面面，中国环境科技事业和国际环境科技发展一样，始于1972年人类环境会议。这一年国务院要求中国科学院38个单位，几百名科研人员去北京官厅水库调研。1973年全国第一次环境保护会议召开，"要把保护环境、消除污染作为科学实验的一个重要内容"，标志着中国环境科学技术的起步。此后1978年、1985年国家环保局两次召开全国环保科技工作会议，环境科技工作由此进入实质性阶段。1990年12月国务院发布《关于进一步加强环境保护工作的决定》,要求积极研究开发环保技术。1992年联合国环境与发展大会将环境科技在可持续发展中的作用写进了《21世纪议程》《联合国气候变化框架公约》《生物多样性公约》等国际文件、协议和公约中。同年,国务院发布《环境保护十大对策》,明确提出"解决环境与发展问题,根本出路在于依靠科技进步"。1994年,中共中央、国务院发布的《加强科学技术的决定》进一步提出科教兴国战略思想,而环境技术是重要内容。1996年,国家环保局发布《国家环保科技发展"九五"计划和2010年长期规划》,同年召开了第三次全国环保系统科技工作会议,为环境科技确立了发展方向和攻关重点。通过梳理不难发现,我国环境科技发展大致经历了三个阶段:第一阶段是从1972年到1985年全国环保科技工作会议,主要在于搞清我国环境状况,全面学习和引进消化国外先进的环境管理思路、办法和技术;第二阶段是从1985年的全国环保科技工作会议到1996年国家发布《国家环保科技发展"九五"计划和2010年长期规划》,环境管理服务蓬勃发展,出现大量的环境规划、政策、法律、标准等;第三阶段,从1996年至今,明确提出环境科技要为环境质量提供全面技术支持,既有大量的环境管理服务项目,又有高新技术和清洁生产技术研究项目,环境科技体系全面迈向21世纪的新台阶。

目前,我国已建立了领域、门类、层次、地区、行业齐全的完整环境科技体系,体现在三个方面:一是大体完成了污染的摸底调查,譬如烟煤型空气污染、主要河流和水体污染、固体废弃物污染、土壤污染等。这种基础性调查和环境容量的分析为环境监测、环境质量评价等各项环境管理制度奠定了基础。二是具体污染治理技术水平不断提高,从少数集中对重金属、酚、氰等污染物的单项治理发展到先进的设备和技术综合治理,由局部的资源污染治理技术扩展到综合污染和区域性防治技术;攻克一大批清洁生产工艺、废物资源化的关键技术,如城市污水处理与再利用技术,印染、造纸、高浓度的有机废水治理技术,循环硫化燃烧技术,化工有害废物焚烧处理技术等一系列环保技术,有效地提高了应对环境污染的综合防治能力,在此过程中形成一大批工艺、示范工程、成套技术和装备。三是一大批规章制度建立，由20世纪70年代初的环境污染调查、登记和监测，不断扩大到80年代的环境规划、环境预警、环境标准等各类指标体系的建立，到21世纪初一系列环境法律法规的制定和修改。迄今我国已发布国家环境标准400多项，建立了比较完善的标准体系，适应不同阶段环境管理的需要。更重要的是2014年还大幅度修订了环境保护法。

既然我国环境科技取得长足发展，那么和世界上其他国家相比又处于何种水平呢？实事求是地说，中国整体环境科技落后于发达国家。国际上都把除尘技术作为衡量一个国家环境科技水平的重要标志之一，中国目前平均除尘效率达95%左右，该水平只相当于发达国家20世纪70年代末80年代初的水平。在环保设备制造方面，工业化国家已实现了成套化、标准化、自动化、电子化，而中国在加工质量、可靠性、有效性、先进性方面只相当于发达国家20世纪80年代中期水平；在先进设备制造方面也只相当于发达国家20世纪70年代的水平。尽管我国城市污水处理率接近80%，和发达国家水平基本相当，但在质量标准上还有很大距离，在有害废物无害化、减量化、资源化的核心技术开发方面至今仍存在空白。譬如我国七大水系中，氨氮作为主要超标污染物已成为全国性的污染问题，而化工、有色等以高浓度氨氮废水为主的8个行业的氨氮排放量占全国工业氨氮排放总量的85.9%。如何资源化处理高浓度氨氮废水异常关键，可以使氨氮污染物削减率和利用率均大于99%，然而全国工业废水的氨氮去除率平均不超过68%，这意味着核心技术还有待于提升。在工业减排技术方面，差距更是明显。联合国开发计划署曾发布的《2010年中国人类发展报告——迈向低碳经济和社会的可持续未来》指出，未来低碳经济目标至少需要60多种骨干技术支持，而在这60多种技术里面有42种是我国目前并未掌握的核心技术，这意味着70%减排核心技术需要“进口”。此外，美国、日本、德国、法国等发达国家，目前已通过数字地球技术，将各种自然资源、生态环境和污染状况及动态发展趋势等都展示在平台上，并建立了高度发达的环境信息网络,而我国距离这一目标还比较远。

三、环境科技并不能有效遏制环境恶化

尽管与发达国家相比我国在环境科技上总体仍然落后,但也呈现出高速发展态势,那么这种态势是否有效缓解我国的污染现状呢?事实证明,部分缘于经济建设即工业化发展速度太快,部分缘于对环境保护的认识不足,过于注重传统的工业污染而未对其他领域的污染防治以及生态保护与建设予以有效关注,我国环境状态总体上持续恶化。我国污染源普查资料显示中国绝大多数流域污染严重,如太湖、滇池河流出现劣五类水质,富营养化、水资源短缺、地下水超标严重、生活污染处理率低,有机废水没有得到持续有效的控制、北方季节性河流污染严重。空气方面,包含 PM2.5、由机动车尾气和煤烟污染导致的雾霾成为主要问题,600 多个大中城市中空气环境质量差的占据了绝大多数,甚至全球空气污染严重的前十大城市主要在中国。危险废物的管理和控制亟待加强,其综合利用率较低,许多还处于不稳定状态;固体废物与城市垃圾资源化、无害化、减量化比率较低,垃圾每年以 6%~7%的速度增加,不少地方形成垃圾围城局面。生物多样性遭到严重破坏。森林资源、草地资源破坏严重,生物资源和转基因侵蚀严重。核安全与辐射安全的监督管理任务异常艰巨。秦山、大亚湾、岭澳、田湾等核电站的监督管理任务异常艰巨。随着国民经济发展还产生了一些新的环境辐射问题,如电磁辐射环境污染,各种天然电离辐射的升高等,噪声扰民现象越来越严重,光污染问题也引发关注。另外,土壤污染也很严重,土壤污染已对食品安全构成重大威胁,根据中国地质科学院地球物理地球化学勘查研究所等机构监测,我国局部地区土壤污染严重,长江中下游某些区域普遍存在镉、汞、铅、砷超标等异常现象。城市及其周边普遍存在汞铅异常,部分城市明显存在放射性变异。与 1994—1995 年采集样本相比,2010 年监测到的数据显示,土壤重金属污染分布面积显著扩大并向东部人口密集区扩散。《联合国气候变化框架公约》《蒙特利尔议定书》《生物多样性公约》等国际条约对我国国民经济、社会发展形成巨大的压力。随着我国社会

经济的发展,环境与经济的关系越来越密切,迫切要求通过科学研究提出应对之策。

从环境科技体系的视角看待环境污染的持续恶化趋势,原因不外乎以下三种:①对一些污染的治理缺乏有效的科技应用手段,需要建立高效的科技创新体系或者通过成本效益的方式及时从国外引进,当然引进也可能遭遇短期内无法逾越的障碍,这种污染议题存在但可能并不多见;②对污染存在有效的科技治理手段,但在应用上不经济,即应用的成本很高,无法商业化和大规模应用,只能处于试用环节或者中试环节,譬如一些水、空气和土壤的处理设备和材料,这就需要加快创新实验以找到降低成本的办法;③环境科技已经高度成熟且商业化,成本也不算高,但因制度、习惯、文化和管理等其他因素的影响使得推广应用不到位,降低了治理绩效,这也是以后工作的重点。目前技术发展的更大趋势是,从单独的、相互无联系的技术处理各个环境问题日益过渡到一个高效率的大系统来处理。环境技术不再以明显的硬件形式出现,而是要求将技术理念融入产品、工艺的整体设计,由此环境服务产业崛起。环境服务的系统不仅要求尽可能少地产生废弃物,将资源重新利用,更要从环境管理方式上实现彻底变革。具体表现在,从目前的命令加控制的规章制度系统过渡到建立合作和伙伴关系。政府要与环境利益有关各方共同制定长期目标,全方位、大规模测量、评判环境行为,贯彻具有互补性、相互支持的政策,以鼓励持续的技术创新。

四、环境科技应用效果需要体制创新

要提高环境科技效用关键在于及时开发、推广和应用。一些发达国家把环境科技的可持续发展作为提高其在国际政治、经济舞台上的地位、竞争力和有效地利用环境外交的手段。然而环境科技不同于一般的高新技术,一方面是市场的真正需求来自强制性的环境标准,另一方面环境科技在开始阶段属于资金密集型。将巨大的潜在需求转换为有效需求而进入实质性需求,这一点对促进环境科技创新和技术的产业化以及促进环境科技与环保产业快速有效的协同发展至关重要。当前我国科研与技术开发相对滞后，技术储备不足，产业投入也存在巨大缺口，这使污染治理与生态保护难以达到预期效果。最需要做的便是使环境科技需求系统化，譬如有毒化学品、危险废物、放射性废物、电磁辐射引发的环境问题的监测、控制和应急技术，动态环境质量、污染源排放自动监测技术，区域环境与生态监测、预警、评估技术系统和管理决策系统，生物技术、新型治理技术、环境卫星遥感等高新应用技术等，此外还有高效实用的污染控制技术、废物资源化技术、产业化技术、生态恢复与整治技术、面源治理技术、区域性重大环境问题控制治理技术等。目前先进环境科技的拥有者都是有较高环境标准的国家，由此我国应特别借鉴国外发达国家的经验，制定完善的环境标准，通过标准推进环境技术的市场化。可通过制定相应的环保政策（如减免关税、低关税、政府补贴）引导环保产业的发展，引导环境科技向现实生产力转化。这一过程中，政府可设立一定的环保科研项目并抓好项目的技术跟踪服务，譬如环保设施的引进、生产及运行的跟踪管理，环保实用技术的反馈、搜集及提高，管理及相关人员的技术培训等。当然，环境科技本身也具有一定的局限性。环境科技的不完善常常导致部分污染治理过程蜕变为污染物的转化和嫁接过程，一种污染形式的结束意味着另一种污染形式的产生，由此环境科技本身必须考虑到如何使污染既得到治理，又不对环境造成新的污染。这意味着任何环境科技意义上的“清洁产品”必须确保生产、流通、使用过程的清洁、无污染。对环境保护而言，不断采用新的科学技术，将环境保护的努力移至生产生活前段、中段甚至全过程，而不仅仅局限于末端治理，这将会取得更好的效果。

第五节　绿色发展需要卓有成效的生态补偿机制

2012 年党的十八大报告指出：“要求建立反映市场供求和资源稀缺程度、体现生态价值和代际补偿的资源有偿使用制度和生态补偿制度。”党的十八届三中全会指出：“实行资源有偿使用制度和生态补偿制度。加快自然资源及其产品价格改革，全面反映市场供求、资源稀缺程度、生态环境损害成本和修复效益。坚持使用资源付费和谁污染环境、谁破坏生态谁付费原则,逐步将资源税扩展到占用各种自然生态空间。"显然,生态补偿机制已成为绿色发展必不可少的原则。那么什么是生态补偿机制,我国发展生态补偿机制的现状如何,遇到哪些障碍,又可能采取哪些政策措施?

一、生态补偿机制的理论基础和关键要素

生态补偿的理论来源可追溯到1979年自然资源学家库克(E.F.Cook)提出的思想,即"对自然资源的使用必须以一定的经济代价作为补偿",但国际社会关于生态补偿的定义并不统一,有着不同的侧重点,其中最大分歧在于一般意义上的污染治理和排污收费是否属于生态补偿范围。因此,生态补偿的定义可分为外部性定义和融合性定义。有的人侧重于外部性定义,即对自然环境的使用必然造成负的外部性,而这种负的外部性就要求受益者对受损者进行补偿;而有的人侧重于融合性定义,即对因环境保护丧失发展机会的区域内的居民进行的资金、技术、实物上的补偿,提供政策上的优惠,以及为增进环境保护意识、提高环境保护水平而进行的科研、教育费用的支出。我国环境经济学者王金南认为生态补偿有五方面内容:①服务补偿,向提供生态服务功能价值支付费用;②资源补偿,自然资源意义上的生态补偿,对自然资源"占一补一";③破坏补偿,对个人和企业破坏生态环境行为和后果的一种经济惩罚;④发展补偿,对保护生态环境或放弃发展机会的行为予以补偿,是发展权的补偿;⑤保护补偿,对具有重大生态价值的区域或对象进行保护性投入。这五方面也可从广义和狭义理解,狭义专指生态功能或生态价值的补偿;广义也包括环境污染和发展权的补偿。

要明确生态补偿机制的含义就必须深入探讨生态补偿机制建立的理论基础,即科斯定理。[①]科斯定理认为只要交易成本足够低、产权界定清晰,

① 赵雪雁、李巍、王学良:《生态补偿研究中的几个关键问题》,《中国人口·资源与环境》,2012年第2期。

个体、社团甚至超级国家实体都可以交易各自的权利，直到环境物品和服务实现帕累托最优供给。国际对生态补偿的主流理解也是企业、农户和政府相互之间对环境服务价值的一种交易行为，是建立在产权清晰和交易成本较低基础之上的，当然，生态补偿机制理论绝非仅仅是科斯定理，还涉及大量的其他知识，包括生态服务价值理论、环境外部性理论、生态系统理论、生态资产理论和公共物品理论等，体现了生态环境服务作为公共物品所具备的特殊外部性、稀缺性，并具有经济、社会和生态价值。实际上，生态补偿机制的成功运行还需明确两个重要方面：一是生态补偿机制的内涵和外延，内涵决定着政策制定和实践的内容和方向，外延决定着相关工作边界。二是生态补偿机制需要调整相关利益者因保护或破坏环境活动产生的环境利益及其经济利益关系，进而协调生态环境保护与发展的矛盾，这种调整从全国范围看就需要首先确立国家战略和政策框架，从国际看就需要确立恰当的国际政策框架。显然生态补偿按照地理边界既有国内补偿也有国际补偿。中国环境科学出版社出版的《走向实践的生态补偿——案例分析与探索》一书就对国际补偿和国内补偿都作出了典型的案例分析，分为上、中、下三篇。上篇对38个生态补偿国际案例进行了分析，包括12个流域环境功能支付案例、7个矿山开发环境治理案例、9个生物多样性保护补偿案例、2个自然保护区生态补偿案例、5个碳交易案例以及3个国外关于生态补偿的政策案例；中篇共收集了37个生态补偿国内案例，包括5个区域生态补偿案例、16个流域生态补偿案例、9个矿产资源开发生态补偿案例、7个重要生态建设工程补偿案例；下篇分别从主体功能分区、重点领域、典型区域以及生态补偿的公共财政政策设计等方面展开探索性研究。[①]

二、我国积极发展生态补偿机制

既然生态补偿机制需要清晰的产权界定，且生态系统服务提供者和购买者之间能够平等协商，而我国又是社会主义公有制国家，自然资源和生

① 参见万本太等编：《走向实践的生态补偿——案例分析与探索》，中国环境科学出版社，2009年。

态系统都为国家所有,生态补偿机制理论是否适用呢?与其他生态补偿机制国家相比,中国经济社会系统的确大不相同:一是中国资源和土地产权属于国家所有,环境服务的产权不太容易界定,且政府对经济有着较多介入且公众参与不足;二是中国地域广阔,东西部自然生态环境差异巨大,无论是区域发展战略还是环境管理体制抑或是环境经济政策都必须清晰界定,才能实现和谐社会的目标;三是中国生态补偿机制除了有着数额较大的生态系统服务功能付费,还有着大范围的生态修复任务和历史欠账,过去造成的资源环境破坏和生态系统服务是否需要补偿还值得研究;四是中国的经济系统发生了巨大转变,从计划经济向市场经济转变,改变了资源低价、环境无价的局面,那么资源如何定价还需审慎;此外分税制改革、财政分开,中央地方事权分开导致生态环境保护责任与受益不均衡。然而现实情况是,缺乏生态补偿立法和相应制度安排,而中国经济发展带来的环境服务需求极大扩张,生态补偿作为一种崭新的环境保护措施和制度不仅被广泛接受且被真正投入实践。

其实,我国生态补偿机制最早从环境保护的补贴发展而来,后来是发展权的补偿和环境服务的支付,从概念到内涵发展经历了一个从自然到人文、从生态建设管理到环境经济政策的过程。最早的官方文献开始于2005年国务院印发的《关于落实科学发展观加强环境保护的决定》,提出应"完善生态补偿政策,尽快建立生态补偿机制。中央和地方财政转移支付应考虑生态补偿因素,国家和地方可分别开展生态补偿机制";2006年全国人大发布《中华人民共和国国民经济和社会发展第十一个五年规划纲要》首次提出:"按照谁开发谁保护、谁受益谁补偿的原则,建立生态补偿机制";2007年国家环境保护总局出台《关于开展生态补偿试点工作的指导意见》,建议地方政府优先在自然保护区、重要生态功能区、矿产资源开发和跨界流域四个领域开展生态补偿试点工作;2007年党的十七大报告提出"建立健全资源有偿使用制度和生态环境补偿机制";2008年修订的《水污染防治法》首次以法律形式对流域生态补偿作出明确规定;2009

年中央一号文件指出，“要提高中央财政森林生态效益补偿标准，启动草原、湿地、水土保持等生态效益补偿试点”。2012年党的十八大报告指出：“要求建立反映市场供求和资源稀缺程度、体现生态价值和代际补偿的资源有偿使用制度和生态补偿制度。”党的十八届三中全会指出：“实行资源有偿使用制度和生态补偿制度。加快自然资源及其产品价格改革，全面反映市场供求、资源稀缺程度、生态环境损害成本和修复效益。坚持使用资源付费和谁污染环境、谁破坏生态，谁付费原则，逐步将资源税扩展到占用各种自然生态空间”，“完善对重点生态功能区的生态补偿机制，推动地区间建立横向生态补偿机制”。

生态补偿机制已连续多年被列入全国人大年度工作要点，2010年国务院将研究制定生态补偿条例列入立法计划。尽管目前我国在流域生态补偿机制方面并无相关的法律法规，但是一些其他资源法和环境保护法已制定补偿办法，譬如《森林法》《草原法》《环境保护法》《防沙治沙法》，专项条例包括《基本农田保护条例》《退耕还林条例》《自然保护区条例》和《国务院关于进一步推进西部大开发的若干意见》等。根据中央精神和要求，各省(市、自治区)也逐步加强生态补偿机制建设，在保护森林、草原、湿地、流域和水资源、矿产资源、海洋以及重点生态功能区等领域取得积极成效。2005年浙江省出台了《关于进一步完善生态补偿机制的若干意见》，系统地提出在省域范围内实施生态补偿的政策框架和思路，2006年出台了《钱塘江源头地区生态环境保护省级财政专项补助暂行办法》，2008年又出台了《浙江省生态环保财力转移支付试行办法》，成为第一个实施省内全流域生态补偿的省份。其他地方也积极试点，2008年1月《江苏省太湖流域环境资源区域补偿试点方案》正式实施，规定要求“建立跨行政区交接断面和入湖断面水质控制目标，上游设区的市出境水质超过跨行政区交接断面控制目标的，由上游设区的市政府对下游设区的市予以资金补偿；上游设区的市入湖河流水质超过入湖断面控制目标的，按规定向省级财政缴纳补偿资金”。近年来，中央财政安排的生态补偿资金总额持续攀升，从2001年的23亿元增加到2012年的约780亿元，累计约2500亿元，并建立多项专门性的补偿制度，譬如森林生态效益补偿基金制度、草原生态补偿制度、水资源和水土保持生态补偿机制、矿山环境治理和生态恢复责任制度、重点生态功能区转移支付制度。

三、我国生态补偿机制建构中的主要障碍

生态补偿机制是改善、维护和恢复生态系统服务，调整相关利益者因保护或破坏环境活动产生的环境利益及其经济利益分配关系，以内化相关活动产生外部成本为原则的一种具有经济激励特征的制度。要解决诸如重要生态功能区、流域和矿产资源开发等区域生态环境保护问题，恢复、改善、维护生态系统的生态服务功能就必须妥善处理相关利益主体间的环境与经济分配关系，协调生态环境与发展之间的矛盾。然而协调过程也出现各种各样的问题，譬如补偿范围偏窄、补偿标准普遍偏低、补偿资金来源渠道和补偿方式单一、补偿资金支付和管理办法不完善。①更重要的是，目前的配套基础性制度还需要加快完善，譬如产权界定、生态补偿标准体系、生态服务价值评估核算体系、生态环境监测评估体系等；保护者和受益者的权责落实还不到位；多元化补偿方式尚未形成；政策法规建设落后等。②

其实我国的生态补偿机制主要分为四类：区域补偿，生态功能区补偿，流域补偿和生态要素补偿。区域补偿，主要针对我国生态安全的重要屏障进行的生态补偿，如西部地区，在全国经济发展过程中做出了大量贡献，输出大量的廉价资源。生态功能区补偿，我国有1458个对保障生态安全具有重要作用的生态功能区，包括水源涵养区、土壤保持区、防风固沙区、生物多样性保护区和洪水调蓄区，约占国土面积的22%，人口的11%。流域补偿可分为4个等级：长江、黄河等7条大江大河，补偿问题复杂；跨省的中型

---

① 王健：《我国生态补偿机制的现状及管理体制创新》，《中国行政管理》，2011年第11期。

② 徐绍史：《国务院关于生态补偿机制建设工作情况的报告》，2013年4月23日。

流域，即跨省市界保护与收益关系明确的中等规模的流域；城市饮用水，水源保护区和饮用水供水区；地方行政辖区内的小流域等。生态要素补偿，即按照生态系统的组成要素建立生态补偿机制，如森林、矿产资源开发、水资源开发和土地资源开发等。显然这4类补偿情形各异、条件相差甚远，不可能以统一标准进行处理，由此减弱了统一性政策平台的成效。

王金南认为我国在建立和完善生态补偿机制方面必须正确处理多重关系：①政府与市场，建设生态补偿机制，政府和市场都可发挥作用，目前政府作用最重要，不仅包括制定生态补偿机制的法律法规，还包括最主要的出资人；②中央与地方，环境保护的责任在地方，但中央也需要为地方提供政策导向、法律法规，同时引导建立一些全国性的、区域性、跨省流域的生态补偿机制；③综合平台与部门平台，生态补偿机制需要平台，从当前实际和运作效率来看，政府主导的生态补偿平台最适宜，当然地方也可采用多种方式；④生态付费与破坏补偿，生态补偿主要是提供生态系统服务价值付费，除了该项付费还需要对大面积破坏生态环境行为进行赔偿性补偿；⑤新账与旧账，补偿是否溯及以往需要关注，譬如矿产开发历史遗留的生态破坏以及过去为下游提供的优质生态服务，显然要完全翻过去旧账是不现实的，但必须对未来应额外投入或放弃发展的机会成本给予补偿；⑥生态补偿与扶贫，目前我国生态补偿地区都位于西部或者脆弱、落后地区，这些地区也同时需要扶贫，然而补偿的目标、手段和方式并不等同于扶贫，不能解决收入分配的问题；⑦造血与输血，需要补偿的地方大部分守着青山绿水却贫困，因此需要把生态补偿转化为当地的生态保护建设项目，通过项目提高居民收入或者以现金补偿形式直接提供给直接参与生态系统服务的居民；⑧流域上游与下游责任，上下游应建立“环境责任协议”，譬如流域水质、流量和出现事故的处理办法；⑨补偿标准与协议补偿，理想状态是根据生态服务价值评估或者是生态破坏损失评估建立生态补偿标准，当补偿方和被补偿方存在截然不同的估算就需要平衡协商；⑩政府资金和社会资金，资金筹集渠道可以是政府财政也可以是社会资金，目前看来政府资金起主导作用,对受益范围广、利益主体不清晰的生态服务公共物品,应以政府公共政策资金补偿为主。①

笔者认为,在具体的政策实践过程中,有两个最重要的因素决定着政策的实践效果:第一个因素是利益主体关系的清晰程度,或者说利益主体的数量;第二个因素是保护主体提供或受益者分享的生态服务功能的性质,即公共物品属性,这个因素转化过来便是恰当的补偿标准。就利益主体来说,"有一些补偿主体是明确的,有些补偿主体是不明确的,现在能做到的就是行政区对行政区的补偿,如果将补偿再进一步深入就涉及单个家庭,谁补偿、谁被补偿笼统地讲比较简单,但具体实施的确很复杂"。

生态补偿机制还涉及补偿标准。生态服务功能价值应该是生态补偿的基本依据,然而对功能价值的量化研究只有二十多年的历史,尚不成熟,通过这些方法进行评价,得出的结果还较难为社会所接受。以上、下游的关系为例,上游的水有多少经过了下游,下游的间接用水量是多少,直接用水量是多少,上游生态保护的成果有多少是上游自身所享受的,又有多少是下游享受的,并没有公认的计算方法。因为缺乏科学的计算方法,使得上下游双方或者是补偿方与受补偿方始终处在讨价还价的博弈中。补偿行为也多是从道义出发,而不是依靠制度规范的保障。此外,对生态功能区进行生态保护活动产生的外部经济的补偿,包括生态建设、保护的额外成本和发展机会成本,这些都难以确定。与补偿标准紧密相连的还有资金来源,目前生态补偿仍以政府参与为主,以国际生态补偿机制所主张的市场模式补偿还很少见,公共资金便成为生态补偿的主要来源。这需要调整财政改革政策,将生态补偿纳入中央对地方的纵向财政转移支付制度,譬如重要生态功能区因为保护生态环境而牺牲经济发展的机会成本,譬如农村城市化;还有财政支出政策的调整,譬如流域上下游地区之间的

---

① 王金南、万军、张惠远:《关于我国生态补偿机制与政策的几点认识》,《环境保护》,2006年第10期。

横向财政转移支付。从财政转移的角度出发,生态补偿显然并非环境保护的常规手段,更直接接触到许多环境和经济利益关系的重大问题,且依附于许多部门政策和国家综合政策,涉及许多部门利益,这就需要对我国财政体制进行改革。

第五章　中国生态文明建设的低碳发展

党的十八大报告明确提出“要积极应对气候变化，实现低碳发展”。气候变化与典型的经济问题、社会问题很不一样，具有自身的特点和方式：第一是公共性，温室气体由国家释放到大气系统，但效应却不局限于一国、一域，而是整个气候系统和人类整体，是哈丁所说的典型的“公用地”；第二是不可逆性，温室气体被排放到大气中，一般来说很难再被回收，而且浓度只有不断增加的趋势；第三是时间滞后性，温室气体是在今天被排放出去的，但是它造成的影响和损失很可能在明天或后天甚至很久才会显现，而今天采取的缓解温室气体的措施和政策的效应也需要很长一段时间才能发挥作用；第四是它的影响的不均衡性，全球变暖对世界各地的影响是不一致的，有的地方会因更加干旱而受灾，有的地方却由于冰川融化可开垦出更多土地而收益，有的国家会被淹没，有的国家却因北冰洋融化而获得更多的航运和海洋资源；第五是气候变化还存在科学上的不确定性，以致一些国家和地区无法采取针对措施[①]；第六是成本的现实性，减缓气候变化必然要减少对化石能源的使用，而这必然要增大经济生活成本。这些特征使得应对气候变化不能依靠单个国家的自愿行动，这无异于杯水车薪，而时间的滞后性和影响的不均衡性又使一些国家在政策选择上存在强烈的机会主义倾向。气候变化的这块“公用地”如何避免“悲剧”就成为各国政府都不得不考虑的重要问题。[②]

---

① 陆芳：《国际政治中的气候变化问题和中国的选择》，中国人民大学 2004 年硕士学位论文。

② 陈刚：《〈京都议定书〉与集体行动逻辑》，《国际政治科学》，2006 年第 2 期。

第一节 全球气候变暖的政治化

全球气候变暖的诸多特征和关于危害的直观事实迫使世界各国一起采取行动，而这种行动首先来自于1972年6月，113个国家和地区在瑞典首都斯德哥尔摩召开的历史性国际环境会议——联合国人类与环境会议及其通过的两个文件《人类环境宣言》和《只有一个地球》。这次会议首次在国际层面上提出了改善和保护环境的问题，其中也包括了用于指导全球变暖问题的精神。随后，世界气象组织于1985年10月在奥地利维拉赫组织召开了相关的学术会议。虽然此次会议的重点是为了研究二氧化碳等温室气体对人类的影响，但是会议也进一步提出为了对气候变化作出回应，需要成立一个关于气候变化方面的特别小组，"如果有必要的话，应该着手考虑建立全球性公约问题"[①]。这些迹象表明，世界气候变化问题已不仅仅是书斋中的科学问题而是一个实践问题，是必须要积极行动起来的政治问题。1988年加拿大政府在多伦多举办了有关气候变化的会议，呼吁世界各国必须赶快行动起来，制定保护大气的计划，会议甚至提出了各国政府和企业界必须在2005年将温室气体排放量降低到1988年水平的20%的具体要求。多伦多会议之后气候变化问题迅速成为国际政治中的重要议题。1988年11月，政府间气候变化专门委员会(IPCC)召开第一次大会，其主要任务就是围绕气候变化有关的问题展开定期的工作，进行科学、经济、社会研究，为各国政府提供决策咨询。IPCC的成立显然又一次极大地推动了气候变化问题在国际政治中的重要性，使得各国政府尤其是发达国家政府不得不对一些科学家的呼吁作出回应。

1989年7月，七国首脑年会发表了要建立一项框架性协议和一揽子公约的声明，紧接着同年11月国际大气污染和气候变化部长级会议在荷兰诺德韦克举行，大会通过了《关于防止大气污染与气候变化的诺德韦克宣

① 转引自徐再荣：《从科学到政治：全球变暖问题的历史演变》，《史学月刊》，2003年第4期。

言》。宣言指出,应该尽快召开全球环境问题会议,讨论制定防止全球气候变暖的公约的问题。[①]通过各方努力,1990 年 12 月 21 日联合国通过了第 45/212 号决议,决定成立气候变化框架公约政府间谈判委员会。谈判委员会下设两个组,一个组负责减排承诺、金融资源和技术支持,另外一组则负责法律和相关的制度建设。1991 年 2 月至 1992 年 5 月间,谈判委员会共举行了五轮六次谈判,[②]谈判期间,各方在关键条款上互不相让,立场相距甚远,气氛异常紧张。一些国家主张订立一个宽泛性的气候框架公约,另外一些国家则主张包含有具体减排承诺的公约,这实际反映了发展中国家与发达国家之间、欧盟与美国之间的矛盾,但是在联合国环境和发展大会即将召开的情况下各方妥协,终于在 1992 年 6 月,在里约热内卢召开的联合国环境与发展大会上由 166 个国家签署并通过了《联合国气候变化框架公约》,并于 1994 年 3 月 21 日开始生效。[③]公约规定了用于指导缔约方采取履约行动的目标、原则、义务、资金机制和技术转让及其能力建设。公约还规定了发达国家应在 20 世纪末将温室气体排放水平恢复到 1990 年水平,但并没有制定量化指标。1995 年 3 月在德国柏林召开了《联合国气候变化框架公约》第一次缔约方大会(conference of parties,简称 COP)对发达国家的履约状况进行了评审,认为发达国家承诺不足或者没有足够意愿以缓解全球气候变化,因此通过了一项"柏林授权",要为发达国家制定 2000 年以后的减排义务时间表,从而启动议定书谈判。1995 年 12 月,IPCC 发布了第二次评估报告,报告强调各缔约方必须采取有力行动,推进减缓全球变暖。1996 年 7 月第二次缔约方会议召开,美国、欧盟、日本、发展中大国、石油输出国组织又围绕着新的减排义务、时间表、对经济的影响等问题展开谈判,

---

① 涂瑞和:《〈联合国气候变化框架公约〉与〈京都议定书〉及其谈判进程》,《国际合作与交流》,2005 年第 3 期。

② 具体谈判过程参见傅燕:《国际谈判与国内政治:对美国与〈京都议定书〉的双层博弈分析》,复旦大学 2003 年博士学位论文。

③ 崔大鹏:《国际气候合作的政治经济学分析》,商务印书馆,2003 年,第 14 页。

虽然分歧显著，但会议最终还是通过了《日内瓦宣言》，呼吁缔约方制定有法律约束力的减排目标，以推进谈判。经过一系列的准备工作，包括机构的设置、报告的审查等，缔约方大会第三次会议于日本京都召开，会议达成了并通过了《京都议定书》，定量确定了发达国家2008—2012年平均排放数量比1990年下降5.2%的限额，同时提出了帮助发达国家实现以降低成本为目标的三种有效机制：排放权交易(ET)、联合履约(JI)和清洁发展机制(CDM)。京都会议之后截至2013年年底，国际社会又举行了16次缔约方大会，世界气候变化机制终于有了大概的完整的过程。

表 5–1 气候变化问题及历次谈判大会

时间(年)	重要事件	主要成果
1853	国际气象大会	气象观测统一标准
1873	国际气象组织成立	气象合作进入制度化轨道
1896	S.阿尔赫尼斯发表《含碳空气对地面温度的影响》	提出如果大气中二氧化碳的浓度增加一倍，那么地表温度将增加5℃~6℃
1908	S.阿尔赫尼斯出版《形成中的世界》一书	温室效应对未来会产生影响
1947	世界气象组织成立	替代国际气象组织
1957	国际地球物理年会	夏威夷二氧化碳监测站成立
1962	蕾切尔·卡逊出版《寂静的春天》	现代环保运动兴起
1972	联合国人类环境大会	国际科学界重点转向气候问题
1974	斯德哥尔摩气候和气候模型的物理基础及其模拟的国际讨论会	气候变化的实质性合作开始
1979	世界气候大会	科学界就全球变暖问题达成共识
1979	第八届世界气象组织大会	建立世界气候计划
1985	奥地利维拉赫会议	二氧化碳增加一倍全球地面温度增加1.5℃~4.5℃，建议成立特别小组、制定全球公约
1988	加拿大多伦多会议	首次将全球变暖作为政治事件来看，呼吁制定大气保护行动计划，建立世界大气基金
1988	联合国大会政府间气候变化专门委员会成立	负责收集、整理和汇总世界各国在世界气候变化领域的研究工作和成果，提出科学评价和政策建议

续表

时间(年)	重要事件	主要成果
1990	IPCC 第一次科学评估报告发表	认为持续的人为温室气体排放在大气中的累积将导致气候变化,变化的速率和大小很可能对社会经济和自然系统产生重要影响
1991	政府间谈判委员会成立,气候谈判开始	气候变化政治化和谈判进入实质性阶段
1992	里约环境与发展大会	通过了可持续发展行动纲领《21 世纪议程》《联合国气候变化框架公约》《生物多样性公约》和《森林原则声明》
1994	《联合国气候变化框架公约》生效	奠定了应对气候变化国际合作的法律基础
1995	柏林第一次缔约方大会	通过了"柏林授权",并成立"柏林授权特别小组", 负责进行公约的后续法律文件谈判,为第三次缔约方会议起草一项议定书或法律文件,以强化发达国家的减排义务
1995	IPCC 第二次科学评估报告发表	证实了第一次评估报告的结论,并进一步指出人类活动对全球气候变化具有可辨别的影响
1996	日内瓦第二次缔约方大会	通过了《日内瓦宣言》,赞同 IPCC 第二次评估报告的结论,呼吁附件一的缔约方制定具有法律约束力的限排目标和作出实质性的排放量削减
1997	京都第三次缔约方大会	通过了《京都议定书》,为附件一的缔约方规定了具有法律约束力和时间表的减排义务, 并引入清洁发展机制。清洁发展机制旨在帮助附件一的缔约方实现减排义务和促进发展中国家可持续发展双重目标
1998	布宜诺斯艾利斯第四次缔约方大会	通过了《布宜诺斯艾利斯行动计划》,决定于第六次缔约方大会上就京都机制问题作出决定
1999	波恩第五次缔约方大会	就《京都议定书》生效所需具体细则继续磋商,但没有取得实质性进展
2000	联合国千年首脑会议	联合国的首要任务是消除极端贫困,强调全球化时代公平的重要性
2001	美国宣布拒绝批准《京都议定书》	《京都议定书》生效面临重大威胁
2001	波恩第六次缔约方大会续会	达成《波恩政治协议》,挽救了《京都议定书》

续表

时间(年)	重要事件	主要成果
2001	IPCC 第三次科学评估报告发表	进一步证实气候变化不可避免,并检验了气候变化与可持续发展之间的联系
2001	马拉喀什第七次缔约方大会	通过落实《波恩政治协议》的《马拉喀什协定》,完成了《京都议定书》生效的准备工作,但《京都议定书》的环境效益打了折扣
2002	美国推出温室气体减排新方案	提出碳排放强度方法,强调经济增长的重要性
2002	约翰内斯堡世界可持续发展首脑会议	《京都议定书》未能如期生效。通过《可持续发展执行计划》,在可持续发展框架下考虑减缓和适应气候变化问题成为谈判的新思路
2002	新德里第八次缔约方大会	通过《新德里宣言》,明确提出在可持续发展框架下应对气候变化
2003	利米兰第九次缔约方大会	解决《京都议定书》中操作和技术层面的问题,如碳汇项目的原则和标准,制定气候变化专项基金的操作规则,以及如何运用 IPCC 第三次评估报告作为新一轮气候变化谈判的科学依据等
2004	布宜诺斯艾利斯第十次缔约方大会	布宜诺斯艾利斯会议达成了继续展开减缓全球变暖非正式会谈的决议,但在关键议题的谈判上没有显著进展,也没有得到美国的实际承诺
2005	《京都议定书》正式生效	后京都谈判将在 2005 年年底前开始
2005	蒙特利尔第十一次缔约方大会	通过了有关《京都议定书》的执行规定和“控制气候变化的蒙特利尔路线图”,一个新的工作组就《京都议定书》第二阶段温室气体减排展开谈判,缔约方就探讨控制全球变暖的长期战略展开对话
2006	《京都议定书》附件一的缔约方第二承诺期减排义务谈判工作组第一次会议在波恩举行	参加第二承诺期谈判的附件一的缔约方政治意愿不足

续表

时间(年)	重要事件	主要成果
2006	内罗毕第十二次缔约方大会	各方同意负责第二承诺期谈判的《京都议定书》第三条第九款不限名额特设工作组;附件一国家减排潜力和目标分析、减排方式分析以及减排设想,但各方未能就工作组谈判时间表达成共识;各方还同意《京都议定书》第二次审评应在2008年进行
2007	IPCC第四次科学评估报告发表	进一步肯定了人类活动是近50年全球气候系统变暖的主要原因,气候变暖已经对许多自然和生物系统产生了可辨别的影响,证实可持续发展与减排之间并不矛盾
2007	维也纳附件一缔约方就《京都议定书》之下的进一步承诺问题特设工作组召开第四届会议	提出了《与发达国家后续承诺期减排潜力和可能减排目标相关的综合信息》的报告
2007	巴厘岛第十三次缔约方大会	通过了"巴厘岛路线图",重新强调合作,包括美国在内的所有发达国家缔约方都要履行可测量、可报告、可核实的温室气体减排责任,同时对适应气候变化问题、技术开发和转让问题以及资金问题作出了说明,还要求特别工作组在2009年向第十五次缔约方会议递交工作报告
2008	北海道八国首脑会议	八国同意与其他缔约国一起到2050年将全球温室气体排放量减半的长期目标,还同意每个成员国都应执行与自己经济规模相当的中期目标,以达到绝对减排效果和在可能范围内尽早停止排放量的增加,不过中期目标没有量化
2008	波兹南第十四次缔约方大会	进展十分缓慢,基本上围绕方法学等技术、边缘问题进行,实质性问题多未涉及。如关于"共同愿景"和长远目标,到2050年应该做什么,仍处于各自表述状态。减缓、适应、技术转移和碳市场建设作为应对气候变化的四个支柱是否应该平衡对待也存在实质性分歧,发达国家只强调减排却忽视减缓和适应,而发展中国家多强调资金援助和技术转移

续表

时间(年)	重要事件	主要成果
2009	丹麦哥本哈根第十五次缔约方大会	《哥本哈根协议》虽无法律约束力,但维护了"共同但有区别的责任"原则,就发达国家实行强制减排和发展中国家采取自主减缓行动作出了安排,并就全球长期目标、资金和技术支持、透明度等焦点问题达成广泛共识
2010	墨西哥坎昆第十六次缔约方大会	取得了两项成果。一是坚持了《公约》《议定书》和"巴厘岛路线图",坚持了"共同但有区别的责任"原则,确保了2011年的谈判继续按照巴厘岛路线图确定的双轨方式进行;二是就适应、技术转让、资金和能力建设等发展中国家关心的问题进行谈判,取得了不同程度的进展,谈判进程继续向前,向国际社会发出了比较积极的信号
2011	南非德班第十七次缔约方大会	大会最终通过决议,建立德班增强行动平台特设工作组,决定实施《京都议定书》第二承诺期并启动绿色气候基金
2012	卡塔尔多哈第十八次缔约方大会	大会通过了决议, 确定2013—2020年为《京都议定书》第二承诺期。决议中写入了欧盟比1990年减排20%等部分发达国家的温室气体减排目标。大会还通过了2020年开始的新框架公约的起草计划以及有关对发展中国家资金援助的决议
2013	华沙第十九次缔约方大会	就德班平台决议、气候资金和损失损害补偿机制等焦点议题签署了协议,在2015年达成一项具有法律约束力的普遍协议
2014	IPCC第五次评估报告发表	1880—2012年,全球平均地上气温上升了0.65℃~1.06℃,全球变暖受到人类活动影响的可能性"极高"

第二节　气候变化对发展的实质:"限定性关系"

一、气候变化的"限定性关系"

绿色生存主义[①]认为气候变化(可化约为温室气体浓度的不断攀升)已成为人类整体"威胁",这种"威胁"经现代媒体技术传播使整体社会氛围得以改变,恐慌情绪大面积蔓延。为消弭恐慌,保证现行政治经济框架与文化心理安全,权威主体(通常是国家)不得不作出恰当的政策反应:开发出一种操作性技术(比如各种节能减排的技术标准和保险准则)尽量减少损失;当缺乏操作性技术时"安全化"逻辑启动,"安全化"逻辑表明当前的技术和政策不足以有效应对该种规则。通过操作性技术和安全化,温室气候减排缓慢演化出了"应该怎么办"的道德规范意义,并在"应该怎么办"基础上构建出一系列的结构、制度和政策框架,最终成为限定性关系(见图 5–1)。

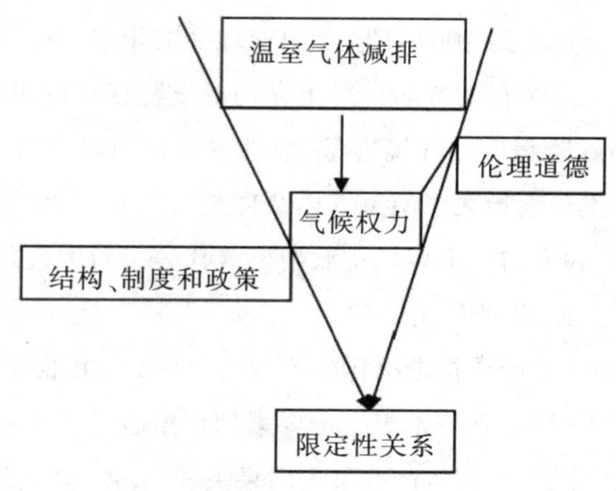

图 5–1　气候权力

---

① [澳]约翰·德赖泽克:《地球政治学:环境话语》,蔺雪春、郭晨星译,山东大学出版社,2008年,第 27 页。

温室气体减排要成为“限定性关系”需通过结构、制度和政策，而这种结构、制度和政策不是凭空拔地而起的，而在于行为主体的构建，这种构造关系、框架的能力和机会被英国国际政治经济学家苏珊·斯特兰奇定义为结构性权力。结构性权力是形成和决定全球各种政治经济结构的权力，是一种使其他国家的政治机构、经济企业、科学家和专业人员都不得不在其中选择的权力。结构性权力拥有者既能够改变其他人的选择范围，又不直接对他们施加压力以迫使他们作出选择，因而结构性权力是一种无形的制约。在解释结构性权力究竟包含哪些方面时，斯特兰奇指出，结构性权力不仅包含议程设置，设计支配国际经济关系的惯例和规则等，还包含安全、生产、金融和知识四个方面。①

首先，是安全。安全是指个体免遭非自然死亡的权利，存在于能够控制人类安全(威胁人们的安全或保护人们的安全，特别是保护人们免受暴力的侵犯)的人那里，安全威胁越大人们愿意付出的代价就越高。气候变化成为安全议题的典型标志是2007年联合国安理会的相关讨论，而成为安全议题也说明构成了对生存的威胁，对生存构成威胁往往取决于两种要素：气候变化本身的威胁程度和环境容量，前者可量化为温室气体浓度，而后者可量化为气候脆弱性指数。温室气体浓度是公共物品，各国贡献相差悬殊，历史累积排放和人均历史累积排放指标既代表了对大气权利的占有程度，也说明减排应当承担的历史责任。

其次，是生产。生产是指谁决定生产、生产什么和由谁生产，使用什么手段，土地、劳动力、资本和技术等生产要素如何组合等。温室气体产生于生产生活，与生产什么、如何生产有重大因果关联。Kaya公式的降低碳排放模型主要揭示了降低能源强度和能源使用结构，而能源强度、能源使用结构与发展阶段、资源禀赋相关，库兹涅茨理论证实了人均国民收入和环境污染的关系，只有经济发展达到某个临界点或“拐点”以后，人均收入进一

---

① [英]苏珊·斯特兰奇：《国家与市场》，杨宇光译，上海人民出版社，2006年，第20~27页。

步增加才会使环境污染由高趋低。潘家华等学者利用世界银行发展指数测算人文发展与人均碳排放的关系,指出世界主要国家碳排放轨迹呈现明显的倒U形曲线。工业化、城市化启动时,建筑、基础设施和能源消费硬需求推动人均碳排放增长,当增长到一定阶段,实现人文发展潜力所需的碳排放反而趋于减少。

再次,是金融。金融是对信贷的控制。为实现最低成本减排目的,《京都议定书》创立了三种政策工具,发达国家内部的排放权交易体系(ETS)、发达国家与转轨国家的联合履约(JI)、发展中国家的CDM项目,这三种政策工具形成了三种不同的减排单位,指定配额(AAUs)、减排单位(ERUs)和联合国专门注册机构经过核证的减排单位(CERs)。这三种减排单位相互链接共同创造了一种无形的商品体系,不但能对低碳化生产施加关键性影响还连接着能源安全和气候环境变化,贯穿生产生活的各个环节,而且激励着各种形式的可再生能源,从而成为一种新型的信贷创造形式。

最后,是知识。斯特兰奇认为知识是一种高度渗透性的权力,谁能开拓和获取知识并且让别人尊重和寻求某种知识,谁控制知识传播的渠道,知识权力就掌握在谁手中。气候治理的显著特点是科学性和知识性,无论影响评估还是减缓适应都涉及大量复杂的理论模型和翔实数据,而作出研究、提供理论和数据支撑最需要的是知识专家。皮特·哈斯(Peter Hass)指出,具备系统知识的专家扮演"知识经纪人"来解释全球广泛关心的问题,其共同认识和关注点将成为国际制度的重要方面,科学家数量和质量便自然成为知识结构的重要指标。

其实,安全、生产、金融、知识四者之间是相互联系的,人均历史累积排放决定着责任义务分配的道德责任,而责任义务的道德分配又能对生产构成重大影响,而生产低碳化进展又决定于政策工具和低碳技术的研发,而低碳技术研发、政策工具又和知识存在内在关联,因此四种结构性权力无论哪一方面发生变化都会对其他方面产生影响。哥本哈根、坎昆会议的谈判过程说明气候博弈已处于最关键、最激烈的时刻,而这种最关键、最激烈的实质是对结构性权力的争夺。IPCC 气候变化评估报告核心要素的演进说明国际气候政策正逐步趋于刚性。

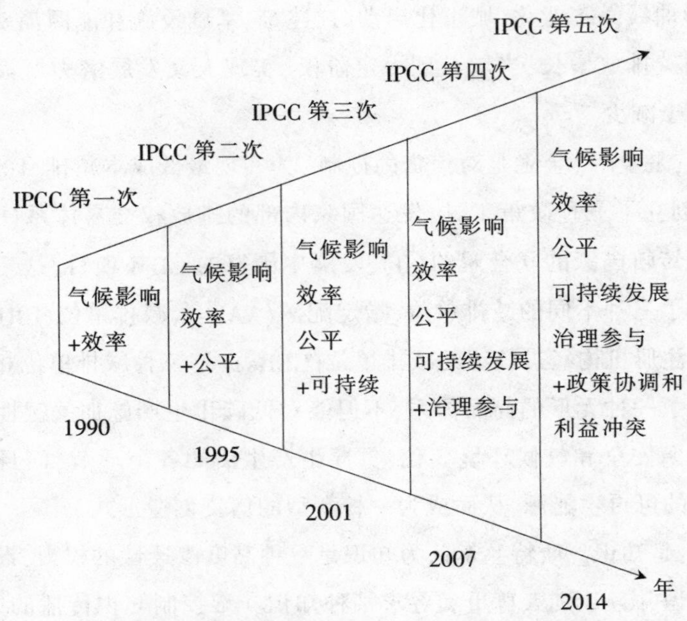

图 5-2 IPCC 气候变化评估报告核心要素的演进

这种刚性对人均碳排放迅猛上升的新兴发展中大国，尤其中国产生了诸多实质性制约。

二、中国低碳发展的困境

气候变化以其与生产生活的息息相关决定了其成为国际体系转型的关键内容之一，同时又以生产、安全、金融和知识对国际体系变迁产生重大影响从而成为结构性权力的重要领域。气候变化的多边谈判是成本内部化的重要表现，但发达国家内部经济技术水平接近，气候权力占有和消费不对称，对发展中大国行使碳权，这些都是国际政治经济的现实情况。虽然世界经济遭受金融和经济危机的打击，但中国等发展中国家经济持续增长的事实表明能源消费总量还会进一步扩张，温室气体排放总量持续攀升。2006 年中国的二氧化碳排放是 5606.54 兆吨，是1990 年的两倍多，2007 年中国以59.6亿吨的二氧化碳排放量超过美国高居榜首。伴随着总量的迅猛增加,其他指标也开始出现显著变化。我们仍以《京都议定书》设定的1990年为基础看近20年以来各种指标的演变趋势,可以发现,截至2009年,中国温室气体排放总量已经增加150%、人均排放增加近110%、单位国内生产总值排放强度虽然一直持续下降50%,但而后又持续上升至45%、能耗排放密度增加了22%。[①]同样,根据世界资源研究所的计算数据,未来中国人均排放还将持续上升,由2005年的4.7吨上升到2030年的7~8吨。总体看来,我国温室气体排放的现状是:温室气体排放总量大、增速快,单位国内生产总值的二氧化碳排放强度高,这种状况使得减缓二氧化碳排放量的增加既存在潜力,也面临很大困难。[②]

中国和美国一样已成为气候超级大国,中国在全球减排中的地位和作用日益关键。国外一些学者和谈判官员指出,如果中国不设限、不承担强制性减排而只由发达国家强制性减排,那么减排量就很可能被中国等发展中大国增量抵消,不符合结果导向的伦理正义概念。

第三节 碳关税是何物

气候变化对发展限定性关系的成立和国际体系的无政府属性既决定了发展中国家经济政治的赶超,也决定了发达国家必须保持对未来国际体系的主导,[③]在这种背景下,发展中国家和发达国家的矛盾、摩擦、争斗成为必然,而碳关税便是突出表现。碳关税引起国际社会的普遍关注是在2009年3月17日,美国能源部部长朱棣文在美国众议院科学小组会议上提出,为避免使美国制造业处于不公平的竞争状态,美国计划征收进口商

---

① 张磊:《全球减排路线图的正义性——对胡鞍钢教授的全球减排路线图的评价与修正》,《当代亚太》,2009年第6期。

② 《气候变化国家评估报告》编写委员会编著:《气候变化国家评估报告》,科学出版社,2007年,第282~300页。

③ 张海滨:《环境与国际关系:全球环境问题的理性思考》,上海人民出版社,2008年,第6页。

品的"碳关税"。6月22日,《美国清洁能源安全法案》在美国众议院获得通过,该法案又明确规定,如果美国没有加入温室气体减排的多边协定,那么自2020年,美国总统将有权对包括中国在内的不实施碳减排限额的国家进口的碳排放密集型产品,如铝、钢铁、水泥、玻璃制品等征收碳关税。其实,"碳关税"并不是美国的创造,最早由法国前总统希拉克提出,其用意就是希望欧盟国家针对未遵守《京都协定书》的国家课征商品进口税,否则在欧盟碳排放交易机制运行后,欧盟国家所生产的商品将遭受不公平的竞争,特别是境内钢铁业及高耗能产业。希拉克之后,法国又把这一政策工具对准发展中国家,7月24日法国在欧盟成员国环境部长非正式会议上提出,如果联合国气候变化大会不能达成协议,那将对一些发展中国家出口产品征收"碳关税"。12月法国又宣布自2010年1月1日起对每吨二氧化碳排放征收17欧元的税。碳税的实施为进一步推进碳关税实施奠定了基础。碳关税的实质是"碳的边境调节税"[①](BTA)(简称碳关税),在不同场合被反复提及,其核心观点就是要用贸易手段迫使发展中大国承担减排义务。

一、贸易对气候的影响

要论及贸易对气候的影响就必须首先分析贸易对环境的影响。格罗斯曼和克鲁格指出,贸易对环境影响主要通过规模、结构、技术三种效应。[②]规模效应是指经济活动性质没有改变,通过贸易促进经济增长资源消耗的境地,全球污染总量增加;结构效应是指贸易促进世界各国按照比较优势优化产业结构,国家产业升级产生环境正向效应,而另外一些国家特别是发展中国家则陷入资源依赖和环境消耗的境地,出口导向性战略下污染避难(pollution haven)假说成立;技术效应是指跨国贸易和投资带来知识、资本、

---

① Aaron Cosbey, Border Carbon Adjustment, *International Institute for Sustainable Development Trade and Climate Change Seminar*, June 2008.

② G. M. Grossman, A. B. Krueger, Economic Growth and the Environment, *Quarterly Journal of Economics*, 1995, Vol.110.

技术溢出使发展中国家在环境需求、环境标准方面实现蛙跳，[①]最终实现东道国环境的改善。规模效应说明贸易可能加剧污染，而结构效应、技术效应则可能降低，至于哪一种效应更为重要，不同国家、不同地区、不同政治、经济、制度和环境条件、不同发展阶段都有不同的表现。世界银行和其他一些学者在规模、结构和技术效应基础上又加入了一些其他影响因子，比如产品效应、收入效应和规制效应等等。[②]

贸易对环境存在规模、结构和技术效应，对气候变化的影响也可分为规模、结构和技术三个方面。规模效应是指贸易推动生产规模扩张、能源消耗总量上升、温室气体排放增加，随着跨国公司构建一体化的生产销售网络，碳源(carbon source)遍及全球。江泽民通过对工业化—能源消费—碳排放的描述生动揭示了工业化、全球化和温室气体浓度上升的动态一致。[③]结构效应是指贸易推动各国按比较优势配置资源、优化产业结构，如果一国比较优势在于能源密集性、碳密集产品，那么贸易将增加该国的排放总量，潘家华等由此测算了中国因贸易而产生的额外碳排放。技术效应是指贸易带来的技术知识扩散，邹骥等指出如果低碳技术得不到及时扩散，应用基础设施将呈现巨大锁定效应。无论规模效应、结构效应还是技术效应都需要通过经济活动和政策工具才能实现，都属于贸易对气候变化的影响。贸易对温室气体减排还有间接影响，即贸易量增加而引致交通排放，贸易高度依赖复杂的长距离供应链条，而维持这一链条的正常运转又需要廉价可靠的化石能源进而排放大量的温室气体。[④]田春秀等指出，国际航空和海运燃料引致的温室气体已成为后京都谈判的主要议题，主要表现为航空方面

---

① Kevin P. Gallagher, Economic Globalization and the Environment, *The Annual Review of Environment and Resources*, 2009, Vol. 34.

② 邓柏盛、宋德勇：《我国对外贸易、FDI与环境污染之间关系的研究：1995—2005》，《国际贸易问题》，2008年第4期。

③ 江泽民：《对中国能源问题的思考》，《上海交通大学学报》，2008年3月，第345~359页。

④ Curtis, Fred, Peak Globalization: Climate Change, Oil Depletion and Global Trade, *Ecological Economics*, Dec 2009.

每年二氧化碳排放已高达 6.05 亿~7.76 亿吨，占全球二氧化碳总排放的 1.9%~2.4%,其中大约一半来自国际航线。鉴于高空二氧化碳排放的特殊温室效应,欧盟决定 2010 年将航空业纳入排放交易系统(EU-ETS);[①]航运方面每年消耗 20 亿桶燃油,排放超过12 亿吨二氧化碳,海运活动温室气体排放已超过全球的 3%,碳排放量在1990 年的基础上增长了 85%。

如果说上述规模、结构和技术效应属于贸易对温室气体排放的间接效应,而交通运输排放则属于直接效应,二者共同构成了贸易对气候变化影响的两个维度，那么国家主权背景下贸易引发的温室气体减排是生产者责任还是消费者责任的探讨便成为第三个维度。根据国际权威机构联合国气候变化专门委员会(IPCC)估计,工业革命以来已有约 300 吉吨碳被释放到大气中,其中全球累积排放总量排在前七位的国家分别是美国、中国、俄罗斯、德国、英国、日本、法国,[②]而美国差不多相当于后面 6 个国家的总和,按照人均历史累积排放原则,发达国家中美国仍然是最多的,最少的是日本,而发展中国家作为整体仅为发达国家的 1/4~1/5。[③]发达国家的历史责任为"共同但有区别的原则"奠定了基础,但发达国家并没有放弃对发展中大国减排的要求，学者们由此开始了温室气体减排伦理公平的探讨。[④]如果说由于权利义务责任伦理引发了上述纷争,那么贸易更是加剧了这种分歧，为说明分歧，这里需要引入一个概念——"内涵碳"(embodied carbon)。姜克隽解释说,内涵碳是指产品从生产到消费全生命过程中释放出来的全部二氧化碳,包括原材料采掘、生产、运输、分配到最

① Committee on Climate Change, Building a Low-carbon Economy-the UK's Contribution to Tackling Climate Change, www.theccc.org.uk.

② 潘家华、郑艳:《基于人际公平的碳排放概念及其理论含义》,《世界经济与政治》,2009 年第 10 期,第 6~16 页。

③ 何建坤等:《在公平原则下积极推进全球应对气候变化进程》,《清华大学学报》,2009 年第 6 期,第 46~53 页。

④ David G. Victor, the Regulation of Greenhouse Gases: Does Fairness Matter? In Ferenc L. Toth ed., *Fair Weather: Equity Concerns in Climate Change*, Earthscan Publications, 1999.

后对消费者的供给，内涵碳显然要远远大于最终产品排放。[1]“内涵碳”概念一经提出便直接指向了温室气体减排、安排中忽视的重大原则问题：温室气体排放究竟由消费者负责还是由生产者负责，如果消费者负责，那么发达国家居民大量消费发展中国家出口商品是否也应该为该产品在发展中国家的生产排放负责？

根据国际全球变化人文因素计划中国国家委员会(CNC-IHDP)产业转型(IT)工作组的研究，2005 年中国进出口贸易能源逆差为 2.97 亿吨标煤，二氧化碳排放为 6.64 亿吨，占能源总量的 13%。[2]潘家华计算出 2006 年中国内涵能源净出口量为 6.31 亿吨标准煤，占一次能源消费的 25.7%。[3]基于消费者的责任考量，樊纲等学者提出了“人均历史积累消费排放量”概念，并核算了 1950—2005 年的世界各国累积消费排放量，发现中国累积国内实际排放占世界累积碳排放总量的比重虽然高达 10.19%，但中国累积消费排放仅占世界累积碳排放总量的 6.84%，这意味着约有 1/3 的国内生产排放实际是为他国居民生产消费品所致。[4]贸易改变全球温室气体减排责任版图对国际气候合作产生深刻影响，肯佛特利用一般分析模式分析贸易对气候合作影响时发现，如果贸易影响到气候变化减排成本，那么国际气候合作较难实现，但如果贸易效应能够决定其他国家的减排努力，气候合作则相对容易，同时这种判断不因“碳泄漏”而改变。[5]

二、气候政策对贸易的影响

正如贸易会对气候产生影响一样，气候规制政策也对贸易产生显著影

① Jiang Kejun,Aaron Cosbey Embodied Carbon in Traded Goods, *Trade and Climate Change Seminar*, June 18 - 20, 2008.

② 顾朝林等：《气候变化、碳排放与低碳城市规划研究进展》，《城市规划学刊》，2009 年第 3 期。

③ 潘家华等：《中国外贸进出口商品中的内涵能源及其政策含义》，《经济研究》，2008 年第 7 期。

④ 中国经济 50 人论坛课题研究小组：《走向低碳发展：中国与世界——中国经济学家的建议》，《金融时报》，2009 年 12 月 9 日。

⑤ C. Kemfert, W. Lise, R.S.J. Tol, Games of Climate Change with International Trade, *Environmental & Resource Economics*, 2004, Vol.28.

响。[①]根据经济学常识，气候变化实际上是由全球性市场失灵造成的，而治理市场失灵的关键在于建立外部性内部化机制。内部化机制通常有两种：碳税和总量排放权交易。前者利用强制性的国家权威，后者则充分体现在《京都议定书》的制度架构中，虽然这两种措施各有优劣，但确实为不同国家和地区提供了可以选择和综合使用的手段。欧美等国认为，气候变化全球性特征决定了市场机制要取得期望的结果就必须在全球层面取得一致，如果发展中国家不定价或者定价不充分，那么发达国家任何外部成本内部化的努力都可能因为"碳泄漏"而付诸东流，自身产业竞争力更可能因为碳额外成本而遭遇严峻挑战。[②]由于哥本哈根谈判最终并未就国际气候权利义务找到实质性减排的有效措施，欧美国家面对发展中国家决不妥协的态势和立场逐渐失去了主导权，其国内日益集聚起一种倡导实行"碳的边境调节税"的强大推动力，碳的边境调节税由此成为国际关注的焦点。

单边碳关税的最终推动力是主权国家的强制力而针对的却是境外目标，因此如果没有得到国际社会的一致同意其实施也就缺乏正当性。影响碳关税的主要因素包括竞争力影响、法律、政策有效性、行政可行性四个方面，目前学术界对此主要有三种意见。第一种以诺贝尔奖得主保罗·克鲁格曼为代表，他认为国际国内碳定价不一致将造成商品价格落差，从而激励消费者购买国外碳内涵更多的同类产品，使全球减排出现"泄漏"，同时碳关税本质上是对消费者征税，只是出于行政便宜性原因才对生产者征收，因此 WTO 应将碳关税看成与价值增加有关的边境调节税。第二种以世界银行为代表，其《国际贸易和气候变化》报告明确指出，世界贸易组织明确规定的边界调节都是具体产品，而低碳属于生产方法，所以碳关税具有潜

① Gibbs, Murray, Energy Services, Energy Policies and the Doha Agenda, in United Nations Conference on Trade and Development, Energy and Environmental Services: Negotiating Objectives and Development Priorities, UN Conference on Trade and Employment, UNCTAD/DITC/TNCD/2003/3: 3.

② Robert N. Stavins, Addressing Climate Change with a Comprehensive US Cap-and-Trade System, *Oxford Review of Economic Policy*, 2008, Vol.24.

在违反世界贸易组织原则的可能性,但该报告并没有明确指出碳关税是否违反贸易协定。报告还指出,虽然碳税、碳定价会使水泥等一些重化工业贸易量有所下降,但并没有削弱经济合作发展组织国家竞争力;[①]张中祥等学者认为美国气候法案中的碳关税在法理上与世界贸易组织原则也不契合[②]。第三种以萨莉·詹姆斯等学者为代表,从行政角度和有效性方面对碳关税提出质疑,认为商品定价确实应该反映包括社会成本在内的所有成本,然而在气候议题上这个社会成本却是全球性的,是否应该由主权国家征收值得商榷;从执行角度看,碳关税税率多少、国内外碳内涵差距如何测度都需要大量细致的工作,而这些工作稍有不慎就会使碳关税沦为严重侵蚀国际贸易规则的保护主义工具。据萨莉·詹姆斯的计算,发达国家消耗的来自发展中国家的碳密集型产品只占全部碳密集型产品的百分之十几,也就是说每减排20%最多导致2%的碳泄漏,如果碳关税针对的是未强制减排的发展中国家,那么环境效果是极其有限的。[③]克里斯托弗·韦伯甚至指出,即使碳关税拥有法理的正确性,贸易内涵碳只占全部排放的很小一部分,因此以征收碳关税来维持竞争力的效果将大打折扣,甚至会严重破坏全球应对气候变化的氛围。[④]碳关税真正的恶劣面并不在于以贸易工具追求环境目标,而在于多米诺的扩散效应,一旦某国的某一产品成功征收温室气体关税,那么有理由相信在短暂利益驱动下其他领域、其他国家也就会采取类似行动,届时自由贸易规范可能最终被环境所颠覆。相信随着时间推移,未来以碳定价和碳关税为核心的气候政策对贸易影

---

① World Bank, International Trade and Climate Change: Economic, Legal, and Institutional Perspective, http://www.mse.ac.in/Trade/World%20Bank%20(2007).pdf.

② Zhang Zhong xiang, Multilateral Trade Measures in a Post-2012 Climate Change Regime? What Can be Taken from the Montreal Protocol and the WTO? , *Energy Policy*, Dec 2009.

③ [美]萨莉·詹姆斯:《贸易的恶劣气候——气候变化动议如何危及全球贸易》,彼得森国际经济研究所。

④ Christopher L. Weber, Climate Change Policy and International Trade: Policy Considerations in the US, *Energy Policy*, Feb 2009.

响的讨论将越来越激烈。

碳关税通过主权国家采取单边行动实施,而实施的成功条件在于出口国对自身贸易市场的依赖,也就是说自身市场对不参与减排的国家贸易出口来说足够重要。足够重要的市场决定了主权国家并不一定限于关税这一高度敏感的政策工具,通过市场企业自治同样可以达到预期的目标,这就是类似于环境信息披露的碳足迹和碳标识。碳足迹(carbon footprint)是用来测量企业、家庭和个人一段时间能源消耗而产生的二氧化碳排放指标,而碳标识则主要用来披露产品生产和消费过程中的温室气体排放量,它们一旦为市场行业引入,随着社会大众监督的强化和消费者的“货币选择”约束趋向刚性,必然对企业本身产生影响。如果再上升到法律层面,所有进入本国市场的产品都拥有碳标识或者本国企业必须提供外国中间产品碳信息,那么碳披露就产生了一种境外贸易效应,那些未强制减排的国家企业就可能不得不在失去市场和主动降低排放之间作出选择。碳标签、碳标识的出台,说明发达国家减排政策越来越趋向综合,政策工具创新越来越具有联动作用。2007 年美国《国家温室气体登记法案》《温室气体责任法案》[①]明确要求各经济部门报告温室气体排放情况。2009 年美国环保局提议,建立一个包括二氧化碳和其他温室气体排放情况的全国系统,适用范围包括化石燃料和工业化学品的供应商、汽车和发动机制造商,以及排放量等于或大于 25000 吨的大型温室气体直接排放者;而欧盟以乐购为代表的零售商已开始对其经营的主要商品进行标识。虽然碳标签设计和执行就像碳关税一样面临一系列复杂的技术挑战,比如使用富裕国家产品的碳信息计量低收入国家同类产品的碳信息是否合适,如何确定生产过程中的碳排放和产品本身的生产边界等等,但碳信息披露和碳标识说明气候变化已深入每个人的生活。尽管到目前为止它们只在部分国家得到实施而且以

① 边永民:《贸易制度在减排温室气体制度安排中的作用》,《南京大学学报(哲学·人文科学·社会科学版)》,2009 年第 1 期。

自愿为主，时间也比较短，对贸易影响还极其有限，但是气候恶化、气候意识却越来越深入人心，碳足迹披露和碳标识今后将越来越可能成为主要的贸易门槛。

三、气候变化将怎样影响到贸易

气候治理的实质是外部性内部化，着重纠正市场失灵，而贸易的实质是通过自由化来促进资源优化配置，纠正政府失灵从而彰显两者的区别，两者关系可以协同也可以融合，但也很可能是一方的改善以另一方的恶化为代价。比如两者都认识到环境和经济高度相连，一方的治理发展不可能以脱离另一方为代价，两者都认识到自身有效性水平很大程度取决于规避搭便车和严格“遵约”，[①]把贸易和气候变化有机结合起来成为国际气候和贸易的关键。早在 2001 年第一轮多哈回合谈判时，一些国家便提出“坚持和保护开放的非歧视的多边贸易体系和对环境和可持续发展保护应相互支持”，应消除环境友好产品和服务的贸易壁垒。《京都议定书》生效之后，一些专家进一步指出，贸易应成为低碳产品和低碳技术扩散的重要渠道。就低碳产品来说，比如，肯尼亚玫瑰空运到欧洲要比荷兰自身生产玫瑰环保，[②]因此应采取强有力的措施推动发展中国家农产品贸易，即使增加运输碳排放也能有效减少全球总排放，当然在其他一些产品上可能存在相反的情况；就低碳技术而言，IPCC 评估报告指出，应对气候变化关键在于以经济合理性方式普及低碳技术，然而发展中国家与发达国家之间的巨大技术落差说明技术贸易存在相当大的空间，但出于国家核心竞争力，目前技术转让机制普遍面临动力不足的局面。邹骥等对贸易在技术转让中的作用进行了评估，认为贸易虽是有效促进低碳技术的重要手段，但并没有缩短发达国家和发展中国家的技术差距，通过传统国际贸易投资机制实现的技术开

---

① Steve Charnovitz ,Trade and Climate: Potential Conflicts and Synergies, in Joseph E. Aldy, John Ashton, *Beyond Kyoto Advancing the International Effort Against Climate Change*, Pew Center On Climage Change.

② WTO-UNEP: *Trade and Climate Change*, Switzerland, 2009, p.Ⅷ.

发、转让和扩散，不足以迎接气候变化挑战。[1]显然如何将清洁技术贸易容纳进世界贸易组织的贸易规范将成为全球贸易领域的重要议题。

贸易和气候变化的协同和融合还突出表现在一种特殊商品——碳交易的创造上。碳交易作为减少温室气体减排成本而特意创设的灵活机制的产物，本身就连接着能源和气候，连接着可再生能源的各个环节，渐渐成为未来国际贸易的主导。根据世界银行计算，2012 年全球碳交易资金将超过 1500 亿美元，超过石油成为世界最大宗商品。由于结算货币、储备货币通常和国际大宗商品的计价交易分不开，可以预计，未来取得碳交易的货币可能在未来国际货币体系中占据主导地位。[2]碳交易或者碳贸易既是应对气候变化的重要政策工具又和贸易规则紧密相关，这就提出一个疑问，碳交易是否应由世界贸易组织的原则规制？沃克斯曼指出，碳交易实质上是权利的约束而非具体的产品或者服务，就像许可证、专利、货币一样并不在世界贸易组织的专家的审议范围。[3]尽管如此，碳交易确实对具体产品和服务产生影响，比如对有着总量排放交易体系国家的产品在面对来自无减排要求的国家产品竞争时是否会违反国民待遇原则使自身处于不利境地呢？这实质上就是在问碳交易配额全球分配的不平衡会不会引发贸易竞争力的差距。这个问题需要人类集体智慧解决，就当前而言，贸易自由化和应对气候变化之间确实还不存在一劳永逸的解决办法。查诺维茨等人经研究后认为协同可以从以下六个方面着手；①与国际标准组织和世界贸易组织等机构合作构建统一的碳标准；②探讨国际统一的能源税的可能；③通过多哈回合谈判有效推进开放的能源环境产品服务市场；④扩大补贴法，消除对气候环

---

① 邹骥、许光清：《环境友善技术开放与转让机制及相应机制》，王伟光、郑国光主编：《应对气候变化报告：通向哥本哈根》，社会科学文献出版社，2009 年，第 130 页。

② 管清友：《碳交易计价结算货币：理论、现实和选择》，《当代亚太》，2009 年第 10 期。

③ Werksman, Jacob, Greenhouse-Gas Emissions Trading and the WTO, in W. Bradnee Chambers ed., *The Kyoto Protocol and the International Trade and Investment Regime*, United Nations University Press, 2001, p.153.

境有害的补贴；⑤与世界贸易组织合作，积极维护生态标签，而这一做法的前提是碳标准的完善；⑥气候谈判过程中促进世界贸易组织的参与和协调，提高气候和贸易机制的相互支持和完善。

综上所述，在无政府体系下任何一个国家如果因为应对气候变化而削弱了自身竞争力，都会采取有效行动以避免这种劣势，无论这种行动是以碳的边境调节税还是其他面目出现。虽然到目前为止与气候有关的贸易冲突还没有真正出现，但只要世界贸易组织对于这方面的规定还没有明确细化，这种冲突迟早会激化。实际上欧盟和美国、中国围绕航空碳排放就是否强制实行碳税的议题已进行了顽强博弈。虽然贸易在促进低碳产品、低碳技术扩散方面并无良好效果，虽然这种协同效果的基础还很不扎实，很多技术性、法律性问题仍然不明确，但也从一个侧面说明气候变化和贸易之间并非完全不能协同。哥本哈根谈判并未达成任何实质性协议，在气候和贸易关系处理方面更是停滞不前，这充分说明现有的世界贸易组织已不能解决该问题，而国际气候框架也不足以应付目前复杂的气候利益互动，这也充分印证了郜若素提出的“气候变化是人类有史以来最为艰难的公共政策难题，比有史以来在人类政治领域里的任何其他极其重要的问题更为棘手”①的判断。虽然温室气体排放在物理属性上并非是生产过程的一部分，在经济属性上也并非是生产成本的一部分，因此低碳技术应用引致的排放减少并不能直接在市场经济系统中有所体现，市场本身也不能创造低碳技术需要，但随着全球应对气候变化的不断深入，包括碳交易在内的温室气体减排框架的逐步确立完善，产品内涵碳的排放量将逐渐成为国际贸易中的重要筹码。由于内涵碳产品生产直接决定于低碳技术，随着低碳技术的勃兴，以低碳为重点的比较优势将逐步替代传统的资本环境，因此传统国际贸易理论将改写，全球化也将出现新的碳经济版本。

---

① 郜若素(Ross Garnaut)：《2008 年大崩溃之后关于气候变化缓解的国际协议》，在美国彼得森国际经济研究所发表的第七次怀特曼年度演讲。

第四节　碳预算:低碳发展的抓手

低碳发展不仅有技术方面的内容,还包括制度创新和价值规范。我国在进行空间、交通、建筑设计时必须注重与文化观念、思想意识的耦合和公民参与,否则单纯的政府驱动尤其是单纯的中央政府政绩考核驱动只能事倍功半。这一方面,意味着自上而下的行动需要自下而上行动的配合;另一方面,自下而上的单个的分散行动虽然值得提倡、鼓励,但如果没有整体性的把握,其效果也有限,这个整体性把握就是碳预算。

一、"碳预算"的定义

"碳预算"作为概念,首先由英国提出。2008 年,英国正式制定了《气候变化法案》开始以法律应对气候变化,2009 年 3 月,经王室正式批准。因此,英国成为世界上第一个为减少温室气体排放而建立起法律约束性的国家。在《气候变化法案》中最核心的就是碳预算方案。碳预算的第一阶段将建立三个具有法律约束力的执行周期,每个执行周期为五年,分别是 2008—2012 年、2013—2017 年、2018—2022 年,其中 2018—2022 年年排放量至少要比 1990 年减少 34%;如果全球能及时达成全球气候变化协议,那么碳预算将会增加。

碳预算借用财政科学中的预算概念,表示在给定的时间内允许排放到大气中的碳的数目。碳预算并不是现在才出现的概念,联合国开发计划署《2007/2008 人类发展报告》明确指出,碳预算开启于《京都议定书》的策划者们。从范围上看,碳预算可以分为全球预算和国家预算,国际社会普遍认为全球升温 2℃是人类能够承受气候变化的最高极限,从而基本确定了人类能够排放的最高上限,这是全球碳预算;而国际社会减少碳排放主要通过建立国际框架的国家履约来实现,而国家履约过程一般又会设定预期年份和预期目标,如 2020 年在 1990 年的基础上减排 20%,2050 年在 1990 年的基础上减排 60%等,这是国家碳预算。然而国家碳预算的设定并不代表在实现预算目标的过程中就能实现预期排放限额,一个时间点减排目标的达成很可能在达成过程中出现超出自己预期的后果。

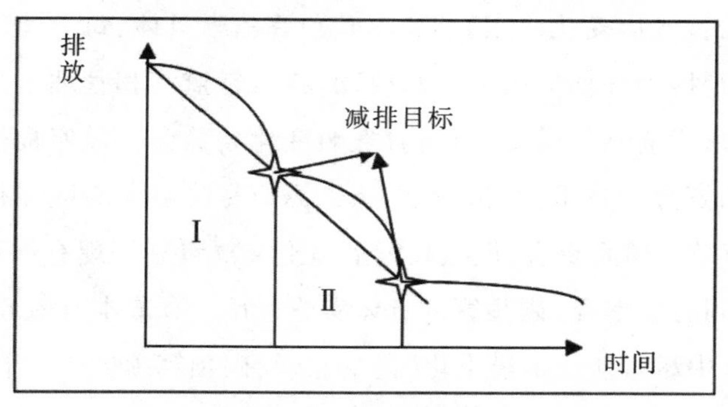

图 5-3 碳预算示意图

图 5-3 中的"Ⅰ"+"Ⅱ"代表着国家碳预算,向下倾斜的直线代表着实现国家碳预算履约轨迹。然而减排一般不会直线下降,往往是在某一时间点达成碳排放目标后有微小反弹,因此现实的排放限额只能是曲线下方的面积,所以碳减排如果以具体时间点为目标来设定,并不能反映事物的全貌,再加上碳在大气中具有累积效应,因此能够表示承载力的碳预算优势明显。碳预算不仅要完成具体年份的减排目标,如 2020 年在 1990 年的基础上减排20%,还关注在实现这个目标背后所具备的潜在含义,如以国内生产总值计算的碳强度的逐年下降,温室气体排放总量或快或慢地持续减少,碳预算还要求其目标一旦设定,减排的整个过程将持续受到关注,无论采取什么措施,碳排放量都必须控制在预算范围内。"碳预算"概念本身也说明,人类社会第一次把碳排放和国民经济运营联系起来,使碳减排工作渗透到经济活动的每一个方面,并要求每一项重大决策都必须考虑碳的排放和吸收。

二、"碳预算"的原则和执行过程

既然碳预算关注的是碳减排的整个过程,也试图比现有的减排体系有更好的结果控制,那么碳预算就必然需要比现有减排体系拥有更为充足的政治意愿、更为完善的设置原则和更为坚定的执行机构。《气候变化法案》明确指出,为确保碳预算长期正常运转,政府首脑应对碳预算负有直接的政治责任,也就是说如果执行周期碳排放超过了预算,那么政府首脑将承担法律责任;《气候变化法案》还要求碳预算清晰具体,每个执行周期详细而确定,不得因为任何原因而擅自改动;在日常监测和管理上,《气候变化法案》还要求设立独立的专门机构(气候变化委员会),政府提供使该机构正常运转的资金和技术;在执行上,碳预算应尽量避免与欧盟排放权交易体系等现有减排体系重合,但在政策措施上又尽量利用现有体系和政策过程,争取做到有效整合。碳预算的具体实施遵循预算成本有效原则,即在诸多政策组合中尽量使成本最小化。总的来说,碳预算须经历以下七个步骤:①评估和计算确立总预算。②分解总预算至部门预算。③为预算实施确定责任主体。④对碳预算实施过程进行监测和评估。⑤超预算惩罚机制。⑥预算系统的灵活性,包括"借"未来预算的制度安排。⑦排放权交易在总预算中的作用。在这七项程序中,确立碳预算规模和拆解方法最关键。碳预算规模太大则不可能实现应对气候变化的目的,规模太小又可能因成本巨大而难以实施,因此对碳预算规模评估就显得尤为重要。评估不仅包括全国温室气体减排的经济技术潜力,还包括碳预算应该涵盖的范围。比如,碳预算是对整个国家还是对某些重点行业设置预算;预算能否对6种温室气体都作出要求,以及目前尚无管制的航空和航运排放量能否包括进来;如果国内减排的经济代价过大,那么预算能否通过购买碳信用来实现等等。

碳预算有六种拆解方法,这六种拆解方法大致归纳为两种路径:一是自上而下通过立法者进行责任和义务的分配,二是自下而上把预算转换成排放额从而实现不同层次的交易。在确立碳预算规模和拆解过程中必然涉及诸多部门的利益,如政府部门、执行减排的企业以及公众等。

虽然碳预算在制度和具体操作上具有优势,但也遭到不少反对。英国公众认为任何绝对限制都会妨碍自由,对温室气体设置绝对减排目标显然是自由的部分丧失。如果说观念上对自由的热爱使英国公众有所迟疑的话,那么碳预算对英国经济和就业成本的限制则使英国公众对其合法性提出质疑。他们认为碳预算只在英国实施会导致英国经济竞争力下降、贸易机会外流、产业和就业机会转移，因此在制定第一阶段的三个具体执行周期时应考虑到全球、欧盟的实际情况以及实施技术的可行性这三个方面。英国政府认为，碳预算要在欧盟甚至国际范围内推行需要满足以下四个条件：①碳预算在英国成功推行，垂范国际社会。②碳预算在英国成功经验为欧盟其他国家仿效。③碳预算的经济成本在该国或地区可以承担的范围内，同时该国和地区拥有实施碳预算所必需的技术。④碳预算实施过程得到企业、居民和其他行为主体等利益相关者的主动配合。碳预算一旦扩展到国际范围，那么对于碳预算来说，所面临的就远不仅仅是挑战，在气候变化和低碳经济背景下更可能是机遇。目前，碳预算并不是基于国际框架和国际协议的要求，而只是英国自身的行动，因此英国政府能否长期执行稳定的政策，而英国的稳定预期又能否为长期性碳减排技术塑造更好的投资环境从而使英国低碳经济、新能源产业处于优势地位，进而为英国经济长远振兴打下坚实基础，这些问题还值得人们进一步思索。

三、碳预算可作为推进低碳发展的抓手

英国政府设定碳预算，其设置过程、执行机制是否对中国城市切实可行呢？从全国层面来说，中国城市的发展阶段和资源禀赋决定了在相当长的时间内碳排放还会持续大量增长，因此实行绝对数值的碳预算是不现实的，但不通过碳预算机制对增长幅度进行管理和控制也是不对的。我们应从英国的做法中汲取以下经验。

第一，必须有目标管理。为降低温室气体无限制排放，可以制定一些指标体系，比如在基准年设定碳排放基础增长多少、碳排放强度降低多少、碳生产率提高多少等。实际上，我国政府已经明确提出单位国内生产总值二氧化碳排放降低 17%的要求，上海、北京、广州等主要城市都面临严格的降低二氧化碳排放的目标。虽然这些指标并不代表减缓战略，但确实能较好地管理和控制温室气体排放的速度和节奏。

第二，应对气候变化必须从制度上确保政治意愿的充足，不能因为经济一时的困难而暂缓气候政策的实施。气候变化和环境污染同根同源,尽管中央政府为应对气候变化、促进可持续发展已有大量资金技术投入,也发布了国家方案,但在地区层次却始终存在动力不足的问题,因此从中央—地方关系角度对地区予以足够激励甚为重要。如果对城市提出碳预算要求再辅之以政绩考核机制,那么在城市层面推行低碳发展的动力将大大加强。

第三,城市应对气候变化需要各种各样的政策工具,目前中央给各省下达的节能减排指令属于命令性控制,从成本收益来说未尽合理,可以参考碳预算的整合效应,在执行现有政策时引入环境税、碳税、总量—排放权交易体系等新的政策工具,也可以参考碳预算的分解效应,对建筑、石化等重点行业和交通等重点部门提出具体要求。

第四,充分利用法律工具应对气候变化。目前看来制定一部完备的气候变化法案对明确不同经济主体责任,统一利益攸关方行动大有裨益。目前全国人大常委会正在审议气候变化决议草案是一个好的开端。

第五,要在公众中间加大风险预防的政治文化建设。实践证明应对气候变化成本收益分析是必要的,但只应该是程序性价值,公众要树立低碳意识就必须向公众传播即使气候变化并未造成损害,应对行动也应该积极推进、提前预防的观念。

第六,权衡利弊,确保公平。任何公共政策的实施都有意想不到的后果,气候政策也不例外,政府出台时必须对之进行综合分析,以不降低贫困阶层的福利为前提,对可能的财富分配效应早作准备。

第七,因地制宜地推行低碳经济。我国基本国情是地区差异很大,一些城市的碳排放已经相当于美国等发达国家城市的碳排放水平,而一些地区则大大高于全球平均水平,由此碳预算本身的固定性和限制性以及相关的制度安排不可能在国家层次上同时推行,城市尤其特大城市可在碳预算基础上因地制宜地推行低碳经济,从而争取对经济主体有更好的政策引导作用。

第五节　中国如何应对气候变化和低碳发展

一、中国参与气候谈判的路径

围绕碳关税、"共同但有区别的责任"等规范博弈，利益诉求和外交底线日益明朗，谈判碎片化趋势和集体行动逻辑难题日益突出，发展中国家尤其是新兴大国承担的强制性减排的道德压力越来越沉重。伴随经济崛起和国际地位变更，中国遭受到来自各方越来越大的舆论压力。虽然我国已宣布 2020 年单位国内生产总值碳排放在 2005 年的基础上减少 40%~45%的行动目标，但仍不能让发达国家信服。对外化解气候外交压力、对内实现低碳发展，迫切需要一条清晰的参与"后京都"国际气候制度建设的路径选择。

(一)国际气候制度的目标、公平和效率均存在严重不足

限制温室气体排放属于典型的经济外部性问题，虽然其治理已具备技术、经济、政治、国际合作四大可行性，但世界各国基于自身不同的政治经济国情，仍需在经济增长、社会发展与环境保护三者之间作出平衡，集体行动逻辑困境由此凸显。破解集体行动逻辑困境的关键在于是否能够找到各方都能接受的"共容利益"和交汇点，而实现共容利益和利益交汇制度化的最佳途径便是制定国际制度。根据国际制度理论，国际制度当且仅当在使人们有动力去做本来不愿做的事情时才体现出价值。这样的国际制度一般拥有三项关键条件：制度建立欲达到的目标、制度赖以建立的伦理规范和为目标而设置的政策工具。这三项条件应用到温室气体减排，便是环境目标、政治公平和减缓效率。在现有的国际气候制度中，环境有效性目标，即与工业化前相比把升温阈值明确规定控制在 2℃(450PPM) 以内，政治公平，为"共同但有区别的责任"而减缓效率，主要涉及 CCS(碳捕获与埋存技术)和太阳能等低碳技术的研发，排放权交易(ET)、清洁发展机制(CDM)和联合履约(JI)三种灵活的政策工具的设计等。以《京都议定书》为核心的国际气候制度已实现了制度构建的目的：有效推动世界各国的减排，从而证

明了自身的合法性。

然而现实却与理论预期相反。哥本哈根谈判以来的坎昆、德班和多哈谈判一波三折,这说明环境目标、政治公平原则和减缓效率工具并没有自动成为"后京都"制度构建的基础,原有的诸多共识反而在政治谈判和新阶段减排任务的分解过程中趋于瓦解,分歧日益增多。最集中的表现是:

第一,2℃(450PPM)的治理目标是否恰当,尚存在激烈争论。小岛国联盟认为2℃目标不足以避免它们的灾难,必须把350PPM作为温室气体浓度的上限;而一些科学家却质疑450PPM浓度目标是否必然导致升温阈值控制在2℃以内。

第二,从公平角度看,"共同但有区别的责任"原则能否成为气候国际合作得以维系并取得进展的基础,还不确定。发达国家认为,如果发展中国家不承担减排义务,那么它们的任何努力都无助于问题的解决;以小岛国联盟和最贫穷国家为代表的一些发展中国家认为,中国等新兴大国如果不受到强制性约束,它们将会面临灭顶之灾。这样,最发达国家和最不发达国家的立场趋近。

第三,在发达国家制度设计过程中能否创造出具有自我增强能力的减排机制和政策工具,降低减排成本的同时尽快实现经济增长与碳排放脱钩,也存在很大的不确定性。虽然《京都议定书》特意设置了三种灵活机制并创造碳市场,一些高效减排企业也出现了盈利空间和持续减排动力,然而由于技术商业化应用等多方面原因,这种盈利机会和动力还只局限于某些地区和行业,宏观经济合理性并未实现。根据一些发达国家的数据,减排还可能导致失业率上升,这样减排意愿必然大幅度下降。以上充分说明,无论是在实现环境目标治理、政治公平方面还是在提高减排效率方面,现有的国际气候制度都存在严重缺陷。

(二)制度构建:有效性和合法性

气候治理的本质是通过适当的制度、渠道和工具实现对气候变化全球效应的集体控制,其内在使命则是通过对不同国家、群体的责任义务分配实现总体减排目标,其中政策工具的使用决定着结果的好坏。

对减排结果的强调和对不同国家义务分配过程的说明,说明国际气候制度的构建存在两种路径:第一种是以减缓目标为导向,不管经济上付出多大代价、政治上如何安排,全球都必须将温室气体浓度控制在合理预期内;第二种是注重过程中的公平,全球总预算向国家目标分解须符合相应的伦理规范,能够得到国际社会绝大多数国家的认同和接受。第一种路径通常被视为有效性路径,第二种路径通常被视为合法性路径,两种不同路径的构建对全球控制排放这一最终目标影响甚大。在政治科学原理中,合法性即为人们对政治体系的认同和接受,影响最大的因素便是价值规范;而有效性,即为该政治体系的治理绩效。一般说来,合法性是有效性的前提,而有效性是确保合法性的根本手段。因此,无论是有效性路径还是合法性路径,都不能独自存在,有效性构建必须保证合法性的逐渐累积,而合法性供应(比如市场经济、社会民主和制度转型)也必须保证其实施的有效性,否则,任何没有兼顾这两方面的制度改革和构建都会因招致不可调和的矛盾而失败。

虽然国际制度和国内政治存在本质区别,但国际制度中确实存在合法性和有效性两个维度。国际制度的合法性指不同国家对该制度的接受程度,在全球化和开放社会条件下,其影响因素主要包括制度本身的价值规范和制度参与者对该规范的认同和接受。而国际制度的有效性,指国际制度能在多大程度上激励行为主体按照制度要求投入必要的物质和精力资源。合法性主要与价值规范、权利义务分配密切相关,具体到气候议题上,就集中在减排责任分担的公平性和发展权等方面。"京都机制"一开始就确立了缔约方大会的谈判形式,所有国家或独自或以集团的形式参与气候谈判,因此不存在参与形式上的合法性问题,这样合法性便集中到"共同但有区别的责任"这一规范上来。然而哥本哈根谈判结果说明,"共同但有区别的责任"这一规范似乎并没有得到欧美等发达国家的认同,具体表现在以下两个方面。

第一,在舆论和实践上,欧美等发达国家并没有放弃对发展中国家尤其是新兴大国强制性减排的要求,它们始终认为如果中国等主要发展中大国不减排,那么发达国家的减排努力就会造成产业竞争力的削弱和减排“泄漏”。

第二,在理论上,发达国家学者接连抛出了基于不同规范的谈判方案,如紧缩—趋同方案、巴西方案、温室气体排放权方案、圣保罗方案等几十个方案,[①]这些方案或以气候减排结果来衡量,或以国家排放总量为基础,或以碳生产率和减排边际成本作为标准,最终目标都只有一个,即让发展中国家尤其是发展中大国承担更多的减排义务。

以《京都议定书》为核心的国际气候制度不仅在合法性上遭受挑战,其有效性也面临考验,尽管世界主要国家都已采取若干实际措施,但效果并没有达到预期。根据一家碳行动监测组织的数据,从2000年到现在,中国的碳排放已从25.2亿吨上升到62.4亿吨,美国从54亿吨上升到56.4亿吨,德国从8.06亿吨上升到8.58亿吨,日本也从7亿吨上升到8.28亿吨,同时澳大利亚、加拿大等主要发达国家的碳排放也在大幅度上升。[②]可以预见,在2008—2012年的第一承诺期,无论发达国家还是发展中国家都不太可能如期实现《京都议定书》的规定目标。

国际气候制度的合法性从根本上联系着“共同但有区别的责任”这一规范,《京都议定书》附件I和非附件I对碳排放进行了国家的划分,使得发达国家完成减排指标、发展中大国限制排放增长成为核心。其有效性着眼于减排,而减排除了与政策措施有关之外,还与技术、生活方式紧密相关。对发展中国家来说,最重要的便是应避免固定投资和发展路径的锁定效应,而要做到这一点,只有实现低碳技术的广泛应用。但是发达国家并没有

① Onno Kuik, Jeroen Aerts et al., Post-2012 Climate Policy Dilemmas: A Review of Proposals, *Climate Policy*, 2009, Vol.8, Iss.3.

② Carbon Monitoring for Action, http://carma.org/dig/show/world+country#top.

实现低碳发展模式的经济合理性,也没有向发展中国家展示低碳模式转型所必需的政策和策略。国际气候制度虽特意设置旨在促进资金技术转移的清洁发展机制(CDM)和全球环境基金(GEF),但基于现存知识产权体制和国家核心竞争力的考量,却阻碍了相关资金技术从发达国家向发展中国家的流动。国际气候制度的合法性和有效性的双重不足自然提出了改革的要求。而改革需要路径,是以合法性为导向还是以有效性为导向?

这两种路径都不可能独自存在。以合法性为导向的路径,为颠覆"共同但有区别的责任"规范,就需证明替代方案在有效性上比现有方案要好,且该种方案对发展中国家构成的责任义务不会比现有的更大;以有效性为导向的路径,则需要不断累积国际气候制度本身的合法性,发展中国家则需要根据自己的排放总量随时修正减排路线图,以争取实现历史累积排放—自身能力—减排总量的动态统一。于是,以维护和反对《京都议定书》为基本标志,国际气候治理本质上形成两条路径:一种是在有效性中累积合法性,即在追求国际气候制度目标的前提下,尽可能使国际社会中的绝大多数认可权利义务的分配,这种路径一般不颠覆制度规范,不"另起炉灶",而是在现有制度架构下通过政策工具满足各方期望;另一种是在合法性中累积有效性,即把规范放在第一位,如果规范或者现有的权利义务分配没有得到主要国家的认同,那么则应对权利义务分配进行改革,然后促使各国按照改革后的权利义务减排,最终实现制度目标。以上两种路径的区别见图(5-4)。

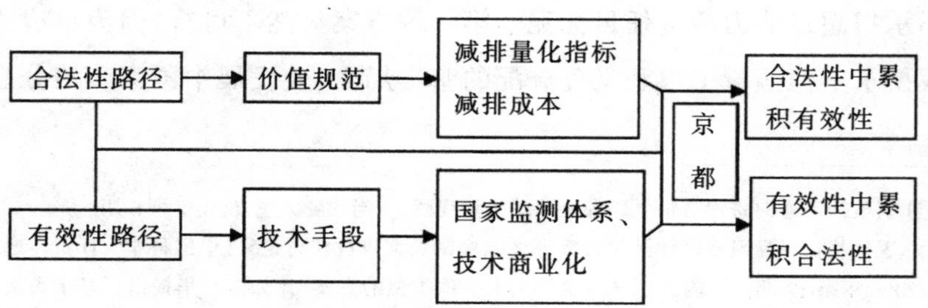

图 5-4　中国参与国际气候制度的路径选择

(三)中国参与国际气候制度的路径选择

既然维护和反对《京都议定书》已成为区分两种路径的基本标志,在哥本哈根谈判背景下,中国作为发展中国家和最大碳排放国,面临采取何种路径的重大选择。国内有学者指出,由于中国人均国内生产总值已有相对较高水平,按照人文发展指数和污染者付费原则,中国政府应"尽快承诺中国的减排义务,公布中国减排路线图,促成全球减排协议的达成,成为全球气候治理领导者之一"①。与这种观点相反,国内也有学者指出,目前国际社会主要方案有悖于国际关系中的公平原则,按照发达国家主导的IPCC(联合国政府间气候变化专门委员会)减排路径设计,占全球人口15%的发达国家仍能占用40%以上的排放空间,而占全球人口85%的发展中国家只能占用50%多的排放空间,这完全不公平,因此不能作为今后国际气候变化谈判的参考。②比较国内这两种有代表性的观点,可以发现它们都否定了IPCC方案,但两者有着明显区别。前者对中国自身提出了强制性减排要求,从根本上颠覆了《京都议定书》,总体遵循了一种以合法性为导向的路径;后者并没有否定"共同但有区别的责任"的正确性,但主张以人均累积排放作为减排义务的基础,其指向的核心仍然是发达国家和发展中国家不同的减排责任和碳排放权,这也仍然属于以合法性为导向的路径。

以合法性为导向的最大特点是颠覆原有的制度框架和规范共识,"另起炉灶"。这两种方案本身是否具有可行性呢?或者说,否定目前的谈判架构和制度框架,对中国来说,能否达到既有效降低全球总排放,同时又使自身不承担超过能力的责任目标呢?第一种方案显然不可行,因为单边式的自我要求不但颠覆了权利义务分配的基本局面,使发展中国家政治分裂在

① 胡鞍钢:《通向哥本哈根之路的全球减排路线图》,《当代亚太》,2008年第6期。

② 丁仲礼:《国际温室气体减排方案评估及中国长期排放权讨论》,《中国科学(D辑:地球科学)》,2009年第12期。国内其他学者也提出了一些类似的方案,比如潘家华提出了基于人文发展的碳预算,国务院发展研究中心提出了温室气体排放国家账户,樊纲等提出了人均消费历史累积排放。这些方案都有一个共同点,即发达国家都必须承担比IPCC方案更大的减排义务。

所难免,而且违反不应恶化最不利者的伦理公平的原则,根本失去了获得旨在提高减缓能力的资金技术援助的道义基础和制度保障,从长远看对气候减缓相当不利。[①]第二种方案否定气候谈判的已有共识,要求发达国家承担更多的义务,这种要求具备道德上的正当性,然而在政治上却并不具备现实可操作性,尤其在强调全球减排结果、世界各国对气候博弈的利益认知越来越清晰的情况下,否定目前IPCC的主导局面,采纳人均历史累积排放方案,实质上也就否定了目前已经取得的共识。而如果没有最起码的政治共识,那么面向未来的"后京都制度"构建成功的可能性便会大大降低。无论是对自身提出过高要求,还是对别人提出更高要求,都不能在目前国际框架下得到最大限度的认同,取得充分的合法性,成为国际气候制度构建基础。由此可见,中间道路是最佳选择,那么什么又是中间道路呢?这便是"京都机制"延续的"巴厘岛路线图"确认的道路。"京都机制"不仅规定了基本规范,而且对发达国家和发展中国家的权利义务作出了详细安排,并设置了灵活措施,在这种制度框架下,发达国家仍可以确保体面生活所需要的相当份额的碳预算,发展中国家基于自身经济政治发展需求则无须承担强制性责任,这为双方提供了能够融合的交集。既然坚持"共同但有区别的责任"成为"后京都制度"构建的最佳选择,问题的核心便不是合法性的变革而是有效性累积;问题便也转变为发展中国家不承担强制性减排而发达国家在强制性减排极其有限的情况下,如何实现既定的制度目标。唯一的途径,便是创造发展中国家主动减排而发达国家能够实现减排的激励机制。这种激励机制成功的关键,在于发展中国家的能力建设。能力建设的核心是资金技术,由此,发达国家对发展中国家资金技术的援助力度成为制度架构的关键。

其实对发展中国家而言,减排效果并不决定于低碳技术的创新力度,而决定于低碳技术的应用。然而目前的知识产权体制使得发展中国家的应

---

① [瑞士]克里斯托弗·司徒博、牟春:《为何故,为了谁,我们去看护》,《复旦学报(社会科学版)》,2009年第1期。

用成本无限提高,低碳技术商业扩散作用也有限。因此,如何构建更为有效的技术扩散机制就成为国际气候制度不可分割的组成部分。除了技术,最重要的便是资金。对受气候脆弱性影响最大的极端贫穷国来说,在某种程度上资金就是生命线。然而目前,气候制度下的资金供给严重不足,仅仅依靠CDM或者其他形式的政府开发援助显然不能满足需要。这种情况下,建立某种形式的气候基金、实现市场和政府资金供给的多样化(比如建立基于行业的CDM),应成为国际气候制度构建理所当然的一部分。对有效性影响很大的还有透明度,即国家行动的可测量、可报告和可核实(MRV)。诸多理论和实践都证明,透明不仅能够公开具体行动和减排份额,还能成为各国的具体减排动力,理应成为国际气候制度的组成部分。这里需要指出的是,可测量、可报告和可核实的不仅包括世界各国的实际减排量,还包括发达国家向发展中国家的资金技术转移和它们的具体使用。如果这些有效性得到了保证,其合法性必然也就得到了累积。因此,未来相当一段时间内,中国的气候谈判除了坚持要求发达国家承担IPCC方案减排义务外,资金技术转让应成为谈判的重中之重。

以合法性为导向的路径直接关系到世界各国的权利义务,这些权利义务必须满足世界上绝大多数国家的愿望和自然正义观念。“共同但有区别的责任”反映了这种诉求,在利益驱动之下发达国家的种种言行说明它们并没有完全接受这一原则。因此,遵从国际社会发达国家和发展中国家的区分,推动发达国家承担IPCC列出的2020年在1990年基础上无条件减排40%的义务,而发展中国家根据自己的能力采取行动,是最佳选择。一旦发达国家和发展中国家的权利义务分配基本确定,如何确保制度的有效性就成为核心问题。而有效性主要和资金、技术、透明度有关,这方面的制度构建应尽早提上议事日程。需要指出的是,资金、技术虽是有效性的基础,但也与合法性直接相关。正是发达国家累积的排放和对发展中国家造成的生态危害,让发达国家必须履行道德义务,向发展中国家进行资金技术转让。因此,在构建各种气候减排政策工具的同时必须累积合法性。这种合法性除了发达国家减排外,发展中国家也应该根据自己的国情,力所能及地自主减排。在有效性中累积合法性,中国不应置身事外,而应尽快根据气候治理绩效,通过内外链接的行动转化为国际社会对中国义务承担的认同,从而在有效推进“后京都”国际气候制度建设的同时,实实在在维护自己的利益和形象。

中国应对气候变化进行自主减排,应采取哪些具体行动呢?或者说围绕温室气体排放中国究竟有哪些制度方面的创新和突破呢?笔者以为,推进制度创新和突破最重要的是法律体系建设,这种法律体系建设主要包括统计监测体系、森林碳汇相关制度、碳排放权交易制度、碳税制度、提高气候变化的适应能力、促进气候变化科技研发等诸多方面。考虑到一些发达国家和地区已制定基本法,譬如《气候变化法》、日本《地球温暖化对策推进法》、中国台湾地区的《温室气体减量法草案》,因此推进应对法律体系建设将成为重中之重。

目前中国应对气候变化的法规体系大致包括:《可再生能源法》《循环经济促进法》《节约能源法》《清洁生产促进法》《水土保持法》《海岛保护法》《煤炭法》《电力法》等法律;《民用建筑节能条例》《公共机构节能条例》《抗旱条例》等行政法规;《固定资产投资节能评估和审查暂行办法》《高耗能特种设备节能监督管理办法》《中央企业节能减排监督管理暂行办法》等规章制度;《中国应对气候变化国家方案》《可再生能源中长期发展规划》《核电中长期发展规划》《可再生能源发展“十一五”规划》《关于加强节能工作的决定》《关于加快发展循环经济的若干意见》等行政文件。我国也正积极推进碳排放交易法规体系建设:2005 年 10 月,国家发改委、科技部和财政部等部门通过《清洁发展机制项目运行管理办法》;2011 年 1 月 1 日实施的《四川省农村能源条例》首次将碳排放权交易纳入交易法规;《中国温室气体自愿减排交易活动管理办法(暂行)》即将出台。另外,国务院《关于印发“十二五”控制温室气体排放工作方案的通知》以及《关于印发“十二五”节能减排综合性工作方案的通知》对碳排放权交易作出明确规定。碳排放权交易制度的组成要件主要包括主体资格,配额分配,碳排放的监测、报告与核查,交易程序,交易监管等。虽然《联合国气候变化框架公约》和《京都议定书》奠定了全球碳交易法律基础,但碳排放权作为商品本身还是受到了商品法、金融法等法律的制约。《中共中央关于全面深化改革若干重大问题的决定》指出,将"发展环保市场,推行节能量、碳排放权、排污权、水权交易制度,建立吸引社会资本投入生态环境保护的市场化机制,推行环境污染第三方治理"。

二、中国碳排放权交易的试点推进工作

截至2013年年底,包括北京市、天津市、上海市、重庆市、深圳市、广东省和湖北省在内的七个地方积极试点。其中,深圳市碳交易市场体系已包括635家工业企业和197栋大型公共建筑。运行首日,市场就完成了8笔交易,成交总量为2万余吨,成交总额为61万元。目前每吨碳的价格已经从初始价28元/吨飙升到80元/吨。11月26日上午,上海市碳排放交易市场体系在上海能源环境交易所启动,市场体系包括钢铁、石化、化工等主要污染行业,也包括航空、港口、商场、建筑等企业共197家,共占据上海市排放总量的50%。开市后,中国石化上海高桥分公司和上海石化共购买了申能集团6000吨碳配额,完成基于配额的首笔碳排放权配额。建设碳排放权交易体系需要统一"度量衡",上海市在这方面作出了表率,制定了碳排放核算指南及各试点行业核算方法;在分配方法方面,采用国际上较为普遍的"历史排放法"和"基准线法",使其更符合现阶段的上海市实际情况。基本流程是政府将碳排放达到一定规模的企业纳入碳排放配额管理,并在一定的规则下向其分配年度碳排放配额,碳排放单位可以通过市场购入或售出其相对实际碳排放不足或多余的配额以履行碳排放控制责任。企业每年按照实际碳排放量进行清缴,企业配额不足以履行清缴义务的,可以通过交易购买;配额有结余的,可以在后续年度使用,也可以用于交易。如未按规定履行配额清缴义务,最高可被处以10万元罚款。

目前已有191家企业参与试点,这些企业的碳排放量占到全市碳排放总量的57%左右。交易将采用公开竞价和协议转让等方式进行，均实行现货交易模式。单笔买卖申报超过10万吨的，应通过协议转让方式达成交易。无论是挂牌交易还是协议转让，均由交易所统一组织结算交割。碳交易初始价格的确定非常关键，这是经普遍调查、征询企业意见后，根据减排成本等因素综合考虑制定的，未来的价格将依据市场导向而变化。但在初期，考虑到交易市场尚处于起步阶段，将对碳排放配额交易实行涨跌幅限制，涨跌最大幅度为上一交易日收盘价的±30%，这样可以有效减缓和抑制突发事件对配额价格的冲击，防止非理性交易行为影响市场正常运行，避免配额价格过度波动。目前交易主体主要为试点企业，后续将根据市场交易情况，逐步放开，允许符合一定条件的其他组织参与，试点阶段暂不接受个人参与交易。

三、《中美气候变化联合声明》说明了什么

2014年11月12日，中美两国元首通过了《中美气候变化联合声明》，该声明以令人惊讶的方式和承诺对两国的气候变化战略和行动作出协调。毫无疑问，这项声明对国际社会发出了明确的信号，即气候变化并不是人们想象的那样只是一种被用以战略博弈的工具性议题，也不是正走向衰竭的人类无法采取有效集体行动的领域。应对气候变化既有必要性、紧迫性，更有现实的可能性，而大国尤其中美两国正从战略互信、政策制定和技术多个层面作好准备，共同承担全球责任。由此，这项声明可视为中美新型大国关系的重要突破点，也是全人类推进绿色经济的阶段性里程碑。的确，自2009年哥本哈根谈判以来，中美双方围绕“后京都”2015年协定的谈判原则、核心减排目标和资金技术援助进行了多次激烈的地缘政治博弈，然而这种博弈不但给全球应对气候变化集体行动带来严重负面后果，更给双方国内经济社会发展产生越来越不容忽视的代价和成本。譬如，中国国内连续几年发生大规模、持续的雾霾，而暖冬、干旱、洪水等一系列气候极端事件也在经久妨碍可持续发展甚至健康的生活方式，中国气候谈判代表团团长解振华曾表示，“温室气体排放与雾霾排放具有同源性”。习近平更是一

针见血地指出，“不是别人要我们做，而是我们自己要做，采取了许多措施，今后我们还会这样做”。由此气候环境问题已成为威胁中国国家安全的核心议题。而美国，不仅“桑迪”世纪飓风严重打击了美国最重要的城市纽约，海啸、高温也频繁袭击美国东西两岸的沿海城市，甚至连美军海军基地也遭受一系列不利影响且付出额外成本，这些都促使美国政府和民众意识到气候灾害环境带来的脆弱性，且人们的生活方式也在遭遇颠覆式的挑战，由此气候变化也成为美国国家安全的重要内容。此外，气候变化还对国际社会的稳定形成冲击。联合国秘书长潘基文曾指出，全球变暖给北非尤其苏丹地区造成干旱，导致地区性粮食危机和粮价上涨，给北非地区的贫困阶层带来重大的不可承受的冲击，最终酿成北非乱局，其他的例子还包括印度洋海啸、欧洲热浪等等。因此，无论从国家安全还是从国际安全来看，气候变化带来的不利影响以及和粮食、水、能源的内在联系和互联互通都促使中美必须尽快合作。由此，双方提出的核心减排目标日益接近。中国已经承诺到2020年单位GDP二氧化碳排放在2005年的基础上减少40%~45%，“十二五”规划要求GDP碳排放强度下降17%，此次中国表示“计划2030年左右二氧化碳排放达到峰值且将努力早日达峰”，美国表示“计划于2025年实现在2005年基础上减排26%~28%的全经济范围减排目标并将努力减排28%”，双方减排目标从未像现在这么接近。在核心减排目标日益接近的背景下，中美都希望在2015年巴黎气候大会举行之前两国能够通过双边磋商，率先达成协议，既为其他国家树立一个领导力的榜样，改善两国在国际社会中“拖后腿者”的形象，更实质性地推进2015年巴黎会议进程，进而最终为协议签署打下坚实基础。

其实，中美作为最大的温室气体排放体围绕应对气候变化已经开展了大量基础性工作，这种基础性工作使得双方有了更多的谈判内容和合作增长点。譬如中国加快建设统一的温室气体统计、监测和管理，碳交易平台，排污权交易和与GDP挂钩的节能减排。美国则注重积极研发和大规模投资清洁能源和低碳技术。更重要的是，中美双方都采取一些超出外界预料的政策行动。中国将碳减排置于全国性战略规划"十二五"以及"十三五"约束性指标行列，而美国奥巴马政府则试图利用1970年《清洁空气法》(*Clean Air Act*)中一条未试用过的条款，在不经国会批准的情况下对发电厂的温室气体排放提出监管，而发电厂是美国温室气体排放的主要源头，这一举措将在2030年以前使发电厂的二氧化碳排放量相对于2005年时水平降低30%，抵消全美汽车和卡车一年排放污染的2/3。当然从这次声明也可看出，双方仍存在一些重大分歧，最核心的便是随着中国作为新兴经济体的崛起，《京都议定书》框架下的"双轨制"和"共同但有区别的责任"是否还要坚持。美国希望国际社会(无论是发达国家还是新兴国家)形成一体化的应对体系，要求新型经济体中国、印度等基础4国承担强制性减排义务且积极帮助极为脆弱的发展中国家，譬如小岛国和一些非洲国家，即"公约下适用于所有缔约方的一项议定书、其他法律文书或具有法律效力的议定成果"。然而中国则希望美国率先承担明确的强制性减排义务，为碳排放设定绝对上限并向发展中国家无偿转让资金技术援助，即"体现共同但有区别的责任和各自能力原则，考虑到各国不同国情"。

尽管两国仍有分歧，但无论目标、紧迫性还是潜力都为合作作好准备，由此气候乃至更广范围内的能源—环境—城市治理成为建设中美新型大国关系的重要领域和突破点。事实上双方早就成立了气候变化工作组，并以工作组作为沟通交流的主要平台，启动了关于汽车、智能电网、碳捕集利用和封存、能效、温室气体数据管理、林业和工业锅炉等行动倡议，此次声明更表示"通过现有途径特别是中美气候变化工作组、中美清洁能源研究中心和中美战略与经济对话加强和扩大两国合作"，涉及清洁能源联合研发示范应用、气候智慧型/低碳城市、碳捕集利用和封存重大示范、氢氟碳化物合作、绿色产品贸易、建筑能效、锅炉效率、太阳能和智能电网等更广泛能源体系的系统变革。能源是应对气候变化的核心，如果双方在能源安全方面竞争性下降，那么双方气候战略互信的可能性便会增加。随着页岩气开发和商业化模式的成功，美国将逐步完成从消费大国向资源强国的转变，这样中国通过世界市场稳定地获取传统油气资源的可能性就会提升，双方的竞争必然有所降低；而在新能源方面，美国拥有大量的高新技术，也可在华建立试点项目，探索商业化应用的模式，进而凭借中国规模极为庞大的市场容量有效降低成本。就中国而言，为了进一步推动美国对中国的战略信任以及当前我国气候环境方面的现实国情，无论应对气候变化还是能源体系变革，步子都可以而且应该比美国迈得更大一些，尤其是全方位节能增效、拓展可再生能源、大力发展核能、植树造林、温室气体统计管理考核等基础性工作。一方面可积极争取美国在温室气体排放和控制、节能、排污、清洁能源等技术方面给予现实支持；另一方面也可将美国对中国的总体信任程度进一步提升，进而使中美战略互信和新兴大国关系建设有更多增益。

第六章　中国生态文明建设的循环发展

第一节　循环经济的理论、方法和中国实践进展

十八大报告提出了“循环发展”的新理念。所谓循环发展，比较形象的解释就是发展“物质闭环流动型经济”。二战后，各国在突飞猛进的经济繁荣中发现，资源环境问题日益严重且急迫，而其根源在于工业化过程中的以高开采、低利用、高排放为特征的线性经济模式，要扭转这一局面，唯一道路便是实现以资源—产品—再生资源为特征的经济模式，即循环经济。循环经济的思想萌芽可追溯到1962年美国经济学家K.波尔丁在《未来的太空飞船——地球经济》一书中提出著名的“宇宙飞船论”。1972年以美国麻省理工学院教授唐奈勒·H. 梅多斯为代表的罗马俱乐部发表了著名的《增长的极限》报告。这一报告第一次系统考察了经济增长中的人口、自然资源、生态环境和科学技术进步之间的关系，说明人类社会的发展主要在加速发展的工业化、人口剧增、粮食私有制、不可再生资源枯竭及生态环境日益恶化这五种因素相互影响、相互制约的合力作用下实现，而这五种因素的增长趋势都是有限的。

尽管如此，当时人们对于循环发展的认识仍然只局限于末端收集，即废料的收集而没有延伸到源头预防和全过程。20世纪80年代人们认识到应采用源头治理方式处理废弃物，90年代可持续发展战略成为潮流，人们采用管端预防和末端治理相结合的方式处理废弃物，逐步形成了一套系统的以资源循环利用、避免废弃物产生为特征的循环经济战略，出现了诸如“零排放”(zero emission)、“产品生命周期”(product life cycle)、“为

环境而设计”(design for environment)等理念,在操作上以“减量化、再使用、再循环”(reducing, reusing, recycling)为行为原则。循环经济理念就此诞生。

我国循环经济发展的基本现状是:进展不大,基本还局限于实验阶段,与丹麦等一些国家相比差距还很大,如东部地区工业生态园和东北一些资源性城市都在试验循环经济。笔者以为,目前制约循环经济发展的主要有以下三点:首先,在认知上存在误区。循环经济主要着眼点是工业生产物质循环过程,其核心要素是3R原则,即减量化(输入端自然资本输入的减少)、再使用(反复使用)、再循环(把废弃物变为可再度使用的资源),然而一些人把循环经济仅仅理解为末端治理,做到不污染环境即可,其实循环经济的核心是物质可循环,应体现为产品生产发展全周期。其次,动力机制是关键。无论是宏观层面上的循环经济还是微观层面上的循环经济都需要动力推动,在市场体制下,只关注同等产品同等价格而不注重生产方法,也就是说循环经济生产出来的产品和非循环经济生产出来的产品价格上完全一致,这种情况下就需要矫正政策以激励微观企业发展循环经济。虽然我国颁布了循环经济促进法、制定了许多环境标准,但标准制定宽严程度、前瞻性指标性都还没有完全细化,更没有渗透到生产的全过程,再加上国内市场产品生态设计还没有全部强制推行,循环经济技术也失去了应用价值,微观行为主体普遍存在动力不足的问题。再次,循环经济技术突破有限。无论末端治理还是生产流程或者生产准备都需要相应的技术支持,无论小范围的企业还是大范围的区域都需要技术的支持和工艺流程的创新,然而我国整体工艺水平低下,某些材料稀缺,更为重要的是,一些行业的关键核心技术没有掌握,致使目前循环经济技术革新进展缓慢。总之,循环经济要求我们应关注资源的容量、生态承载能力和环境承受能力,改变过去那种“大量生产、大量消费、大量排污”的生产模式,争取通过技术和动力机制设计鼓励企业把废弃物开发利用作为接续产业。

第二节　循环发展

党的十八大报告郑重提出要推进循环发展，循环发展的核心是循环经济，就是在做到资源节约、环境友好的同时实现经济增长、人民群众生活有较大改善，即经济质量上要求较大提升。既然循环发展的实质是推进循环经济，那么当前我国循环经济发展现状究竟如何？

我国当前循环经济进展不大、总体进展有限，尽管东部地区工业生态园和东北一些资源性城市都在实验循环经济，但与丹麦等一些国家还有一定差距，为了全面推进循环经济、循环发展，我国颁布了《循环经济促进法》，制定了许多环境标准，并尽量通过技术和动力机制设计鼓励企业把废弃物开发利用作为接续产业进而改变那种“大量生产、大量消费、大量排污”的生产模式，总体来说仍需在大思路、具体政策和细节方面作出创新，而要作出这种创新首先得对循环经济的概念和本质作出解读。

一、循环经济的概念、属性和国际实践

对于循环经济(Circular Economy)的理解，学术界有三种观点。一种观点认为循环经济本质上是生态经济，侧重于生产生活系统、废物处理系统与自然环境的关系，主张延长产业链。一方面减少向自然界索取资源，另一方面减少废物量，提高废物的可处理性。还有一种观点认为循环经济本质上是技术经济，通过提高生产生活系统和废物处理系统的技术水平，提高资源利用率，逐步趋近物质闭路循环。第三种观点认为循环经济是新的增长方式，应该在现有的资源、环境约束下，变革传统的“大量投入、大量消费、大量污染”的生产、生活方式，调整生产生活系统的再生产，实现经济的持续增长。①

其实，无论何种观点，循环经济有两大来源：首先是对传统经济社会发展范式的反思。其一，经济系统内部的物质消耗属于“高开采、低利用、高排

---

① 叶文虎、甘晖：《循环经济研究现状与展望》，《中国人口·资源与环境》，2009 年第 3 期。

放”型，物质流动呈现“资源—产品—废物”单向线性，最终向自然环境的废物排放，造成资源耗竭和环境污染；其二，以分散个体决策为基础的市场机制具有自发、盲目、滞后、局部性和短时性的弱点，不能以自然社会经济复合大系统的、整体的视野和长远的眼光来配置资源。市场规律认为价格取决于要素的稀缺程度，当某种要素变得稀缺而价格升高时，就促使经营者从投入产出成本与效益出发节约它，因此在目前环境资源已非常稀缺的情况下，如果对环境资源合理定价，明晰环境资源产权，建立起环境资源的市场交易环节，那么市场经济的价格机制以及成本与效率原则，将迫使参与竞争的各方设法提高对环境资源的利用效率，进而实现环境资源的优化配置和社会经济环境综合效益的最大化。① 其次，循环经济有诸多思想来源。1962 年美国学者蕾切尔·卡逊(Rachel Carson)指出，“人类一方面在创造高度文明，另一方面又在毁灭已有文明，生态环境恶化如不及时遏制，人类将生活在幸福的坟墓之中”。英国著名经济学家皮尔斯 (Pearce) 和特纳 (Turner) 1990 年出版了学术专著《自然资源和环境经济学》。1994 年德国颁布的《循环经济与废弃物管理法》是国家在法律文本中第一次正式使用这一概念。2000 年日本颁布的《循环型社会形成推进基本法》和若干专门法采用了“循环型社会”概念。许多人认为循环经济领域主要集中在工业领域和废旧资源利用领域，诸如清洁生产、生态工业园、工业共生体、零排放、废物减量化和最小化等。实际上，围绕循环经济研究，西方学者已产生许多理论，包括联合国环境规划署的“清洁生产”理论、罗伯特·弗罗施和罗伯特·加洛普洛斯(Robert A. Gallopoulos)的“工业生态学理论”、迈克尔·布劳恩加特(Michael Braungart)和贾斯特斯·恩格尔弗里德(Justus Engelfried)的“聪明的产品体系”思想、保罗·霍肯(Paul Hawken)的“商业生态学”理论、巴里·康芒纳(Barry Commoner)的“控制等同于失控”思想、艾默·里洛文斯(Amory

① 李云燕：《论市场机制在循环经济发展中的地位和作用》，《中央财经大学学报》，2007 年第 10 期。

B.Lovins)的“自然资本理论”、唐奈勒·H.梅多斯(Donella H. Meadows)的循环经济思想、艾瑞克·戴维森(Eric A. Davidson)的垃圾循环经济、莱斯特·R.布朗(Lester R. Brown)的生态经济思想等一系列循环经济思想与理论。通过对这些人的思想进行总结不难发现：

(1)循环经济是传统线性经济模式和末端治理模式的进化，是经济发展阶段的必然要求。末端治理模式尽管可促使物质循环但物质流动仍会造成环境质量下降，而循环经济将经济活动按照自然生态系统模式，组织成一个“资源—产品—再生资源”的物资反复循环过程，这样对自然环境的影响就可以降到最低的程度。①

(2)操作上确立3R即减量化(reducing)、再使用(reusing)、再循环(recycling)的原则，尽管这一原则早在20世纪80年代初就由联合国环境规划署拉德瑞尔女士组织各国专家总结提炼并得到普遍认可。②后来随着可持续发展的需要，一些学者认为循环经济除了减量化原则、再使用准则、再循环准则外还有无害化原则。“无害化”是对输出端的要求，企业尽量使用清洁生产工艺和技术进行生产，从而在工艺流程中达到对环境因素及周围人群身体健康无害化的目的。③

(3)循环经济有三个层次，分别是微观层面的小循环、中观层面的中循环和宏观层面的大循环——消费后的静脉产业。

微观层面主要指企业内部的循环经济模式，是以单个企业内部物质和

① 周国梅、任勇、陈燕平：《发展循环经济的国际经验和对我国的启示》，《中国人口·资源与环境》，2005年第4期。

② 尽管人们对循环经济、循环性社会普遍持正面印象，但是一些学者认为这只是把过去的“大量生产—大量消费—大量废弃”中的“大量废弃”改成了“大量再利用”，这样的循环经济、循环型社会只是一种“大量再利用型的浪费社会”，并不是真正意义上的循环型社会。实际上真正的循环经济、循环社会并不只是搞好再利用就可以了，而要以环境保护为根本目的进行资源循环再利用。把生产、消费及其废弃物作为生产材料再次使用这样一种资源循环，就是要把从自然中获得的资源在生产消费的整个流程中使其再循环、再使用、再利用。资源循环起来，废弃物尽可能减少到零。冯雷：《马克思的环境思想与循环型社会的构建》，《马克思主义与现实》，2006年第5期。

③ 冯之浚：《我国循环经济生态工业园发展模式研究》，《中国软科学》，2008年第4期。

能源的微观循环作为主体企业内部循环经济体系。它分三种情况：将流失物料回收后作为原料返回原来工序；将生产过程中生产的废料经适当处理后作为原料或原料替代物返回原生产流程中；将生产燃料生成的废料经过适当处理作为原料返回厂内其他生产组织过程中。这三种情况延长生产链条，减少生产过程中物料和能源的使用量，尽量减少废弃物和有毒物质的排放，提高产品耐用性，最大限度地利用可再生资源。杜邦公司首先创造性地实现了企业各工艺之间的物料循环，从废塑料中萃取化学物质开发出用途广泛的乙烯用品，企业内部的循环经济也被称为杜邦公司模式。20世纪80年代，杜邦公司创造性地把循环经济减量化、再使用、再循环的3R原则发展成为与化学工业相结合的"3R制造法"，以达到少排放甚至零排放的环境保护目标。放弃使用某些环境有害型的化学物质、减少一些化学物质的使用量以及研发回收本公司产品的新工艺，到1994年已使该公司生产相对于80年代末造成的废弃塑料物减少25%，空气污染排放量减少70%。

中观层面主要指的是工业生态园区建设。生态工业园通过模拟自然系统建立产业系统中"生产者—消费者—分解者"的循环途径，建立园区内物质流动和能量流动的"食物链"和"食物网"关系，形成互利共生网络，这家工厂的废气、废热、废水、废物成为另一家工厂的原料和能源，进而实现资源和能源消耗的最小化。这方面最经典的案例便是丹麦卡伦堡工业园区。卡伦堡以四个企业为核心：阿斯内斯火力发电厂是丹麦最大的燃煤火力发电厂，具有1500千瓦的发电能力；斯塔托伊尔炼油厂，是丹麦最大的炼油厂，具有年加工320万吨原油的能力；济普洛克石膏墙板厂，具有年加工1400万平方米石膏墙板的能力；诺沃诺迪斯克制造公司，是丹麦最大的制药公司，生产医药和工业用酶，年销售收入20亿美元。园区内的四个核心厂以及其他小型辅助企业之间通过贸易方式利用在生产过程中产生的废弃物和副产品，不仅减少了废弃物的产生量和处理的费用，还产生较好的经济效益，形成了经济发展与环境保护的良性循环。卡伦堡模式成功的要义是把不同的工厂联结起来，形成共享资源和互换副产品的产业共生组合，使得一家工厂的废气、废热、废水、废渣等成为另外一家工厂的原料和能源。

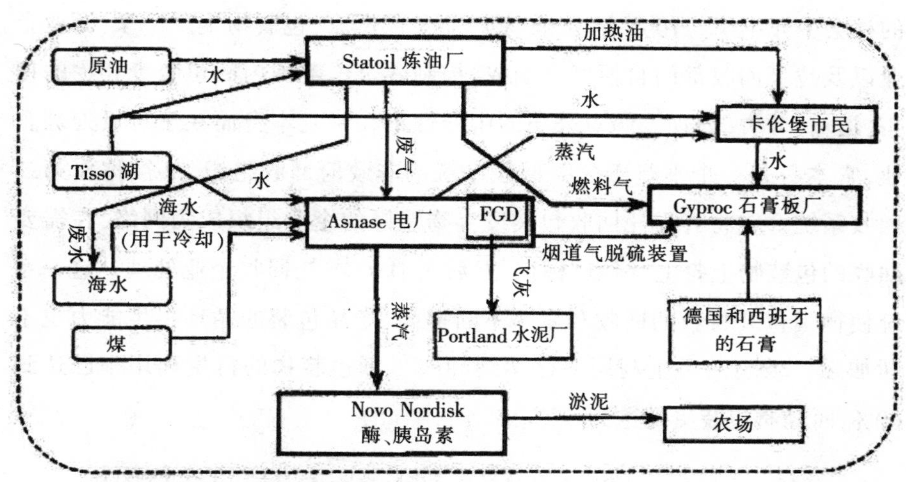

图 6-1 丹麦卡伦堡工业园区示意简图

宏观层面就是循环型社会，是循环型企业、循环型工业园向更大范围的扩展。物质循环是实现循环的载体，非物质循环是实现循环的保障。物质循环主要包括产品要素物质循环、企业要素物质循环、产业要素物质循环、区域物质循环等，主要采取以下措施：一是通过技术创新和科学设计，研究循环技术、实现物质循环；二是通过把废弃物当作资源管理，开发废弃物的再利用途径；三是产品与经济活动的非物质化，降低单位产出的物质消耗强度；四是用可循环物质替代不可循环物质。①如果放大到整个国家层面则主要通过立法推动循环经济发展，美国、德国、日本、丹麦、法国等发达国家已形成各具特色的循环经济发展模式，如以美国为代表的循环消费模式、以德国为代表的双元回收系统模式、以日本为代表的立法模式、以丹麦为代表的生态工业园模式、以法国为代表的行业协会推进模式等。这里主要

① [美] 马丁·耶内克、克劳斯·雅各布：《全球视野下的环境管治：生态与政治现代化的新方法》，李慧明、李昕蕾译，山东大学出版社，2012 年，第 364 页。

阐述德国和日本的案例。德国的双元回收系统模式,简称DSD,其特征主要在绿点公司。绿点公司是一个专门对包装废弃物进行回收利用的非营利性的社会中介组织。1995年由95家产品生产厂家、包装物生产厂家、商业企业以及垃圾回收部门自愿联合而成,控制着全国范围内的包装废弃物的搜集、运输、分类、处理。绿点公司的中介性不在于它本身而在于垃圾处理企业,它本身是一个平行于公共回收系统的非政府回收组织,又被称作第二回收系统。它将有委托回收包装废弃物意愿的企业组织成为网络,在需要回收的包装物上打上"绿点"标记,然后由DSD委托回收企业处理。这一系统使德国包装材料的回收利用率不断提高,产品包装的循环再生能力也不断加强,玻璃的再生利用率已达到90%,纸包装物的再生利用率已达到60%,而轻质包装更是达到50%。

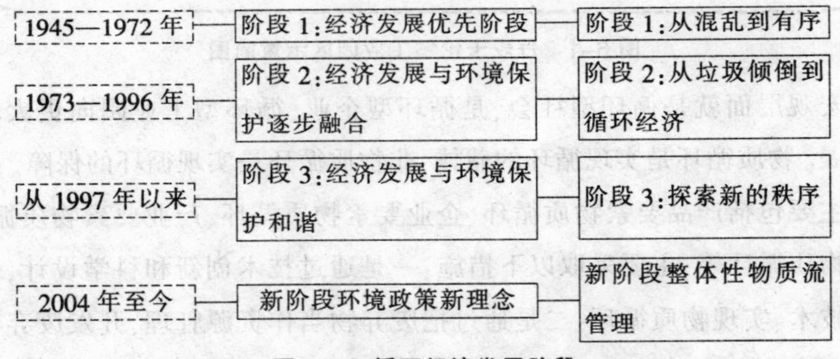

图6-2 循环经济发展阶段

日本推进循环经济、循环社会主要在三个层面进行:第一层面为基本法《促进建立循环型社会基本法》,提出了限制自然资源消耗、环境负担最小化的社会,对那些没有考虑其价值而被称为"垃圾"的物质,定义为"可循环资源"并促进其回收;第二层面为两部综合性法律,即《固体废弃物管理和公共清洁法》和《促进资源有效利用法》;第三层面是根据各种产品的性质制定的特别法律法规,包括《促进容器与包装分类回收法》《家用电器回收法》《建筑材料回收法》《食品回收法》以及《绿色采购法》等。目前,我国对于国外循环经济的成功实践及其经验借鉴等,已有不少总结资料,尤其中关村国际环保产业促进中心编著的《循环经济国际趋势与中国实践》一书，对德、日、美等8个国家循环经济的主要发展模式、特点与成效等进行了比较系统的分析。

表 6–1 循环经济三阶段

	输入端	过程中	输出端
水资源	新鲜水投入	水循环利用	污水处理
土地资源	新耕地占用	土地循环利用	废弃地恢复
能源	能源投入	能源降级利用	废气处理
其他物质	物质投入	物质循环利用	固废处理

资料来源：诸大建、黄晓芬：《循环经济的对象—主体—政策》。

二、循环经济的理论基础和发展

理解循环经济的内涵和外延就必须明晰各类指标体系。①各国学者提出一系列的经济、社会和环境协调发展指标，比如经济福利指标、可持续经济福利指标、人文发展指数、真实扩展的财富指标、真实储蓄率指标、生态足迹指数、国内发展指数等等。其中生态足迹指数最为著名，主要用来衡量在一定人口与经济规模条件下，维持资源消费和废物消纳所必需的生产面积(biologically productive area)。②还有一些学者认为应该用循环率来衡量，然而诸大建等绿色经济学家认为循环率并非循环经济的科学测度，循环经济本质是提高稀缺性自然资本的生产率，因此应用生态效率来度量。生态效率可由经济社会发展的价值量(GDP总量)和资源环境消耗的实物量比值来表示。

$$\text{生态效率(资源生产率)}=\frac{\text{经济社会发展(价值量)}}{\text{资源环境消耗(实物量)}}$$

从这个公式不难得出与资源生产相关的指标：单位能耗的GDP(能源生产力)、单位土地的GDP(土地生产力)、单位水耗的GDP(水生产力)和单位物耗的GDP (物质生产力)。与环境生产率相关的指标是：单位废水的

① 王雅平：《促进经济循环发展的税收政策研究》，东北财经大学2006年硕士学位论文。

② 于丽英、冯之浚：《城市循环经济评价指标体系的设计》，《中国软科学》，2005年第12期。

GDP(废水排放生产力)、单位废气的GDP(废气排放生产力)和单位固体废物的GDP(固废排放生产力)[①]等。实际上,循环经济本质上以尽可能少的资源消耗、尽可能小的环境代价、实现最大的经济和社会效益,力求把经济社会活动对自然资源的需求和生态环境的影响降到最低程度,由此我们可以给出总体性的指标体系,包括资源利用效率指标、资源消耗率指标、资源回收与循环利用率指标、废物排放与处置指标、其他指标。[②]

表6-2 循环经济总体性指标体系

资源利用效率指标	采矿回采率
	能源利用效率
	主要矿产资源利用效率
	水资源利用效率
资源消耗率指标	主要能源消耗率
	主要矿产资源消耗率
	水资源消耗率
	主要工业原材料消耗率
资源回收与循环利用率指标	资源循环利用率
	资源回收率
废物排放与处置指标	废物排放强度
	废物排放达标率
	废物最终处置变动率
其他指标	低能耗第三产业增加值占GDP比重
	可再生能源消费量占能源消费总量比重

循环经济发展除了指标体系必要的框定、导引和测量外还有脱钩理论(Decoupling)。"脱钩",顾名思义,就是指用少于以往的物质消耗产生多于以往的物质财富。传统的经济增长严重依赖物质资源的消耗,增长越快消耗越多,但随着技术进步、产业结构升级和工业体系的完善,快速的经

① 诸大建、朱远:《生态效率与循环经济》,《复旦学报(社会科学版)》,2005年第2期。

② 国家统计局"循环经济评价指标体系"课题组:《"循环经济评价指标体系"研究》,《统计研究》,2006年第9期。

济增长和物质消耗出现严重背离，这就是传统的库兹涅茨曲线所描述的。[①]科学家从不同角度对“脱钩”进行描述、研究，分为两种，一种是物质消耗总量与经济增长总量的关系，一种是物质消耗强度的IU曲线研究。第一种是在同一时间序列下，比较经济增长和物质消耗的变化方向，幅度与物质消耗总量的关系，进而分析这段时间经济增长对物质消耗的依赖程度。实际上，只有在技术进步和产业结构升级作用下经济增长而物质消耗持平或下降时，脱钩才算发生。IU曲线是目前“脱钩”理论的主要评价模式，体现了“脱钩”的内力机制，表达的是创造单位财富的物质消耗量，实际上反映的是资源的利用效率问题。[②]实际上，经济增长和物质消耗的关系的不同还存在A模式、B模式。A模式就是GDP的增长依赖资源投入总量的增加；GDP的增长伴随污染排放总量的增加；如果继续保持现有的经济发展模式，所需的资源投入与污染排放将随经济发展同步增加。B模式就是当前发达国家所沿用的发展模式，属于绿色的发展道路，这种发展对环境带来的影响将通过一系列改革计划得到解决，这种模式的核心特征是资源生产率比A模式提高8~10倍。C模式处于中间阶段，即资源生产率比当前仅仅提高1~2倍阶段。

---

① 一些学者系统总结了前期以计量经济方法所作的针对环境库兹涅茨理论的实证研究并对传统模型予以了修正，证明经济增长是环境质量改善的动力，倒U形曲线的拐点确实可以找到，甚至是二氧化碳排放也可以在人均收入达到3.5万美元左右时出现下降。然而随着非平稳时间序列分析工具的广泛运用，大量实证研究放弃了传统的线性回归模型，而是运用非线性、非对称性协整分析、向量自回归模型、脉冲响应函数等对经济发展和环境质量之间的关系进行了进一步研究。结果表明环境压力指标和经济增长指标之间存在五种关系：同步关系、逆向关系、倒U形关系、U形关系和N形关系，每种关系都有一些理论上的解释。倒U形关系是最为常见的一种实证研究结果。

② 邓华、段宁：《“脱钩”评价模式及其对循环经济的影响》，《中国人口·资源与环境》，2004年第6期。

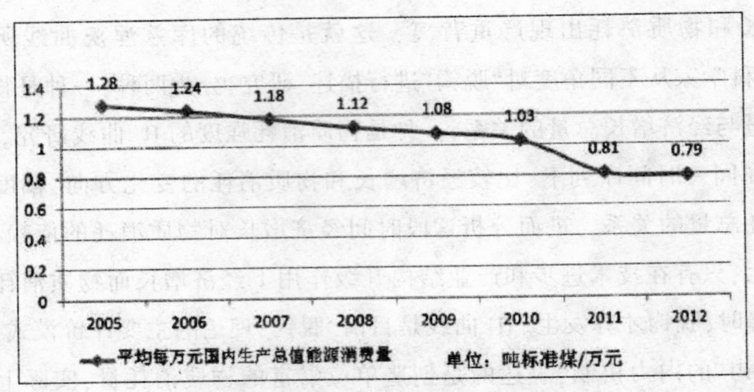

图 6-3　中国万元国内生产总值能源消费量

三、我国的循环经济历程和实践

从历史的划分来看，我国的循环经济分为若干阶段，第一阶段为 20 世纪 80 年代——不自觉阶段。80 年代之前循环经济概念还没有系统化，尽管出现一些循环经济的萌芽，譬如对废水、废气和固体废弃物的处理。第二阶段为 20 世纪 90 年代至 2001 年，基于资源环境压力我国对循环经济理论认识进行深化，与此同时环境问题日益突出，我国政府和居民的环保意识开始觉醒；这方面主要案例是 1992 年我国响应联合国环发大会可持续发展战略和《21 世纪议程》对清洁生产的倡导和号召，正式拉开我国实施清洁生产的序幕。第三阶段开始于 2002 年，2002 年我国政府正式提出大力发展循环经济的战略，颁布了《中华人民共和国清洁生产促进法》，包括总则、清洁生产的推行、清洁生产的实施、鼓励措施、法律责任和附则六章 42 项条款。2003 年国家环境保护总局开始开展循环经济试点城市活动，譬如批准了贵阳市作为我国建设循环经济生态城市试点的复函，7 个省被批准为生态试点省，辽宁省被批准为国家循环经济试点省，其他一些省、自治区、直辖市也开始进行循环经济发展规划的准备工作。一些市、县也已完成循环经济试点工作。2003 年党中央在十六届三中全会正式提出科学发展观，2004 年十六届四中全会文件首次提出发展循环经济，2005 年 10 月十六届五中全会提出加快建设资源节约型、环境友好型社会，在全社会形成资源节约增长方式和健康文明的社会氛围。2005年全国人大常委会启动《中华人民共和国循环经济促进法》立法程序,国家发展和改革委员会等6部门联合启动包括重点行业、再生资源回收利用领域、产业园区以及省市区域4个层面,共82家"单位"为对象的第一批国家循环经济试点工作。《国民经济和社会发展第十一个五年规划纲要》提出"十一五"期间单位国内生产总值GDP能源消耗比"十五"末期降低20%左右,主要污染物排放总量减少10%的奋斗目标。2006年10月8日,党的十六届六中全会把资源利用效率显著提高、生态环境好转列为2020年构建社会主义和谐社会的九大目标和任务之一。2007年10月,胡锦涛在党的十七大报告中指出:"加快转变经济增长方式,将循环经济的发展理念贯穿到区域经济发展、城乡建设和产品生产中,使资源得到最有效的利用"。2008年颁布《中华人民共和国循环经济促进法》《节约能源法》等循环经济重点工作领域的法律法规,从法律层面强制规定对生产过程中产生的粉煤灰、煤矸石、尾矿、废石、废料、废气等工业废物进行综合利用。2011年3月,全国人大十一届四次会议通过《中华人民共和国国民经济和社会发展第十二个五年规划纲要》,其中单列"大力发展循环经济"一章,着重提出了循环经济七大重点工程,首次提出将资源产出率作为循环经济重要评价指标,并明确到"十二五"末提高15%的目标。"十二五"期间,循环经济发展将由政府政策引领,进入全面规划实施阶段。不仅在水泥、电力、化工等诸多传统领域构建了多条循环经济产业链,还在园区、城市等不同领域构建国家级、省级等循环经济示范区。

既然循环经济分为微观、中观和宏观三个层面,那么循环经济在我国的发展也可分为微观、中观和宏观三个层面。2005年以来,经中央政府批准,国家发展和改革委员会等有关部门组织,循环经济试点已有了两批,覆盖全国178家试点单位。全国各省区市同时还选择1300多家企业参与循环经济示范试点。在这些示范试点企业中已培育出一大批循环经济发展的典型模式和案例。2011年国家发展和改革委员会通过组织专家对典型案例筛选归纳,总结凝练出包括区域、园区和企业3个层面、14个种类的60个循环经济典型模式案例。

这里以扬子石化为例说明微观层面的循环经济。扬子石化的主要生产装置均使用国际最新工艺流程,降低了能耗,提高原材料利用效率,通过新建硫回收装置、二氧化碳酸化法处理乙烯废碱装置、PTA 氧化残渣回收钴、锰装置以及火炬气回收等环保装置,降低了废物的排放。公司在生产规模扩大一倍以上的情况下,环保主要控制指标——万元产值排放污水中的 COD(化学耗氧量)下降 47.82%,废渣综合利用率、废气外排达标率均达到 100%。

中观层面的循环经济经历了三代:第一代的经济技术开发区,为经济快速增长积累了重要的原始资本。第二代的高新技术开发区,为产业升级提供了丰富的资金和技术积累,并在许多大中城市形成以园区为载体的经济增长态势。第三代的生态型工业园区,就是在开发区、高科技园区基础上增加资源再生、产品再造、废气处理等循环功能;科学设计园区物流或能流传递方式,形成共享资源和互换副产品的产业共生组合;利用信息管理系统建立物质、水、能量、信息集成平台,提高园区的代谢能力,达到物质、能量的梯级利用和资源共享的生态化效果。截至 2012 年年底,全国已有国家级循环经济试点园区(含园区循环化改造)83 个。这方面的案例是广西贵港生态工业园,该园区是我国第一个国家级生态工业示范园区,也是农业循环经济和工业循环经济融合的典范。以龙头企业贵糖股份为例,原材料甘蔗制糖后甘蔗渣用于造纸,蔗渣余热用于发电,蔗渣积水提炼出酒精,酒精废液浓缩干燥后成为有机肥的主要原料,这种有机肥再用于甘蔗田,避免了使用化肥给土地带来的杀伤力。该园区由蔗田系统、制糖系统、制酒精系统、造纸系统、热电联产系统、环境综合处理系统 6 个系统组成,各系统分别有最终产品产出,系统之间通过中间产品和废料的交换与耦合实现资源共享,形成甘蔗种植—甘蔗制糖—蔗渣造纸、甘蔗制糖—废糖蜜制酒精—酒精废液制有机复合肥、甘蔗制糖—低聚果糖三条主要生态工业链,从而构建了一个较完整的、闭合的生态工业网络。由甘蔗生产出糖、纸、酒精等主要产品,酒精厂复合肥车间产出的专用复合肥和热电厂产生的部分粉煤炭作为肥料又回到蔗田,使园区内的资源得到最佳配置,废料充分循环利用,污染物排放降低到最低程度。

从宏观层面来讲,除了前面所述的循环经济法律法规体系建设和党的若干文件,2013 年国务院印发《循环经济发展战略及近期行动计划》,提出的中长期发展目标是:循环型生产方式广泛推行,绿色消费模式普及推广,覆盖全社会的资源利用体系初步建立,资源产出率大幅度提高,可持续发展能力显著增强。到"十二五"末主要资源产出率提高 15%,资源循环利用产业总产值达到 1.8 万亿元。近期的重点任务有五:一是构建循环型工业体系。在工业领域全面推行循环型生产方式,促进清洁生产、源头减量,实现能源梯级利用、水资源循环利用、废物交换利用、土地节约集约利用。二是构建循环型农业体系。在农业领域推动资源利用节约化、生产过程清洁化、产业链接循环化、废物处理资源化,形成农林牧渔多业共生的循环型农业生产方式。三是构建循环型服务业体系,充分发挥服务业在引导树立绿色低碳循环消费理念、转变消费模式方面的作用。四是推进社会层面循环经济发展,完善回收体系,推动再生资源利用产业化,发展再制造,推进餐厨废弃物资源化利用,实施绿色建筑行动和绿色交通行动,推行绿色消费。五是开展循环经济"十百千"示范行动,实施十大工程,创建百座示范城市(县),培育千家示范企业和园区。

社会层面发展循环经济比较成功的案例是湖南汨罗循环经济产业园。早在 2005 年 10 月,汨罗再生资源集散市场被国家六部委批准为首批循环经济试点单位,纳入国家"十一五"发展规划。自此,汨罗工业园依靠传统的产业特点与优势,从基础设施、金融信贷、财税、科技和用地等方面采取系列措施形成了再生有色金属、不锈钢、塑料、橡胶、碳素、电子废弃物拆解利用六大再生资源加工产业集群。2010 年,汨罗循环经济"城市矿产示范基地"成为国家首批 7 个"城市矿产示范基地之一",其 5100 多家收购网点覆盖全国,再生资源利用网络渠道广泛衍生。企业由 5 家增至 200 多家,交易量迅猛提升,从2.2万吨增加至110万吨;集聚加工制造企业近200家,其中园区有6家企业进入湖南省有色金属行业500强。加工量由1万吨增至65万吨,相当于每年建一座1000万吨级的矿山。这两年来,汨罗产业园还运用园区建设、政策扶持、科技创新、融资平台"四大推手",加速循环经济转型进一步升级,形成了"三个体系、三个支撑"的独特汨罗模式。汨罗模式可恰当地概括为三个体系、三大支撑。三个体系指再生资源的市场交易体系、再生资源生产加工体系、再生资源生产服务体系,三大支撑是财税政策支撑、融资平台支撑、工业园政务服务支撑。①

四、我国循环经济进展的核心障碍

循环经济案例说明了循环经济发展的具体实践进展,从主体、对象和政策三个层面来看,主体层面主要是政府、企业、市民,而对象主要包括输出端、过程中和输入端,而政策主要分为管制型政策、市场型政策和参与型政策,这三个层面无疑构成了当前我国循环经济发展的政策框架,然而我们在循环经济发展进程中仍面临诸多障碍,其中最核心的便是价格机制的形成,对资源的使用者形成不了有效的约束。

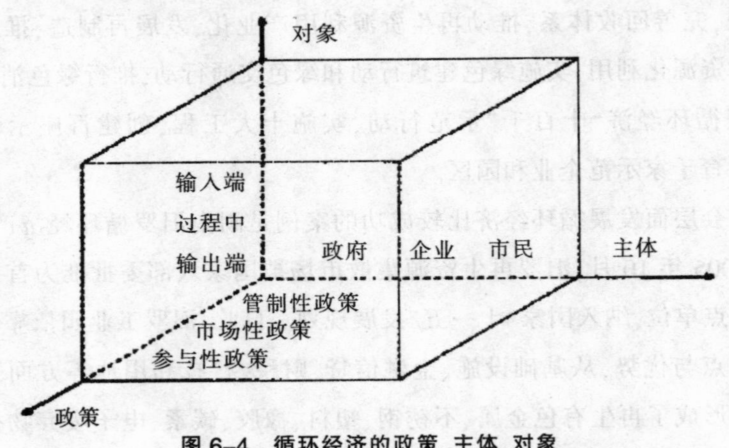

图6-4 循环经济的政策、主体、对象

① 刘解龙、张燕、陈璇:《长株潭国家循环经济产业园试点示范研究》,张萍主编:《长株潭城市群蓝皮书》,社会科学文献出版社,2012年,第196~208页。

自然资源既包括原材料型的资源,如矿石、林木,也包括传统意义上被视为公共物品的自然资源,如水和大气等。长期以来,我国资源品价格一直受政府管制,价格偏低,原材料同最终产品之间的比价偏高,间接鼓励了生产过程中对资源的滥用和浪费,"产品高价、原料低价、资源无价"的现象普遍存在。采用现有原材料和技术,企业仍有较大的获利空间;相反,受价格和技术水平的影响,企业如果利用可再生资源和新技术进行生产,将面临成本高、产品价格高、市场风险大的不利局面。以我国中部某省一家火电厂为例,这家电厂由于设备陈旧,生产过程中产生的粉煤灰和煤渣含量不断增加,每年被环保部门收取的排污费以及生产及环保设备维修费用多达2000多万元。在这种情况下,企业仍不愿意改变这种"拼资源"的生产模式,主因就在于当前煤电经济仍处于"热"发展期,电厂拼资源仍能获取大量的经济利益。由此仅靠传统的环保法规已不能满足可持续发展的需求。这都说明发展循环经济必须进行价格机制改革,而要形成价格激励机制,就必须抓紧制定相关法规和规章,如《再生资源回收管理条例》《废旧家电回收利用管理办法》《清洁生产审核办法》《重点行业清洁生产评价体系》《强制回收的产品和包装物回收管理办法》等,特别是制定《循环经济法》已成为当务之急。

当然微观层面的企业也应该树立循环发展的意识,而这种意识最终体现为自身产品的全生命周期评估。生命周期评估是指追踪一种产品从最初所用原材料起直至最终报废处置的整个周期对环境的影响的方法,它足以帮助公司对自身的环保情况作出描述,并找到将环境影响降至最低的方法,进而在整个价值链中减少资源消耗并降低成本,最终在竞争力上取得突破。这进一步说明循环经济已迫使生产厂商不能狭隘地专注于自身生产环节环境问题,而必须在价值链上的其他环节可能造成的环境问题上予以严肃关注。其实,生活上我们也发现大量案例,即制造过程并不是环境问题的核心,而产品的使用环节也非常关键,譬如汽车制造环节并没有产生很多的环境消费,恰恰在消费环节才是,由此在对生产者责任和消费者责任作出区分的同时也必须将二者适当结合起来。类似的全生命周期评估和AUDIO分析等工具可以帮助企业去了解全局而非仅仅关注自身的生产过程,在某些情况下更需要与非政府组织及专家合作,以外部视角了解公众如何看待企业自身。其实基本原则很简单:将有限的资源集中投入与公司环境足迹和环保声誉最相关的核心问题上。有些人也指出,大量的统计数据和案例证明,仅仅以环保特征来推销产品很少奏效,顾客考虑的主要是质量、价格以及服务,即使从长期来看会为顾客省钱的产品,在市场上却很难立足,譬如节能产品。[①]这说明任何环保产品在商业上要取得成功就必须与其他新产品一样作出基本的市场定位,包括填补的市场什么需求、新产品的顾客基础是什么、新产品的成本结构如何、是否有人已占据该市场,以及环保优势在什么地方、如何保持这一优势,是否得到专利认可、后面的竞争者是否很容易进入这一市场等。

目前无论工业园区和宏观社会层面发生什么类型的问题,社会各界参与讨论的时候很兴奋、很热烈,似乎大家都很支持,但是后来却销声匿迹了,如同什么都没有发生一样,要么环保愿景缺乏吸引人的激励措施和目标,要么环保人员受到孤立。这说明宏观层面发展循环经济领导者必须首先作出改变,追求大的愿景,同时将大的愿景细分成适合操作的小目标、行动计划以及可衡量的结果。当然,执行过程中的观点非常重要,尽管不可能满足所有人的利益需求,有时候沟通和利益相关者的感受也很重要,最终达成共识,使他们形成相应的利益动机。

第三节　资源环境价格改革对循环发展的核心意义

党的十八大报告指出:“深化资源性产品价格和税费改革,建立反映市场供求和资源稀缺程度、体现生态价值和代际补偿的资源有偿使用制度和

① [美]丹尼尔·埃斯蒂、安德鲁·温斯顿:《从绿到金——聪明企业如何利用环保战略构建竞争优势》,张天鸽、梁雪梅译,中信出版社,2009年,第221页。

生态补偿制度。”党的十八届三中全会《中共中央关于全面深化改革若干重大问题的决定》也鲜明指出：“加快自然资源及其产品价格改革，全面反映市场供求、资源稀缺程度、生态环境损害成本和修复效益。”显然要使循环经济真正进入百姓生活，对群众生产产生明显的正向效益，就必须使用各种政策矩阵，这个政策矩阵大概分为四大基本类型：环境管制、利用市场、创建市场和公众参与，笔者以为最重要的是对价格机制的应用。

表 6-3 政策矩阵和在资源管理、污染控制上的具体例子

所属类别	政策工具	自然资源管理	污染控制
环境管制	公共产品直接供给	公园的供给	市政废弃物管理
	技术规制	分区规划 捕鱼规制 捕杀禁令	催化式排气净化器 交通工具规制 化学品禁令
	执行规制	水质标准	燃料质量标准 污染物排放标准 美国公司平均燃油经济性标准(CAFE)
	法律责任	采矿或危险废弃物的处置责任限制	
利用市场	税收、费用或收费	水费 公园门票 捕鱼执照 伐木费	工业污染收费 废弃物收费 道路拥挤收费 汽油税
	补贴与补贴削减	设立/减少水资源补贴 设立/减少渔业资源补贴 设立/减少农业补贴	能源税 减少的能源补贴
	押金—退款制度	造林押金	废弃物管理 二手车管理 车辆年检制度
	退还的排污费		瑞典氮氧化物的减排
创建市场	产权创建	私营国家公园 产权和森林砍伐	
	公共产权资源	公共产权资源管理(CPR)	

续表

所属类别	政策工具	自然资源管理	污染控制
创建市场	可交易的许可证或配额	个体可转让捕鱼配额 土地开发、林业或农业的可流转权	排污许可证 美国硫氧化物、氮氧化物的限额排污交易计划、铅排放许可交易计划 英国垃圾、氮氧化物、碳排放交易许可证计划 欧洲可再生能源发电配额交易计划
	国际补偿机制		国际范围内排污许可权交易制度
公众参与	信息公布 公众参与 环保标签 自愿协议	空气质量预报 ISO14000 或者 EMAS 标准 环境听证 绿色食品标签、林产品标签 洗涤剂生态标签	印尼的污染控制评估和定级计划(PROPER) 有毒化学品管理

资料来源:http://www.worldbank.org/environmentaleconomics。

资源价格是国民经济的基础性价格,资源价格改革在一定程度上依赖于经济体制改革的深化和市场体系的完善,且需要财税政策的积极配合和支持。资源问题和环境问题紧密相连,合理地调整和改革国内煤炭、石油、电力、土地、水等重要资源价格的形成机制,促进资源节约和合理利用,最终目标就要反映市场供求状况和资源稀缺程度的价格形成机制。包括建立反映国家市场石油价格变化,国内市场供求、生产成本和社会各方面承受能力等因素的石油价格形成机制,逐步提高天然气价格;全面实现煤炭价格市场化,政府逐步淡化干预;研究建立科学成本核算体系,全面反映煤炭资源成本、生产成本和环境成本,完善煤电价格联动机制,通过市场化实现煤电价格的良性互动。新的能矿资源价格将由以下三部分组成:资源成本、生产成本、环境成本,但各部分如何计算,价格来源的组成部分该如何调整还没有确切答案。

既然价格足以反映生态环境成本进而推进两型社会和生态文明建设,

价格便成为资源有偿使用和生态补偿的核心，那么问题便转换到价格体系的有效建立，而价格体系有效建立的关键便在于定价。经济学理论揭示定价机制理论核心是边际成本，而资源边际成本包括勘探成本、生产管理成本、各类税费、生态环境支出、利润等部分，显然边际成本组成部分变动能够促进两型社会建设。由此我国要进行“环境友好型、资源节约型”的资源价格改革必须把握宏观和微观、整体和局部的关系，进行顶层设计，使价格总水平适度上升的同时做到价格来源的合理化。

进入新世纪、新阶段以来，我国国民经济保持快速增长势头，但并未摆脱“高投入、高消耗、高污染、低效率”的粗放型经济增长模式。这里有许多原因，其中之一便在于资源价格杠杆的失灵或者错位，表现在五方面：①市场化程度不高，水、电、煤气、热力等资源价格改革基本政府定价或指导价；②价格构成不完整，资源价格应涵盖开发成本、环境补偿成本、资源耗竭成本和安全生产成本，但目前仅有开发成本没有真实反映资源稀缺性及市场供求关系，使资源价格失真；③税收结构不合理，资源税课税范围只有七个税目，造成自然资源利用事实上的无成本代价；④资源价格关系并不合理，天然气和电煤价格偏低，无法反映内嵌的环境利益；⑤资源市场体系建设不完整，产品市场相对发达、基础市场处于萌芽期、期货市场严重发育滞后，对我国国际定价话语权造成严重不利影响。造成这种现象的原因是多方位的：人们在观念上一直认为自然资源使用无偿，而在理论上又缺乏对能源资源价格形成基础的探讨，落后的经济发展方式，能源资源产权界定不清，体制上市场和政府双重失灵等。尽管大家目前都认同深化能源资源价格改革，建立和完善反应市场供求状况、资源稀缺程度和环境损害成本的价格形成机制，但在改革取向、对象、路径、切入点等问题上还存在较大分歧。

资源价格改革首先要进行资源价格的测算，方法主要有三种：①基于马克思劳动价值论的资源定价方法；②基于市场经济价格理论的方法：影子价格模型、均衡价格模型、边际机会成本模型、效益换算定价模型；③我国学者李金昌在综合效用论、劳动价值论和地租论的基础上，建立了独具特色的资源定价模型。[①]

要使资源价格完整反映资源包含的价格就必须推进市场化。路卓铭构建出了我国资源价格改革的完整图景，即市场化改革与税费改革相结合。一是加快改革，建立政府适当干预下市场化的资源价格形成机制；二是推进资源税费制度重构，实现对各方特别是对资源型城市的合理补偿。[②]有的人要求完善循环经济的价格支持框架，理顺环境资源的产权制度，完善资源有偿利用制度；建立资源代际补偿机制，建立生产者责任延伸制度、政府绿色采购制度、低端准入制度，以降低循环资源的各种成本；完善排污收费制度，促进外部成本内部化；综合运用各种经济杠杆，进行资源收益再分配。[③]

董秀成则认为以成本加成法为基础的天然气定价机制使天然气价格偏低，影响了天然气进口，造成终端消费市场过度发展，不利于天然气企业的成本管理。目前美国、加拿大、英国等国家的天然气定价机制经历了传统固定价格阶段、天然气价值定价阶段、竞争性市场形成阶段，建立起与能源价格挂钩的定价方式。譬如，可使天然气下游利用甲醛定价法计算天然气终端价格，中游利用"两部制"法制定管输费，上游利用净回值法制定出厂价。应制定出天然气产业链一体化协调发展的相关政策，建立并完善天然气监管机构，及时处理天然气上中下游利益分配问题，制定高效的天然气价格听证会制度。[④]

当然，也有人反对市场化，理由是资源价格改革是个系统工程，涉及征收资源税并建立资源税返还机制，有效遏制利益集团套利自肥，平衡进口资源和国内资源价格，形成市场定价机制等技术课题。市场定价机制的形

---

① 张远：《关于资源价格改革的几点思考》，《价格理论与实践》，2005年第12期。

② 路卓铭：《以建立资源开发补偿机制推进我国资源价格改革》，《经济体制改革》，2007年第3期。

③ 肖文海：《循环经济的价格支持框架——以资源环境价格改革为视角》，《江西社会科学》，2011年第2期。

④ 董秀成、佟金辉：《我国天然气价格改革浅析》，《中外能源》，2010年第15期。

成是资源价格改革的核心，在制度与技术难题未解决之前，呼吁尽快与国际市场价格接轨，进行所谓“市场化”无任何实质意义。其实，我国能源资源价格改革本来就存在市场定价和政府定价两种基本方式，部分能源资源，自来水、电力、成品油、天然气等由政府定价，其他能源资源价格由市场形成。然而两种定价方式不仅分布于各种能源资源，且交叉渗透于各种能源资源之间。某些资源能源互为投入产出，故对某种能源资源的价格形成链条来说，可能出现投入品为市场定价（或政府定价）而产出品为政府定价（或市场定价）情形，如煤炭价格放开，而电力价格政府管制，供水价格政府管制而水制品价格放开。某些能源资源之间也存在替代关系，出现某种能源资源为政府定价而替代能源资源则为市场定价，例如成品油、天然气由政府定价而煤炭则由市场调节。政府对某种能源资源的定价不能仅着眼于某一个别环节，否则会出现该种能源资源的某个流通环节由政府定价而其他环节市场定价的现象，譬如输配售电环节政府定价而发电环节竞价上网、成品油批发价和零售价为政府指导价，而出厂价（除航空汽油、航空煤油外）则由企业自主定价。伍世安将这种现象称为分规制，认为现阶段及今后一个时期，能源资源的“市场+政府”合规制价格是在保留市场定价和政府定价的形式下，更多地注入对方的因素；未来发展则有可能形成以政府收储价格为低限、目标价格为高限，市场价格在该区间自由波动的三元价格形式。①

通过学者们对资源价格改革的论述不难发现资源价格改革的难点主要有以下四点：

(1)政府既是改革的推动者又是改革的对象，政府既需要提供资源产权制度又提供公平竞争的市场环境、各方主体间的利益关系和各方的宣传与引导。从长期看，资源价格改革涉及中央与地方、政府与企业、资源生产

---

① 伍世安：《深化能源资源价格改革：从市场、政府分轨到“市场+政府”合轨》，《财贸经济》，2011年第5期。

地与资源消费地之间等多种利益关系调整。由于价格改革后资源价格上涨，将产生一部分新增的巨大收益，对于这部分收益的分配和使用需要合理设计。[①]资源价格改革在促进资源节约和经济发展方式转变的同时必然会打破原有的利益格局，中央政府、资源产出地、资源生产企业成为改革的主要获益方，居民、资源短缺地在利益的重新分配中处于不利位置。平衡资源价格和改革收益、破除行业垄断、提高居民收入和低收入群体生活保障以抵消改革后物价上涨的压力是资源价格改革重要的政策配套。[②]

(2)资源价格改革和产业结构的关系，资源价格改革是否会成为产业结构升级的限制性因素。需要考虑几个经济和社会层面的问题：价格改革的成本由谁承担；建立在资源价格偏低基础上的企业能否承受原材料价格大幅上涨的压力，如果失去资源价格优势，这些企业抑或整个经济的资本积累是否放缓。[③]

(3)资源价格改革和社会价格总水平的关系，改革是否会引发社会价格总水平的提高，从而导致成本推动型通货膨胀。虽然从市场结构、生产结构和消费结构三方面看，资源品上游价格对下游价格传导的效果并不大，即不一定会引发成本型通货膨胀。[④]中国资源环境产品价格低表现在低电价、低水价、低燃气价、低农产品价格、土地低征用价与高出让价的扭曲。在推进改革过程中，可对少部分低收入的居民和农业领域实行适当的补贴；资源和资源性产品垄断型生产及供给企业财务要公开，接受公众的监督。[⑤]总的来说，推进资源价格改革，建立和完善反映市场供求状况、资源稀缺程度和环境损坏成本的价格形成机制，资源价格上涨难以避免。

---

① 唐艳：《资源价格改革中政府的角色与功能定位》，《现代经济探讨》，2008 年第 4 期。

② 张红伟、周建芳：《资源价格改革下的利益再分配研究》，《四川大学学报(哲学社会科学版)》，2011 年第 5 期。

③ 李铁立、赵广武：《资源价格改革与产业结构升级》，《粤港澳市场与价格》，2008 年第 7 期。

④ 侯凤姝、周帅：《我国资源价格改革对价格总水平的影响》，《经济纵横》，2010 年第 5 期。

⑤周天勇：《资源价格改革：第二次价格改革的主线》，《中国党政干部论坛》，2010 年第 10 期。

(4)资源价格改革和低碳经济的关系。从低碳视角看待资源价格改革，目前高碳资源价格偏低而低碳资源价格偏高，导致高碳资源过度消耗，低碳资源的开发不足从而阻碍了低碳经济发展。低碳经济视角下的资源价格改革既要促进高碳资源定价科学化，又要为低碳资源的开发利用提供适当的价格补贴。具体措施是：放松管制，增加成品油价格形成机制的透明度；完善管制，遏制煤炭资源开采的垄断；培育市场，大力发展资源基础市场和资源期货市场；设立低碳发展基金，激励低碳资源开发的自主创新。①

笔者以为可采取以下的改革路径：

(1)资源价格改革应与整个经济体制改革联系。资源价格改革重要目标是市场化，而市场经济也是整个经济体制改革目标。根据1992年以来的市场经济体制经验，要使市场取代政府成为资源价格形成的基础，关键在于竞争机制的引入，力求供给多元化、需求多元化和中间过程多元化，只有多元竞争才能使价格真实、灵敏地反映自然资源稀缺程度和供求关系。建立竞争机制关键在于两点：①政府首先放开或放松价格管制，这可参考成品油和天然气试点。譬如进一步缩短调价周期，减小甚至取消4%涨跌幅限制以及调整参考油种，使国内油价和国际油价联动更为紧密；天然气可按照"净回值倒推"的方式计算出省级门站价，建立并完善天然气上下游价格联动机制。②破除行政性垄断，大力推进资源类国有企业改革。目前石油、天然气等资源类国有企业通过行政审批权垄断进口、运输甚至销售，一方面游说价格制定者，将成本转嫁给下游企业和普通游说者；另一方面从源头免除各类获取成本和税费，譬如矿产地租金、权利金、环境税和各类红利，同时又以市场化名义提价，获取超额垄断利润。这里建议以政治决断推动资源领域市场化，抓紧修改《反垄断法》和保障措施条例，并在此基础上建立资源类大型国有企业成本信息披露制度。

① 沈满洪、孟艾红：《低碳经济视角下的资源价格改革》，《云南社会科学》，2011年第5期。

(2)资源价格改革需要多种政策目标的协调。2009年,国内成品油与国际原油价格联动机制建立,国家放开20%售电市场、上网竞价并鼓励电力用户与发电企业直接交易,实质性地推动了资源价格改革。改革必然使受压抑的资源价格上升,对宏观经济政策目标产生影响。

首先,会出现通货膨胀。资源不仅作为直接消费品在居民消费结构中占有重要份额,且作为重要生产要素直接或间接影响最终消费品的价格,因此资源价格水平高低对物价总水平有直接影响。以2009年为例,居住类占CPI比重为14.69%。其中,水费、电费、液化石油气、管道燃气、其他燃料五项占居住类40.8%,一些研究表明电价上涨5%会把CPI推升0.3个百分点,最终产品使用提高0.32个百分点,居民成为资源价格的最终承受者。

其次,扰动不同地区的经济增长。偏低的资源价格其实是资源富裕地区给资源短缺地区的经济补贴,我国东部沿海地区长期以来受到西部资源价格理性回归的影响,相应地增加税负成本,这必然会削弱资源短缺地产品的竞争优势,对资源短缺地经济发展提出挑战。

再次,对不同类型企业产生冲击。目前我国现行税制体系的突出特点是流转税重、资源税轻、财产税相对缺失,尽管所得税收入对税收收入增长贡献率连年攀升,却造成中小企业负担重、融资困难,对市场体系建设也造成不利影响。目前我国正千方百计地给中小企业进行结构性减税,对小型微利企业实施所得税减半征收优惠政策,稳步扩大营业税改征增值税试点范围,降低部分进口商品的关税,但资源价格改革仍可能会对中小企业造成运营困难,由此价格改革尤其生态环境税费改革必须坚持税收中性原则。上述问题必然衍生多重政策目标即价格改革、通货膨胀、地区经济和中小企业成长等如何权衡的问题。这里建议资源价格改革的每一步都应基于大量实证数据分析,对改革不同地区、不同产业、不同类型企业、不同阶层居民生活影响深入摸底,在此基础上制定出透明、合理、有序、妥善推进方案。改革的时机、幅度、力度应该恰当。

(3)资源价格来源比例应有效置换。价格来源分为三部分:生产管理成本部分、利润部分和各类税费部分，如果生态环境、资源环境被过度消耗，那么税费改革就促成两型社会建设。目前欧美的资源价格中来源于生产管理成本的仅为20%，80%属于税费。按照生态环境类税费所占比例不同可分为欧盟模式、日本模式和美国模式三种。欧盟模式生态环境类税费大概占60%，日本模式大概占30%，美国模式大概占15%。我国各种价格来源比例不清，生产成本尤其管理成本过高，生态环境税费严重偏低，资源价格改革在落实过程中常异化为覆盖生产管理成本和垄断国有企业改善资金成本的总和。

由此中国资源价格改革应采取以下总体思路：资源类生产企业须尽快建立生产管理成本的信息披露制度，国家通过税费等多项措施促使企业降低生产管理成本，另外也应大幅提高资源环境相关税费使价格尽量体现生态环境内容。目前我国企业税负主要为针对生产经营环节的增值税、营业税和企业所得税，资源环境税负种类少、税率低，建议扩大资源税征收范围，将资源税税目扩展到矿产资源、土地资源、水资源、森林资源、草场资源以及海洋资源、地热资源、动植物资源等。将计税方式从从量征税改为从价征税。尽管我国在新疆正推行资源税改革试点实行5%税率，但与英国石油开采税率为石油价格的12.5%、俄罗斯的16.5%、美国内陆石油矿区为12.5%、海外石油16.7%的比率仍有相当差距。2011年国家出台了煤炭电力价格综合调控方案和实行居民阶梯电价指导意见，2012年《政府工作报告》提出，在全国范围实施原油、天然气资源税从价计征改革，出台营业税改征增值税试点方案。财政部提出要“合理调整消费税范围和税率结构，将部分容易污染环境、大量消耗资源的产品等纳入消费税征收范围，增加消费税应税品目，充分发挥消费税促进节能减排和引导理性消费的作用。进一步推进资源税改革，将煤炭资源税计征办法由从量征收改为从价征收并适当提高税负水平，其他矿产资源等提高从量计征税额，并适时将水资源纳入资源税征收范围。选择防治任务繁重、技术标准成熟税目开征环境保护税，并逐步扩大征收范围”。无论范围、税率、计算办法如何进行都应该使价格来源的生态环境组成部分不断提高。

(4)资源价格改革必须与生态补偿机制有效衔接。资源价格构成不合理的一面就是对资源产出地的价值补偿体现不充分。资源使用者不仅未能为产出地提供生态改善、污染治理、土地复垦、水土流失保护、地质灾害防治的资金支持，也未能为接替产业及其配套产业的培育建立专项基金，导致产出地产业结构的单一和资源枯竭，产业转型成本过高，影响经济可持续发展。同时十八大报告提出："要求优化国土空间开发格局，加快实施主体功能区战略，推动各地区严格按照主体功能定位发展。"然而限制开发区、禁止开发区的生态保护与经济社会发展、改善民生矛盾突出，这就提出生态补偿要求。生态补偿机制建立应有以下四项标准：①标准要高，确保受补偿地健康、持续运行；②确定重点区域，对西部贫困和生态脆弱区重点补偿，构建各类生态补偿的优先次序及实施标准，以点带面推动生态补偿发展；③建立国家、省、市、县四级生态补偿体系，同时考虑地区经济差异，提高国家在中西部地区生态补偿比例；④运行费用纳入各级政府财政预算。高标准、可持续的生态补偿需要可持续财政的支持。其实资源价格改革本身就为生态补偿机制准备了资金来源，体现在以下三方面：①资源价格所体现的代内与代际补偿成本、产权补偿价值和外部生态环境补偿成本等将以相关税费形式进入中央财政；②资源价格改革所带来的资源的高效利用，生态环境的改善会降低中央政府对环境治理的成本，减少财政支出；③资源价格改革导致的物价上涨在比例税率下不仅会增加中央政府的名义收入，且以通货膨胀税形式使中央政府获益。通过财政实现资源价格对生态补偿的支持需要完善财税体制，在中央政府、资源产出地地方政府、资源生产企业等相关主体之间进行平衡，使相关各方在获取收益的同时承担义务。

(5)价格机制不是推进两型社会建设的灵丹妙药，必须配合其他手段。尽管大量CGE模型说明价格是改变经济行为体的最敏感信号，但从价格入手推进两型社会建设仍存在一系列重大理论和实践问题。譬如宏观经济对价格的扰动作用,以煤炭为例,中国经济增长迅猛期煤炭价格呈现较快上涨势头,而相对缓慢时煤炭价格又因相对过剩而迅速下跌,显然价格机制很难促进两型社会建设,而只能寻求技术措施和运输体系完善。又譬如水资源利用,《国家农业节水纲要(2012—2020年)》显示农业用水约占全国用水总量的62%,部分地区高达90%以上,但平均效率仅为0.5,与发达国家0.7水平差异甚远。农业用水并不需付费,水资源定价机制和相关税费很难发挥作用而纯粹靠技术节水难以实现(譬如对滴灌技术的集中供应)。由于城市居民用水在很大程度上受到习惯的制约,梯度价格改革能否实现资源节约并无实际证据支持。

第四节 循环经济能否单独在一国实现

脱离世界进行循环发展断不可行,理由如下:第一,实现绿色发展的直接动因是全球范围内的气候环境变化,全球问题需要全球性的解决方案,需要全球范围内的制度、政策合作和集体行动,从这个意义上讲,离开世界谈绿色发展是没有意义的;第二,绿色发展的核心是在气候环境承载力范围之内,使人的生活水平得到充分提高,这意味着绿色发展就像其他经济发展一样需要尊重一些规律,而规律运行的制度环境仍然是市场经济、民族国家和各国不同的法律社会运行机制。市场经济意味着绿色发展仍然需要保持与人口、资源和环境综合相协调的综合经济增长,就必然需要绿色基础设施、资本投入、技术进步;而民族国家说明绿色发展在无政府体系构造下将会成为自身的核心竞争力,这一论断直接决定了绿色核心技术转移动力机制的存在,同时也决定了各国为获取绿色竞争力加紧扩张绿色市场,绿色市场在全球迅猛扩展。各国不同的法律社会运行机制决定了各国自身绿色发展的效率,如绿色基础设施的进展、绿色技术突破等等,更重要的是还关系到绿色理念在大众中的传播和绿色市场的创造程度。

综上所述,绿色发展需要绿色理念传播、绿色技术、绿色制度环境和绿色市场,显然存在集体行动的难题,这些要素中离开哪一方面,任何单个国家都不可能很好地解决。以普及绿色理念、掌握绿色核心技术、制度效率较高的发达国家来说同样也离不开发展中国家的绿色市场容量,只有发展中国家走向绿色发展道路才能有效拉动发达国家绿色产品的生产和绿色技术的出口;而发展中国家要走向绿色发展道路也必然需要向发达国家学习技术、管理和制度建设,绿色发展独立断不可行。绿色发展在一国是否一定不可行呢?不是,丹麦案例说明绿色发展的先行者可以单独存在,但需要条件,就是说这个国家在核心技术上不需依赖外国,核心零部件自身生产,同时绿色产品在国内也有足够的市场容量。就中国而言,这些方面还都不具备,因此中国的绿色发展不可能离开世界市场、世界技术。那么中国绿色能够成功走进世界前列吗?笔者以为还是有希望的,虽然中国没有技术领先性,但只要我们在劳动力和诸多其他要素投入过程中成功使国内绿色发展的经济收益成本比国外更为合理,同时绿色发展经过政策和制度设计与传统发展相比越来越具有经济上的合理性和可替代性,那么我国的绿色发展就可以在宏观调控层面取得领先地位。如果再加上相关技术突破以及中国政府对科学发展执政战略的实施,成功地实现经济社会转型,那么中国绿色发展就可以先行。

然而中国绿色发展的经济合理性宏观调控非但没有呈现,反而在另外一种情况下出现过剩,如新能源产业造成资源的浪费,这说明中国制度环境尚未达到理想状态,中国社会尤其是在对执政官员的评价中仍然存在经济增长比环境更为重要的激励机制,环境底线一再被突破,这说明中国在相当程度上不可能成为绿色发展典范。中国迫切需要国际绿色合作。合作的关键方面就是要求若干先进国家展示自己绿色发展的经济合理性,展示绿色发展的自我驱动机制,然而目前发达国家除了转移污染企业、工厂外似乎没有做出多大的贡献,因此合作关系首先应该是战略性的,其次才是具体领域的,包括技术转移、资金援助等。

第七章　中国生态文明建设的核心诉求

“基本的环境质量、不损害群众健康的环境质量是一种公共产品，是一条底线，是政府应当提供的基本公共服务。”李克强的话具有三层含义：一是环境保护越来越成为重大民生问题，政府也越来越重视环境保护的态度，政府对污染防治的投入力度加大，主导作用也越来越强。二是要求两个转变，技术需要转变，即环境质量评价体系需从污染指数向环境质量指数转变；管理方式需要转变，政府对企业的环境监管需要从单一的达标排放向综合考虑企业对环境质量的影响转变。三是要体现服务功能，这里以空气质量为例，我国现有《环境空气质量指数(AQI)日报技术规定》，规定环境空气质量指数日报和实时报，但是日报和实时报还只是公布污染指数和描述空气质量状况的无量纲指数，对百姓服务功能还不够，要将环境质量与人们的日常生活和身体健康挂钩。譬如环境质量对人们户外活动有无影响，对人体健康的直接影响程度有多大，预报可以寻求更科学的方式，比如说，是不是将一天分为早、中、晚三个时段来预报，以更好地指导人们的日常生活。

第一节　“美丽中国”与雾霾治理

党的十八大报告指出，自然生态系统和环境保护力度要“增强生态产品生产能力”，譬如清新空气、清洁水源、安全食品等等。对北京、上海等诸多生活在城市的中国人来说，最重要的无疑是清新的空气。

自北京奥运会结束尤其2010年以来，雾霾遮蔽了中国大部分地区，尤其是北京、天津、石家庄等城市低空近地面空气污染物久聚不散，严重影响人们身心健康和日常出行,引起全社会广泛关注。根据世界卫生组织研究,仅 2010 年全世界有 320 万人因为暴露在大气污染中而过早死亡，另有 22.3 万人死于因为空气污染导致的肺癌(其中半数以上的人生活在东亚地区)。2013 年 12 月 2 日至 12 月 14 日,不仅京津冀等传统的北方重工业地区,就连一向环境优美、生态良好的长江三角洲地区也出现了令人无法容忍的情况。首要污染物PM2.5 浓度日均值超过 150 微克/立方米,部分地区达到 300~500 微克/立方米。江苏省 13 个省辖城市 PM2.5 浓度严重超标,江苏省多条高速封闭,苏北高速几乎全部封闭。南京市持续发布红色预警,空气质量连续 5 天严重污染、持续 9 天重大污染,12 月 3 日 11 时的 PM2.5 瞬时浓度达到 943 微克/立方米。中小学、幼儿园全面停课。儿童医院门诊量上升 1/3,喘息性气管炎、肺炎、普通上呼吸道感染发病率都有明显上升。12 月 2 日，上海本地检测的空气质量指数达到六级重度污染,12 月 6 日 PM2.5 浓度日平均值超过 600 微克/立方米，普陀区监测站数据高达 726 微克/立方米,是我国要求的最低空气标准的 8~9 倍。12 月 4 日,安徽 40 余个市县发布雾或霾的预警,其中合肥空气质量指数达到 482 微克/立方米。12 月 7 日,杭州空气污染指数值超过 400 微克/立方米,医院每天增加 100 名呼吸道病患者。强雾霾导致能见度不足 2 米,高速、大桥陆续封道。令人惊异的是海南三亚这个以空气清新著名的城市也开始逐步被雾霾笼罩,2013 年 10 月 24—26 日空气污染指数达到 83,进入 12 月,深圳、东莞、中山、佛山、珠海等珠江三角洲 9 市相继发布灰霾天气预警信号。一些研究报告指出,近 50 年来中国雾霾天气总体呈增加趋势,雾日数明显减少,霾日数明显增加,且持续性霾过程增加显著。珠江三角洲地区和长江三角洲地区雾霾日数增加最快。按世界卫生组织的空气质量标准,世界空气污染最严重的 10 个城市中国有 7 个,北京、沈阳等大城市皆在其中。美国国家航空暨太空总署(NASA)公布的一张全球 PM2.5 污染地图显示,全球细颗粒物污染最严重的地区为北非以及我国的华北、华东和华中地区,我国大部分地区细颗粒物年均浓度接近 80 微克/立方米,约为世界卫生组织规定的安全界限的8 倍。

雾霾实际上已成为继SARS之后的又一次重大公共卫生事件，并在国际上造成政治影响。美国国家环境保护局局长吉娜·麦卡锡(Gina McCarthy)表示，中国的空气污染已经危害到美国和其他国家，韩国媒体对中国的大气污染物飘向韩国表示担心。而台湾地区更受到中国大陆中东部雾霾中的PM2.5污染物的影响，空气污染指数攀升，云嘉南与高屏地区的污染程度已接近“不良”等级。雾霾的危害性如此严重，党和政府显然已给予关注，党的十八大报告更将环境保护、空气治理提升至生态文明高度，提出“美丽中国”概念和目标，两届政府的政府工作报告也都将大气污染看成是最严峻的环境挑战和形势之一，出台了十条严厉的治理措施，在161个城市进行PM2.5数值监测，李克强明确指出，“像对贫困宣战一样，坚决向污染宣战”。青岛宣布将投入4.6亿元资金治霾，武汉宣布未来4年将投入280亿元资金治霾，北京则宣布投入7600亿元治霾……中央政府付出资金更多：财政部表示中央财政已安排50亿元资金用于京津冀及周边地区大气污染治理，国务院发布的《大气污染防治行动计划》则预计通过企业、社会和民间资本、价格杠杆等渠道共投入17500亿元，这和2013年北京市的国内生产总值相当。那么雾霾能否逐步缓和，情况及时好转呢？大量经验数据证明，未来雾霾来袭的频率可能更密，浓度将可能继续恶化，即雾霾呈现常态化。

一、PM2.5的问题化

雾霾或者PM2.5并不是一开始就为公众所熟知并接受，尽管许多城市环保部门宣称的“蓝天”数量在急剧增加，但公众感受到的灰霾天数却持续增加。有几个案例可以说明一些问题。从2009年5月31日到2010年6月1日，两个北京年轻人用一年时间，踏遍大街小巷，每天为北京天空拍一张照片，集成《北京蓝天视觉日记》。根据照片记录，北京一共有180个蓝天，比环保部门公布数据少100多天。北京市民由此质疑官方数据的真实性，认为自己“被蓝天”。无独有偶，2009年南京环境状况公报显示，这座城市共收获315个“蓝天”，而环保部网站数据显示南京该年共经历211个灰霾日子。环保部门所说的“蓝天”,是指依据现行标准,空气质量达二级及二级以上,或者说良好及良好以上。也就是说即使在“蓝天”里,灰霾仍有可能出现,多种污染物也可能超标。这意味着中国现行空气质量标准体系已不能真实反映空气质量。

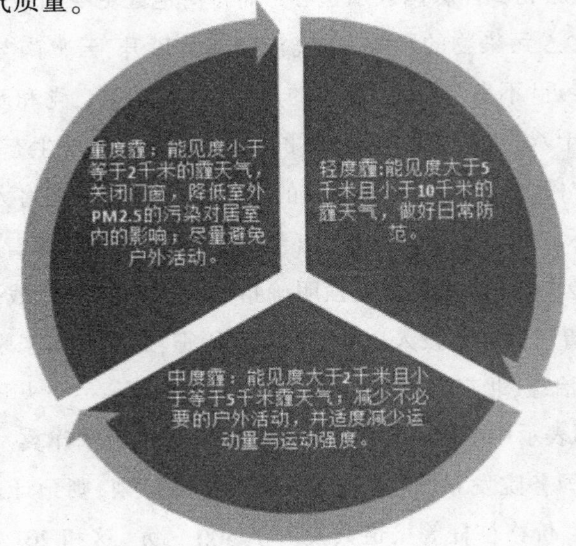

图 7–1　何为“雾霾”

如果群众的真实感知和环保部门公布数据的显著差异使人们不由自主地关注空气质量指数的话,那么美国大使馆的介入使 PM2.5 更具有国家政治色彩。2011 年 10 月,美国驻华使馆发布北京空气污染监测报告,其推特(Twitter)账号“BeijingAir”共发布 16 次空气质量指数(AQI),其中 10 次读数超过危险值 300。10 月 31 日星期一,雾霾持续笼罩,严重时城区能见度甚至不足 200 米。根据北京市环保局数据,AQI 数值为 132,“轻微污染”,两者存在明显落差。2012 年 5 月,继美国大使馆发布北京和广州 PM2.5 监测数据后,美国驻上海总领事馆开始发布 PM2.5 数据。美国领事馆监测 PM2.5 小时浓度为 155 微克/立方米,空气质量指数为 205。根据美国空气质量评价标准,质量“极不健康”。上海环保局公布的空气污染指数为 132,为“轻微污染”。美国领事馆与上海环保局发布数据大相径庭,同样引发民间热议。

其实,美国领事馆公布数据AQI,即空气质量指数,监测的是PM2.5值,目前上海环保局公布的API,是空气污染指数,包括二氧化硫、PM10、氮氧化物。这两者监测内容并不相同,且存在较大差异。美国国家航空航天局(NASA)还公布了一张世界空气质量地图,显示中国大部分地区PM2.5平均浓度接近80微克/立方米,甚至超过非洲撒哈拉沙漠。

不难发现我国对PM2.5问题发现和关注的过程其实也就是社会大众、美国大使馆、环保组织和媒体对PM2.5的发现、讨论、不断加入讨论而政府也不得不对之有效回应的过程。

表7–1　PM2.5的问题化过程

时间	政府环保部门	科研机构/环保组织	媒体/公众
1980—1990年	制定兰州烟雾、南方酸雨解决方案	中科院最早研究,民间组织力量尚小	反思、建言
2000—2007年	设常规监测点,涉及9个城市	更多科研机构介入	报道
2008年	北京奥运会前夕,质疑美使馆数据	美国使馆监测PM2.5	建言献策
2010年	修订《环境空气质量标准》	争议、讨论	
2011年7月	质疑"达尔问"数据	"达尔问"自测并公布	质疑政府
2011年9月	表态PM2.5入国标,未陈时间	争议、讨论	同左
2011年10月11日	阴霾天气未预警		大力报道
	对美大使馆数据质疑	美国大使馆自测	督促公开
	在20多个城市试点监测	环保组织自测	反应强烈
	收集舆情	绝大多数专家呼吁公开	达成共识
2011年11月	《标准》又征询意见,含PM2.5	均建议加入,极少争议	同左
2012年1月5日	李克强指示加入PM2.5	均支持,极少争议	同左
2012年1月8/22日	北京发布历史/实时数据	均关注	同左
2012年3月1日	国务院通过含PM2.5新《标准》	均支持,极少争议	同左
2012年3月5日	PM2.5首入两会政府工作报告	均支持,极少争议	同左

资料来源:张雪:《转型期政府环境信息公开动力机制论析》,《城市发展研究》(19卷),2012年第9期,第61~67页。

其实从全球范围看,提出 PM2.5 并不是最近的事情,最远可追溯到“阿波罗”登月计划。航天员要完成登月任务就必须短暂地暴露于月尘中,这促进地球科学家对灰尘毒病理学进行研究。1971 年,美国环保署(EPA)公布了第一个国家环境空气质量标准(NAAQS),提出每单位容积中总悬浮粒子标准。1987 年,又修改了国家环境空气质量标准(NAA)。1997 年,美国环保署(EPA)管理人员提出可吸入颗粒半径小于 2.5 微米的标准,构建这一标准的依据就在于 PM 化学成分和流行病学的研究。PM2.5 化学成分复杂,来源不同、组成也不尽相同,对气候、健康的影响度也不尽相同。一般说来既有无机成分也有有机成分,还包括重金属。无机成分有硫酸盐、硝酸盐、氨盐等,有机成分包括多环芳烃(PAHs)等,重金属有铬、锰、铜、锌、铅、镍等。流行病学主要指 PM2.5 粒径小、表面积大,与大的颗粒物譬如 PM10 比有更大的表面积,这为化学物质、细菌、病毒提供了载体,同时体积小不能为鼻孔、喉咙所阻挡,很容易通过呼吸系统直接沉积到肺泡,并被肺吸收而进入体内其他器官,最终使心肌缺血导致心血管疾病,包括心血管系统的动脉粥样硬化、心律失常和缺血性疾病。颗粒物中的金属元素对机体还能产生急性健康效应机制,促进自由基的产生。PM2.5 还能吸附多环芳烃(PAHs),而后者会促进机体产生过多的自由基和炎症反应,导致癌症。此外,以 PM2.5 为表现形式的气溶胶还可以成为 SARS、禽流感、猪流感病毒的传播工具,把病菌带到遥远的地方。

二、雾霾对身心健康造成多大伤害

其实，雾是由大量悬浮在近地面空气中的微小水滴或冰晶组成的,使能见度降低到 1 千米以内的自然现象。霾指大量极细微的干尘粒等均匀地浮游在空中,使水平能见度小于 10 千米,空气普遍有混沌现象,使远处光亮物微带黄、红色,使黑暗物微带蓝色。一般说来,雾和霾的区别主要在于水分含量的大小:水分含量达到 90%以上的叫雾,水分含量低于 80%的叫霾。80%~90%之间的是雾和霾的混合物称为雾霾。雾霾并不是所有国家、所有地区、所有时段都一致,其内在成分差异很大。譬如 2011 年英国空气污染合规性评价时指出，构成雾霾的空气污染物主要为PM10、PM2.5、二氧化氮、地面臭氧。欧盟地区空气污染物主要为SO_2、NH_3、VOC_S、CO、NO_X、黑碳、有机碳、PM2.5和CH_4。而另外一些科学家则对首尔地区雾霾进行检测，发现HNO_3、HNO_2和SO_2，NO_3^-，SO_4^{2-}和NH_4^+，PM2.5浓度也显著增加。需要指出的是，尽管科学界对雾霾来源、成分进行了大量研究，但两大疑团仍没有揭开，即成因和危害。一些研究人员对雾霾形成过程跟踪发现气溶胶是主因，大量人为气溶胶粒子活化为云雾凝结核使雾转化为霾，雾霾还导致大气层结稳定度增加。日常生活中最直观的感受是“看不见蓝天”，而看不见蓝天的危害主要有三重：一是通行安全，较低的地面能见度必然引发较多的交通事故；二是导致气象变异，区域气候反常；三是对动植物尤其人体健康造成危害。

其实雾霾对健康的损害程度国外早有大量研究。欧洲曾有60名研究人员在欧洲25座城市(居民总计3900万)深入调研，发现在这25座城市中，由于微粒污染超出限值造成平均每年1.9万人丧生，因而降低细悬浮颗粒排放量能延长人群平均寿命。如果PM2.5的年平均水平控制在每立方米10微克以内，30岁以上人群平均寿命就能增加22个月。可是，从东欧到南欧，如布加勒斯特、雅典和巴塞罗那，微粒污染程度都远远超出该指标。有数据显示，仅2010年欧洲就有约40万人因吸入空气中的有害物质而死亡，哮喘和心血管疾病频发。同年，欧盟境内在交通事故中丧生的人数为3.5万人，远低于死于空气污染的人。据不完全估计，受空气污染影响，欧盟内的经济损失约为3330亿~9400亿欧元。美国也对城市空气污染和死亡率的相关性开展了大量研究。对1973—1988年的空气污染、死亡率和呼吸道入院率进行回归分析，发现空气粒子、二氧化硫和所有的空气污染物与疾病多发有着密切联系。布雷特·史谢特尔（Bret A. Schichtel）等对美国1980—1995年雾霾模式和趋势进行研究。数据主要基于298个美国气象站可视化的观察所得，尽管15年来雾霾浓度有10%左右幅度的下降，这种下降主要是通过美国东部和加利福尼亚盆地实现的。北卡罗来纳大学一项新的研究表明,全世界每年有超过210万人的死因可能与空气污染中的细颗粒物有关。这种微小颗粒物可深入肺里,使人得心脏病和肺部疾病死亡。这项研究还发现,每年有47万人的死亡与人为臭氧有关。世界卫生组织(WHO)2005年在《空气质量准则》明确指出:"当一地PM2.5年均浓度达每立方米35微克时,人的死亡风险就会比每立方米10微克时增加15%。"如果PM2.5浓度每增加10微克/立方米,总死亡率、心脏疾病死亡率和癌症死亡率分别升高4%、6%和8%。后来应欧盟要求在2013年欧盟应对空气污染的政策评估框架下进行的世卫评估报告指出,长期暴露在颗粒物(PM2.5)之下会引起动脉硬化、先天畸形和儿童呼吸系统疾病。空气污染对健康影响的证据评估(REVIHAAP)也表明颗粒物或和神经发育、认知功能、糖尿病等方面的疾病有所关联,并且进一步证实,长期暴露在PM2.5下将引发心血管疾病和呼吸系统疾病。

联合国环境规划署(UNEP)认为,全球每年约有10亿人暴露在室外空气污染之中,城市空气污染大约消耗发展中国家5%的国内生产总值和发达国家约2%的国内生产总值。2011年英国的空气污染合规性评价认为空气污染物造成肺部及心血管疾病增加,据估计,仅PM2.5造成的影响就相当于每年29000起死亡病例,或相当于人口平均寿命减少6个月,由此造成的经济成本高达160亿英镑(或为90亿~190亿英镑不等)。2013年,世界卫生组织(WHO)下属的国际癌症研究机构(IARC)在医学著名杂志《柳叶刀》上公布了最新研究成果。他们追踪了居住在欧洲的近32万居民,综合分析了在欧洲9个国家内进行的17项队列研究的数据,认为即便是在空气污染水平低于欧盟标准(每立方米25微克)的环境中,暴露在室外污染空气中的人也会有更大的风险罹患癌症。最终在平均12.8年的追访中,有2095名参与者患上了肺癌。这意味着"空气已经被致癌的混合物污染,它不仅对环境卫生产生威胁,也是主要的癌症致死原因之一"。这样,室外污染空气与黄曲霉素、砒霜、石棉、甲醛等戴上了同一顶"帽子"——致癌。正是基于肺疾病、缺血心脏疾病以及日益增加的患癌率的流行病学研究，世界主要国家确立了空气污染物标准。然而最近世界卫生组织和欧盟环境委员会的共同研究却发现超过80%的欧洲人正暴露于2005年世卫组织空气质量准则规定的颗粒污染值的空气中，这使得欧洲民众的平均寿命缩短了8.6个月。也就是说，引发死亡的PM2.5数值可能比当前《空气质量准则》规定的PM2.5 (10微克/立方米)年平均值要低，因此《空气质量准则》中颗粒物值的相关条目应当修改。更为严格的空气质量标准包括禁止使用白炽灯、控制吸尘器的耗电量、控制电热厂的排放量、严格控制柴油车、2014年起对有害物质的排放实行多方面监控等。欧盟的具体目标是，到2030年死于空气粉尘和臭氧污染的人数减少54%。

表7–2 排放源头、空气污染物的特性以及对健康造成的影响

空气污染物	源头	对健康的影响
二氧化硫(SO_2)	燃烧含硫化石燃料 发电厂 船厂 汽车	高浓度：削弱呼吸系统的功能 使已有的呼吸道疾病和心脏病恶化 增加发病率和死亡率 低浓度：慢性呼吸道疾病
氮氧化物	发电厂 汽车 燃料燃烧 暖气系统	长期吸入： 降低呼吸道感染的抵抗力 妨碍肺部发育 使慢性呼吸道疾病恶化
颗粒物	柴油汽车废气 发电厂 沙尘 海洋气溶胶 柴油燃料	长期吸入： 呼吸道疾病 心血管疾病 癌症 大量直接吸入会增加发病率和死亡率
挥发性有机化合物(VOCs)	建筑材料 清洁剂 化妆品、发蜡 地毯 家具 激光打印机 影印机 黏合剂 室内装修用的油漆及溶剂	对中央神经系统、肝、肾和血液产生毒理性影响 眼部灼痛、眼干、异物和流眼泪 喉咙干燥 呼吸系统疾病 头痛、注意力分散、头昏眼花、疲倦、脾气暴躁

尽管欧盟意图采取更严厉的政策，但新政策改变现状的可能性不大，目前一些欧盟成员国没有相关立法、没有贯彻现行的环保标准或者根本就不具备相应能力遵守这一规范。

伴随着欧盟和美国对空气污染数据收集和整理工作的深入，我国健康影响评估也逐步展开。PM2.5 对人体健康作用的科学机制主要在浓度、成分和健康损失方面，中国疾控中心在全国 PM2.5 污染最严重的 10 个城市展开工作，包括环保、气象的相关数据，室内 PM2.5 污染和 PM2.5 暴露水平。2012 年，全球最顶尖的医学杂志《柳叶刀》发表了“全球疾病负担 2010 年报告”，指出 2010 年空气污染在中国导致 120 余万人死亡，以及 2500 万健康生命年的损失。该报告考虑的因素包括环境细颗粒物(PM2.5)造成的污染。卫生部前长陈竺、国家环保总局中国环境科学规划研究院总工程师王金南等 4 名作者利用世界银行、世界卫生组织和中国环境科学规划研究院的数据发现“全球疾病负担 2010 年报告”描绘的乃是最糟糕的情形，可能高估了污染的影响，实际中国空气污染造成每年 35 万~50 万人过早死亡。2013 年美国麻省理工学院、清华大学和北京大学，以及耶路撒冷希伯来大学多名教授联合在《美国国家科学院院刊》(*Proceedings of the National Academy of Sciences*)发表研究成果，称通过对中国各地数十年间的实际污染数据得出结论：华北的空气污染已在 20 世纪 90 年代总共减少 25 亿年的人类预期寿命，已使中国北方居民平均预期寿命减少 5.5 年，还提升肺癌、心脏病和中风的发病率。这项研究也发现，每立方米空气所含颗粒物增加 100 微克，对应平均预期寿命减少 3 年。中国著名的公共卫生专家钟南山指出，PM2.5 的危害并不是均匀上升，而是到了一定频段直线上升，危害明显增加。他还指出 PM2.5 每立方米增加 10 微克，呼吸系统疾病住院率可以增加到 3.1%。要是灰霾从 25 微克增加到 200 微克，日均病死率可以增加到 11%。沈阳 2013 年就雾霾对孩子咳嗽和哮喘发病率的影响进行系统梳理，发现孩子咳嗽发病率从平均的 3%上升到雾霾天气的 7%，哮喘发病率增加了一倍。降尘浓度从比较低到 100，发病率直线上升，从 200~500 就变成了一个频段,发病率不是一直升高的,500~800以后就变成剧烈递增。

PM2.5对健康的损害不仅局限于呼吸系统,对心血管、脑血管、神经系统也都有影响。尽管PM2.5短期内不会直接导致人的死亡,但国民素质长期受到影响,比“非典”要严重得多。更让人担忧的是,随着雾霾持续5~7年对人体的影响,譬如哮喘、慢阻肺、肺癌会急剧上升。中国农业大学有研究人员就空气污染对雾霾的影响作出了评估,发现雾霾让试验温室里的番茄和辣椒幼苗晚成熟了至少30天。通常情况下20天就能出苗的番茄和辣椒,2014年已经播种了五十多天还没达到出苗标准,遮天蔽日的雾霾让农作物的光合作用大为减少,不仅植株脆弱,成熟后营养价值还大减。此外,中科院上海微系统所的光伏系统证实雾霾还能让太阳能光伏发电量大为减少。比如,2013年12月4日,晴天,系统显示光伏系统的日发电有效小时数为2.79小时;12月6日,重度污染,PM2.5值超过600,其日发电有效小时数仅为0.7小时,降低了约80%。

国内还有多家研究机构对空气污染对于健康的负面影响及所造成的经济损失作出了评估。北京大学公共卫生学院对北京、上海、广州、西安4个城市PM2.5的健康危害和经济损失进行分析。发现2010年北京、上海、广州、西安因PM2.5污染分别造成死亡人数为2349人、2980人、1715人、726人,共计7770人,经济损失分别为18.6亿元、23.7亿元、13.6亿元、5.8亿元,共计61.7亿元。若4城市PM2.5继续攀升,无论死亡人数还是经济损失都会上升。报告也认为PM2.5治理如能达到国家二级标准甚至高于世界卫生组织标准,那么就能减少过早死亡并实现相关经济收益,且这种收益还不包括疾病医疗的减少。2011年北京大学环境与经济所对制定和实施PM2.5标准的效益进行分析,通过数据处理和分析,发现北京PM2.5浓度降低带来的健康效应都远远大于京津冀其他城市,其次是天津和石家庄,而承德、张家口最小。同时从所能实现的各城市潜在的健康经济效益看,北京所能实现的健康经济效益最大,且远大于其他城市;天津与石家庄次之;而承德和张家口为最小,与健康效应估算具有较好的一致性。据估算不同情境下所能实现的健康经济效益依次为1259亿元、1729亿元、2041亿元、2335亿元、2477亿元，分别占到京津冀区域国内生产总值的3.41%~6.71%，由此可见降低和控制PM2.5能带来相当可观的经济效益。北京大学环境科学与工程学院还对2013年1月雾霾事件造成的社会经济损失进行评估，认为此次雾霾事件造成全国交通和健康的直接经济损失保守估计约为230亿元，民航航班延误直接经济损失为2.7亿元，高速封路导致的收费损失近1.88亿元，雾霾事件导致的急诊疾病成本达226亿元。白韫雯、杨富强提出中国空气污染每年造成的经济损失，仅疾病就相当于国内生产总值的1.2%。京津冀地区空气污染损失估计为1259亿元，占该地区国内生产总值的3.41%。胡名威对雾霾进行了经济学分析，发现每年因空气污染造成的经济损失约为国内生产总值的1.2%，譬如城市交通、航班延误以及健康效应。当然随着公众对空气质量和身体健康重视程度的提高，空气质量质检监测设备和环保产业开始兴起，对经济产生部分拉动作用。

三、治理

PM2.5的确有着强烈的经济健康负面影响，但我国长期以来并未将之纳入监测、统计、考核体系。中国第一次发布《空气质量标准》是1982年，意在控制二氧化硫、氟氧化物、总悬浮颗粒物(TSP)，并以PM10作为参考标准。这一阶段虽有空气质量标准但并没有要求地方尤其城市对空气质量进行系统化的监测，对大气污染物也没有具体处理方案。中国控制空气污染措施是1987年9月5日首次颁布的，1995年5月29日重新修订颁布《中华人民共和国大气污染防治法》。该法规定了一系列空气污染防治措施，主要为关于酸雨和二氧化硫控制区的条款。这些控制区于1988年划定批准，涉及175个城市，总面积为109万平方千米，占中国国土面积的11%。随着经济增长，能源尤其是煤炭使用为环境带来巨大压力，1996年我国再次公布《环境空气质量标准》(GB3095—1996)，具体列出SO_2、TSP、PM10、NO_X、NO_2、CO、O_3、Pb、B(a)P和F十种空气污染物限制。2000年国家环保总局取消了NOx，并对其他污染物限值进行了调整。按照标准要求，城市空气质量只有达到二级标准才被认为是安全和可接受的。环保部还要求46个城市发布空气质量预报，包括二氧化硫、二氧化氮和可吸入颗粒物3项内容。2000年以来，在传统污染问题还没有彻底解决的前提下新型复合污染问题开始凸显，灰霾、光化学烟雾开始出现并日益频繁、趋于严重，这也表示大气污染三阶段即贫困型、生产型、消费型在中国压缩性、集中性出现。中国再次修订了《空气污染防治法》。虽然近几年国家出台了一系列关闭转停等政策，二氧化硫等传统一次污染物增长趋势得到遏制并有所下降，但机动车尾气污染引致的细微颗粒和有机污染加重，京津冀、珠江三角洲和长江三角洲为核心的城市群尤为突出。

随着国内对该问题讨论的公开化，对PM2.5进行监测并公开信息数据的诉求却并非一帆风顺。这不是财政问题也非技术问题而是典型的政治问题。如果将PM2.5、一氧化碳、臭氧新增3项污染物放入空气质量指标体系，那么所有的城市空气质量都将明显下降，全国地级以上城市空气质量将有2/3不达标，因此监测并公开相关数据需要有相当的政治勇气，中国最高层对此已有明晰的认知和决心。李克强明确指出："基本环境质量是政府必须确保的公共服务"，应修订并发布空气质量标准。2011年11月16日环境保护部终于表示将PM2.5纳入城市空气质量评价体系，接着又发布《环境空气PM10和PM2.5的测定重量法》，首次对PM2.5测定方法进行规范，此后又公布了监测时间表：2012年京津冀、长江三角洲、珠江三角洲等重点区域以及直辖市和省会城市开展PM2.5和臭氧监测；2013年113个环境保护重点城市和环保模范城市开展监测；2015年所有地级以上城市开展监测。这就意味着2016年是新标准在全国的"关门"期限，届时全国各地都要按照该标准监测和评价环境空气质量状况，并向社会发布监测结果。2012年3月，中国环境保护部经过两次征求意见后正式发布修订版的《环境空气质量标准》，增加了"PM2.5"指标，同年PM2.5正式进入温家宝总理的《政府工作报告》。然而监测、信息数据公开只是治理的第一步，就是这第一步也存在三方面问题需要解决：监测范围、监测数据公信力和人力资金支持。监测范围的核心是监测站点的普及,而普及除了在现有监测站安装设备外还需新增若干监测站点,这些新增监测站点在地理位置选择方面以什么为原则还存在争议,是人群聚居区还是工业污染集聚区,仍有待商议。目前按照环保部的统计数据全国74个城市、496个监测点已经建成,2013年全国还将在116个城市建成440余个国家空气监测点位。届时将有由190个城市近950个监测点位组成的国家空气监测网投入运行,并且实时发布监测数据。监测站点广泛设置显然需要大量检测仪器, 采购这些仪器的前提是采用何种监测方法,振荡天平法还是β射线法。振荡天平法监测结果较射线法偏低15%~17%, 这也是2013年北京环保局比美国大使馆监测数据低的重要原因。目前中国环境监测总站印发的《PM2.5自动监测仪器技术指标与要求(试行)》确定了三种PM2.5的自动监测方法,它们分别是射线方法仪器加装动态加热系统、射线方法仪器加动态加热系统联用光散射法、微量振荡天平方法仪器加膜动态测量系统(FDMS)。监测数据公信力要求环保部门一定要成为客观真实数据的追求者和捍卫者,保证监测数据发布的准确、客观和中立,做到这一点就需要监测数据的质量控制,即要建立一整套复杂数据传输、处理等质量管理系统,这套系统的建立也不是短时间内可以完成的。人力资金支持方面,进行监测人员技术培训,包括仪器设备运行、操作、维护等,中国各地区经济、技术、人员差异很大,大范围监测尚有难度。更重要的是,监测数据标准虽与国际接轨但还是最低限度上的,不但与主要发达国家相差较远,甚至与一些发展中国家譬如印度也存在较大差距(表7-3)。

表7-3 各国采取的PM2.5治理标准

国家/组织	年平均	24小时平均	备注
WHO准则值	10	25	
WHO过渡期目标—1	35	75	
WHO过渡期目标—2	25	50	2005年发布
WHO过渡期目标—3	15	37.5	
澳大利亚	8	25	2003年发布,非强制性标准
美国	15	35	2006年12月17日生效, 比1997年发布的标准更为严格
日本	15	35	2009年9月9日发布

续表

国家/组织	年平均	24小时平均	备注
欧盟	25	无	2010年1月1日,2015年1月1日强制标准生效
印度	25	40	
中国	35	75	拟于2016年实施

资料来源:杨新兴、冯丽华、尉鹏:《大气颗粒物PM2.5及其危害》,《前沿科学》,2012年第6卷,总第21期。

虽然PM2.5监测刚刚开始,但大量实证调研和直接感受已表明中国大部分省份近三年间的PM2.5浓度相比21世纪初有不同程度恶化，而其中以北京、浙江、江苏、新疆最为严重,超过5%,从绝对数值来说京津冀与长江三角洲地区PM2.5浓度最高,远远超过世界卫生组织标准。治标也得治本,要治理PM2.5就得首先说明PM2.5的来源。科学上看,PM2.5主要源自以下方面:一是数百千米之外植被遭到破坏,裸露表土大量增加,经风暴远距离传播到城市;二是城市内外大量土木工程建设导致尘土传扬;三是工业生产和日常生活的污染物排放,包括燃煤锅炉、机动车尾气、炒菜油烟、加油站和家居装修的挥发物等等;四是城市内部和周边重化工业污染物排放。

当然,不同地区、不同时段,PM2.5也存在相当差异。这里我们以京津冀、长江三角洲、珠江三角洲的主要城市北京、南京、上海、广州进行说明。之所以选择这几个城市,主要由于这三个区域国土面积仅占我国8%左右,却消耗全国42%的煤炭、52%的汽柴油,生产55%的钢铁和40%的水泥,二氧化硫、氮氧化物和烟尘的排放量均占全国的30%,单位平方千米的污染物排放量是其他地区的5倍以上。这些污染物的大量排放,既加剧了PM2.5的排放,更加重了霾的形成。

首先是北京,北京市的PM2.5约60%来源于燃煤、机动车燃油、工业使用燃料等燃烧过程,23%来源于扬尘,17%来源于溶剂使用。当然北京PM2.5存在明显的夏冬差异。夏季城区来源中,烹饪占到15%~20%左右,汽车和相关产业占到40%~50%,外地污染传输占30%,扬尘所占比例少于

10%。冬季霾主要来源是一次性污染物，罪魁祸首是供暖燃煤产生的污染气体。

其次是南京，其PM2.5来源主要为以下几部分：机动车船等移动源占25%，石化、化工、工业喷涂、钢铁和建材等工业工艺过程占15%，工业锅炉、工业炉窑占11%，电站锅炉占10%，建筑工地、道路和堆场扬尘等占10%，干洗、餐饮和民用涂料等占5%，秸秆燃烧、化肥使用和畜禽养殖等农业源占4%，区域影响占20%。

再次为上海，上海的PM2.5主要源自机动车(船)排放、电厂锅炉、工业炉窑和生产过程、道路与建筑扬尘、秸秆焚烧、民用分散燃烧等。根据复旦大学大气化学研究中心调研，2000年PM2.5本地人为来源中工业生产和机动车尾气比例大致为7:3，而最近几年，随着上海产业结构升级，大力发展金融、贸易、航运等现代服务业和机动车保有量急剧提升，尾气所占比例大幅度上升，达到50%，这意味着机动车尾气排放已成主要"元凶"。

最后是广州，广州PM2.5来源有十几项：①工业燃煤，广州燃煤一年2900万吨左右，其排放污染物占PM2.5的36%~40%；②汽车尾气，现在广州汽车保有量大概是200万辆，汽车尾气污染大致占38%；③跟广州城市传统有关系，就是餐饮业油烟，大概占10%~12%。珠江三角洲的PM2.5多以硝酸盐、硫酸盐、有机物等二次空气污染物为主，成分中挥发性有机物占40%。就中国而言，根据中国环境科学研究员调研，发现大气颗粒物尤其细微子颗粒中，包括公路、航空、船运等在内的交通源排放已占第一位，其次才是工业排放，这意味着大气污染态势已成为大工业排放、能源排放、交通排放三足鼎立，其中交通尾气污染已占第一位，而交通尾气污染并不单单包括机动车，还包括飞机、轮船。

明晰了PM2.5主要来源，就可对其源头进行相应处理，需要人为干预和处理工业源、火电行业和移动源等。早在1973年，我国空气污染控制就以浓度为标准。20世纪80年代，重点仍在城镇地区并仍采用浓度标准，政策重心开始向综合控制转变。20世纪90年代，政策标准从浓度向总量转变,从城市综合控制转向区域污染控制。2000年以来,对空气污染治理政策措施包括:燃煤二氧化硫防治技术政策,“十五”酸雨和二氧化硫两控区污染防治规划,以及实施燃煤、燃油、燃气锅炉、火电厂和机动车辆的新排放标准。“十一五”规划通过设定控制目标和政绩考核体系,将重点放在二氧化硫和酸雨控制上,治理开始逐步转向多污染物协同控制、区域联防联控。工业源控制措施包括产业结构调整,关闭特定行业或某行业特定规模企业;加大执法力度,要求企业限期内达标。不达标企业或超标排放企业限产并禁止增加污染物总量投资。在规定期限内仍不达标企业将被强制关闭。火电行业方面:包括推广和开发替代能源、普及节能家电、更多运用市场化手段鼓励节能、关闭小型火电机组并将其作为批准建设新的较大发电机组的前提条件,在新火电机组上安装脱硫设施等等。

“十二五”期间,PM2.5治理总体政策框架是:①加强国家环境空气网建设,普及国家监测站点。②出重拳、用猛药,抓好重污染地区大气污染治理。在重污染区域对火电、钢铁、石化、水泥、有色、化工六大行业实施大气污染物排放限值;实施煤炭消费总量控制;深化机动车污染治理,提前实施国V标准,鼓励北京、上海等城市提前实施更高排放标准;加强区域污染联防联控,包括执法监管机制、环评会商机制、监测信息共享机制和预警应急机制,统筹协调区域大气污染防治;进一步强化污染减排目标的考核和监督检查。③强化依法治理。积极推动《大气污染防治法》的修订,推动各级人民政府加快落实大气污染治理责任。④制订政策鼓励细颗粒物污染防治技术的开发和应用。此外,鉴于PM2.5在全国各地来源分布、排放规律和化学特性的复杂性,任何治理都不可能一刀切,要以科学研究作为支撑进而采取相关措施。除了政府部门采取治理措施之外,更重要的是公众的参与,比如民众的绿色消费、低碳出行、减少家庭油烟排放等。

其实,PM2.5治理中最复杂的还是移动污染源机动车排放,机动车尤其私家车造成的污染属于典型的消费性环境问题,由此不仅牵涉千家万户也关系到技术标准、交通规划和城市建设。过去30年是中国机动车数量迅猛增长的 30 年，增长率大概 15%，接近国内生产总值增速。私家车增速更高，年增长率达到 26%。截至 2012 年年底，中国机动车保有量已达 2.4 亿辆，机动车驾驶人达 2.6 亿人。其中汽车驾驶人年增长 2647 万人，首次突破 2 亿人，全国私家车保有量破 7000 万辆。如此多的汽车保有量，达到国Ⅳ以及以上排放标准的汽车却只占汽车总保有量 5.7%，国Ⅲ标准的汽车占 48.0%，国Ⅱ标准汽车占 19.8%，国Ⅰ标准汽车占 17.0%，其余 9.5%汽车还达不到国Ⅰ标准。按环保标志分类，“绿标车”占 83.6%，高排放“黄标车”仍占 16.4%。机动车数量大规模增长必然导致更加严重的空气污染，尾气排放总量较 1980 年增加了 14 倍。根据《2012 年中国机动车污染防治年报》，2011 年，全国汽车产、销量分别达到 1841.9 万辆和 1850.5 万辆。全国机动车排放污染物 4607.9 万吨，比 2010 年增加 3.5%，其中氮氧化物(NOx)637.5 万吨，颗粒物(PM)62.1 万吨，碳氢化合物(HC)441.2 万吨，一氧化碳(CO) 3467.1 万吨。其中汽车排放的 NOx 和 PM 超过 90%，HC 和 CO 超过 70%。国产柴油车排放的 NOx 接近汽车排放总量的 70%，PM 超过 90%；而汽油车 CO 和 HC 排放量则较高，超过排放总量的 70%。数据显示，北京、深圳、上海、成都、天津等 11 个城市汽车保有量超过 100 万辆。其实对交通尾气影响最大的是油品质量，集中体现在含硫量上，欧洲从 20 世纪 90 年代中期开始逐步降低油品中的硫含量，如今欧Ⅴ标准限值 10 毫克/千克。2010—2011 年，国内多个城市柴油硫含量在1000 毫克/千克左右，汽油硫含量多数在 130 毫克/千克左右，也有一些民营加油站汽油的硫含量达到 500 毫克/千克。中国油品标准落后于机动车排放标准，油品质量升级缓慢，其主要原因在于对油品质量没有引起足够重视，从法规标准到政府监管各层面皆是如此。提高油品质量，如将苯系物从油品中提出可减少油品中的挥发性有机物。交通合理性对尾气排放影响也很大。欧美一些国家虽然车流大，但车速基本保持在 80 千米/小时以上，效率最高而排放最小，国内却是“一脚刹车一脚油”，交通拥挤导致行驶状况多，汽油属于不完全燃烧，污染更严重。如何使路网优化和行车规则优化对PM2.5 减排也具有重要意义。

表 7-4　2012 年环境质量标准(颗粒物)

污染物名称	取值时间	浓度限值		浓度单位
		一级标准	二级标准	
PM10	年平均	40	70	微克/立方米 (标准状态)
	日平均	50	150	
PM2.5	年平均	15	35	
	日平均	35	75	

四、世界城市应对雾霾的措施

随着雾霾和空气污染的逐步常态化,人们逐步认识到末端控制并不总是最好的解决空气污染的办法,应首先进行源头控制和在产品生产过程中减少排放,由此进行了很多有益探索,这里对世界主要城市的空气污染应对政策进行梳理以为中国主要城市的空气污染治理提供借鉴。

(1)洛杉矶。制定比国家还要严格的空气质量标准和污染控制政策,并根据污染数据采取分级警报措施。1989 年实施激进的“空气质量管理计划”,该计划分为三个层次:依赖现有技术,依赖突破性的新技术,依赖尚未完全开发但被认为能够开发出来的新技术。控制交通尾气排放方面,要求 40%的小汽车、70%的载重汽车和所有的柴油公共汽车到 1998 年改用清洁燃料,如甲醇。控制汽车污染方面,1984 年当局采用车辆检测的办法,屡次检验不合格的汽车被送往集中检验站接受最高标准的检验并使用推荐的配方汽油。对工业和企业的排放控制以发放经营许可证的方式进行。引入市场激励机制,洛杉矶地区于 1994 年对 1000 个污染大户实行排放交易制度。

(2)伦敦。1956 年,英国政府首次颁布了《清洁空气法案》,在城区设立无烟区,禁止使用产生烟雾的燃料;发电厂和重工业等煤烟污染大户迁往郊区。1968 年又颁布了一项清洁空气法案,要求工业企业建造高大烟囱,加强疏散大气污染物。20 世纪 80 年代开始,汽车取代燃煤,成为伦敦大气的主要污染源。针对此,伦敦大部分市镇通过详细检测,确定了各自的空气重污染地域,在这些地方建立“空气质量管理区”,对这些区域有的放矢地实行更严格的污染治理措施,其中特别是对主干道采取交通限流,对重点车辆进行限行，禁止排放不符合标准的车辆上路等措施见效明显，减少了重污染区的机动车尾气污染。

(3)墨西哥城。雾霾发生时最重要的是发布烟雾警报，分三级，每一级伴随着相应措施：一级工作排放减少 30%~40%；政府用车减少 50%，暂停街道修车，要求人们不要驾驶小汽车；二级就要工厂排放量减少 50%~70%，要求关闭学校。禁止汽车上路从每周一天延长为每周两天，以期将用车辆减少 40%。三级警报，工厂全部关闭，许多活动被迫停止。对私人汽车限制，私人汽车必须出示五种彩色许可证的一种，每一种颜色代表一星期中的某一天该车不能上路，违者被罚款 600 美元，汽车也可能被没收。要求新车安装催化转换装置，将出租车的最大年龄限制为 10 年，政府提供资助让出租车司机购买新车。采取措施，试图将冬季政府用车减少 30%。

(4)巴黎。主要以公共交通应对空气污染，通过“根茎网”将商店、办公楼、住宅楼有机地混合起来，缓解城市交通矛盾。交通计划 10 年内建设 130 千米的“8”字形或者叫双环形全自动化地区快车线(RER)，把主要经济中心联系起来，提升郊区质量。巴黎制定了行之有效的管理措施和经济手段：限制机动车的数量，尤其是控制出租车的数量；规定当空气质量为二级时，汽车根据牌照的单双号交替行驶，而当空气质量达到三级时，凡可能造成污染的车辆都严禁上街；鼓励人们乘坐公共交通工具，空气质量凡在二级以上时，所有公共汽车和地铁的票价都要降低。此外，巴黎还采取一系列交通工程措施:开辟自行车车道、开展“无车日”活动、拓展地铁和增开公共汽车线路，进一步完善巴黎的公交覆盖网，并恢复有轨电车绕圈通行。2014 年 3 月 14 日(星期五)至 16 日(星期日)巴黎遭受严重雾霾袭击，巴黎市政采取的措施包括公共交通免费三天，公共自行车租用服务免费，一小时内的公共电瓶车租用服务免费。巴黎市交通局负责人还呼吁所有市民把自己的汽车留在家中，选择使用公共交通。如果城市空气污染水平对人们的健康构成“严重危险”，还要求老年人、儿童和有呼吸疾病的人留在家中。此外，临近的兰斯、鲁昂和卡昂等城市还效仿巴黎，采取公共交通免费措施。

(5)德国城市在应对空气污染的措施分为短期和长期两个方面。短期措施:第一,对某类车辆实施禁行,或者在污染严重区域禁止所有车辆行驶。第二,限制或关停大型锅炉和工业设备。长期措施:第一,设定机动车排放标准。小汽车、轻型或重型卡车、大巴车、摩托车……各类车辆都须满足设定的排放上限。机动车辆需安装微粒过滤器等尾气清洁装置。第二,严格大型锅炉和工业设施排放标准。第三,设定小型锅炉设备排放标准。第四,设定机械设备排放标准,设立"环保区域"。德国超过40个城市以及许多欧洲国家均设立了"环保区域",只允许符合排放标准的车辆驶入,禁止重型货车通行。第五,通过补贴或宣传项目,鼓励乘坐公共交通以及骑车出行。第六,通过合理的交通指示灯变化、设置机动车专用道等更好地管理交通。

从这些措施不难发现各城市主要以法律途径治理空气污染。譬如欧盟立法机构为其各成员国的空气质量管理做了基础性工作，由欧盟立法机构制定空气质量的限定值，而由各成员国自主决定采取何种措施解决自己的空气污染问题以达到欧盟标准。无疑,立法和制定标准的工作也促进了加工业和污染控制技术的改进。针对空气污染跨区域的问题,欧盟由此制定了《欧盟空气污染长距离越境传播公约》,要求欧盟国家把空气污染当成一个共同的问题,共同采取措施。显然,城市空气质量管理的工作中必然考虑每个重要的污染源,将区域性污染传输纳入,从省区、区域甚至全国的角度进行处置。

此外,监测网络和公共信息系统是城市空气质量管理体系的两个组成部分。国外主要城市,像日本的东京市、美国的洛杉矶市和纽约市,先后在20世纪60年代末和70年代初开展各种天气形势和气象条件对空气污染状况影响的研究,在此基础上开展空气污染预报的试验、空气污染浓度预报,并在发布天气预报的同时发布空气污染预报。预报分为周报、日报,烟雾警报和空气质量管理体系。法国空气质量监测协会负责监测空气中污染物浓度,并向公众提供空气质量信息。法国环境与能源管理局每天会在网站上发布当日与次日空气质量指数图，并就如何改善空气质量提供建议。

当污染物指数超标时，地方政府会立即采取应急措施减少污染物排放，并向公众提供卫生建议。美国民众通过环保署网站随时了解当地的空气质量。美国环保署和其他机构合作设立了“空气质量指数”，向公众提供有关地方空气质量以及空气污染水平是否达到威胁公众健康的及时、易懂信息。近年来我国各地的空气质量监测网的设置已颇具规模，且不断完善。目前我国公共信息服务体系开始启动，开展了空气质量周报工作，日报工作也在逐步开展。监测数据每天公布，提高了公众的环境意识。要学习巴黎、莱茵—鲁尔地区实施空气质量管理和烟雾警报的实践经验，对敏感人群提供健康忠告和建议。

针对机动车尾气污染，公共交通推广和普及是最佳选择，伦敦、新加坡、维也纳都有自己独到的做法。伦敦是世界上第一个建造公共交通系统的城市，轨道交通和在市中心主要起短途接驳和补充作用的公共汽车线路在保证市郊居民即使在不使用小汽车的情况下，也能在 1 小时内到达市中心办公区域。新加坡也很有特色，继续保持 83 千米地铁线为纲、240 多条巴士线和轻轨线为目、3800 多个站点为结的公共交通网，并在此基础上完善。每个站点每 15 分钟必须有车到达，早不能超过 1 分钟，晚不能迟到 2 分钟；保证任何一个居民从家到最近车站的距离小于 400 米，确保每个邻里街坊都有综合性商业网点和超市，每个社区都有大型商业中心；确保小学规划建设与住宅区规划建设相协调，使每个小学生步行最多 500 米可以到学校，而不用穿越主干道；确保住宅区与工业区、金融区相协调，除重化工区外，其他企业集中区域都布局有住宅区，缩短工作地和生活地的距离，尽量减少花在交通上的时间。作为一个车辆、人口日益增多的大城市，维也纳则拥有世界上最高密度的公共交通网络。公共运输“维也纳 Linien”为城市提供快速、安全和环境友好的城市交通，每天超过 200 万人次，年度则高达 8.39 亿人次。此外，维也纳不断增加有利于环保的交通方式，包括公共交通、自行车、步行等多种出行方式。维也纳强大的公共交通系统在未来可以被总结为“基于城市需求的公共交通产品”。

针对空气污染日益常态化的趋势，雾霾和空气污染治理日益需要制度化、机制化的应对措施。上述城市的做法对中国也有借鉴意义。除了及时更新《环境保护法》和《大气污染防治法》，行政措施方面，中国环保部与31个省（区、市）签署了《大气污染防治目标责任书》，其中北京、天津、河北确定了PM2.5年均浓度下降25%的目标。与此同时广州、深圳、东莞、中山、北京、佛山、珠海、南京、苏州、宁波等城市在空气污染信息公开方面也作出了很大改进。尽管空气污染信息公开需要很大成本，用于工业企业污染治理、清洁能源替代和机动车污染防治等等，根据公开数据在2017年以前就需要1.75万亿元人民币资金，但如果以牺牲广大人民群众的健康为代价显然是不值得的，这需要巨大的政治勇气和责任感。就汽车尾气而言，从长远来看，建立完善、便捷的公共交通恐怕是唯一可行的道路，但是短期内只能通过收取“交通拥挤费”进行有效处理。相信经过未来几年的努力，空气污染尤其机动车尾气污染治理会有较大改善。

第二节　互联网可否推进“美丽中国”早日到来

有人认为中国目前的环境意识空前高涨，政府对环境治理的投入持续增长，然而环境质量却持续下跌，北方雾霾大规模长时间存续、南方血铅事故不断涌现、劣五类水系水质难以改观、环境群体性事件此起彼伏，说明中国环境危机已到了最为严重、风险最大的时期。然而当前体制下损害环境质量的力量如此巨大而保护环境质量力量却又如此弱小，原因何在？有人认为，根源在于政府调控市场能力的弱化、某些社会功能的失灵。既然失灵，就需要扭转，实现政府、市场和社会功能的重置，那么扭转和重置又该如何实现？答案在于体制改革，譬如将环境质量纳入政绩考核体系、环境公益诉讼等等，然而体制改革确有效果也有必要，但根本还在于多样化行为主体环境权的包容。基于此，有人认为随着互联网应用的扩展、信息愈加透明，公民参与诉求将得以满足，进而推进中国环境治理体系的转型。笔者认为通过互联网推进环境治理体系转型最终将收效甚微，而该答案的解释离不开现行环境治理体系的现实运行。

一、中国当前的环境治理体系

正如其他社会领域事物治理一样，中国环境治理体系是高度权威型，而这种权威型治理范式的核心主要在以下三点：第一，国家权力高度垄断环境治理权限，以明确的或者隐含方式拒斥公民的表达和参与，政府—公众—NGO 的平等合作异化为权威—依附关系，NGO 甚至沦为政府某种形式的宣传机器和传声筒。第二，环境法律异化、虚化。环境治理要求法治、有法必依、执法必严，然而权威治理体系下，权大于法、法律运行经常受到权力的干涉，法律效果大打折扣；更重要的是，环境治理责任被分解、逐级分包，一统性环境法令与地方政府 GDP 为核心的政绩观对撞，法律自上而下的输入被自下而上的新制度所取代，尽管这种取代在形式和话语体系上与原有环境法律体制仍保持一致而具体实践和目标却相差甚远。第三，“不出事逻辑”盛行，不出事表示地方政府在环境治理方面的心态和行为取向，“不求有功，但求无过”，只要政府的决策和行为没有诱发大规模群体事件、严重的环境事故和恶劣的环境新闻，环境保护就可被悬置。尽管目前环境治理目标仅仅避免大规模环境事件和冲突行为的出现，但事件、冲突在运作机制下仍有可能出现，[①]由此环境保护运动、治理专项兴起。地方政府也多乐意以看得见、摸得着的集中整治、专项治理、突击执法、定点清除等方式回应公众诉求。

权威型环境治理体系集中表现为一统性环境法令自上而下贯彻，而地方政府采用集中式的强力执法，环境事故仍然多发。其实运动式强力执法可有效提升污染企业的排放成本，遏制过度污染行为，但缺陷也显而易见。首先，无法及时有效应对环境群体性事件。公众面对环境侵权一般只能诉诸环境信访等行政救济手段，环境信访不仅给地方环保部门官员，给当地政府行政领导形成很大压力，维稳机制顺势启动。维稳机制迫使公众转向

① 杜辉：《环境治理的制度逻辑与模式转变》，重庆大学 2012 年博士学位论文。

"共同散步"等形式予以抗争，而这种抗争进一步迫使地方政府采用政治性手段而非法律手段，民众进一步产生"相对剥夺感"，最终采用"共同的愤怒"粗暴维权，环境维权最终演变为群体性事件。其次，权威式环境治理体系还极大地抑制以环保NGO为代表的公民社会发育，尽管一些研究表明中国的环境治理体系正逐步引入公民社会因素，公民参与机制和政府官员考评标准有所加强，但仍存在诸多瓶颈：环保NGO难以获得社会团体登记，即使登记成为合法的社会团体也不具备环境公益诉讼资格，更何况政府一贯性地拒斥甚至对抗环保NGO的理性活动；环保NGO自身有时基于生存和发展利益需求也自觉不自觉地以政府对权力和利益的选择为中心而选择性失语，对譬如福建厦门、浙江宁波、四川什邡、江苏启东等全国各地的PX项目鲜有环保NGO准确客观的意见。①最后，运动式治理往往局限于本轮活动所设定的目标，有悖于稳定和刚性的法治精神，损害法律权威和政府形象，问题虽得以一时缓解，根源却依然存在。此外，在运动式治理和高度垄断的现状下，与权力共谋成为普遍现状，无论是污染企业还是环保NGO抑或是民众都希望获得政府的支持，而政府的支持最终落实到主要领导身上，腐败也很难消除。

二、互联网对环境治理体系的嵌入

传统权威型治理体系取得一些成效，但并不能遏制环境日益恶化的事实。日益增多的环保突发事件和群体性事件说明，国家权力的高度垄断性和对公众的拒斥必须向新范式转型。这种新范式核心特征包括政府、企业、社会团体和非政府组织多样化行为主体、自上而下的法律和自下而上的自发行为的融合，从内涵上包括信息获取权、决策公共参与权和司法补救权。向新范式转型需要动力，那么动力源自何处？一般说来，动力可分为自上而下的强制性变迁抑或自下而上的诱致性变迁，除此之外技术环境变化也可成为动力来源。这里不讨论政府的强制性变迁抑或自下而上的诱致性

① 杨妍：《环境公民社会与环境治理体制的发展》，《新视野》，2009年第4期。

变迁，只讨论信息技术尤其是互联网在环境治理新范式过程中的作用。目前的社会生活事实是，互联网的确已渗透到经济、文化、政治、军事等诸多领域，朝着主导型角色迈进。互联网去控制化、即时传递、在线互动，既为公民提供了开放、自由的政治表达平台，也使信息传递更加不受时空和政治的控制。①

互联网创造了新政策工具和全新的技术应用手段。自20世纪80年代以来，OECD国家环境领域发起一系列政策创新，包括环境税、排污权交易制度、废物回收的押金制度、垃圾等废物处理的市场化运作等等。近年发现无论是命令—控制政策还是市场型政策都收效甚微，且成本居高不下，由此它们开始注重经济目标与环境目标、政府引导与企业和公众主动参与等的协调，新方式、新方法也不断涌现。自愿性协议方式、环境标志和环境管理系统等等，而这些工具为互联网的介入和应用提供可能。实际上，互联网应用环境治理主要在以下几方面：虚拟化交互减少了能源消耗、提高能源效率；地理信息系统广泛应用于环境规划、自然资源管理和环境建模等活动；还譬如智能交通、智慧城市既便捷了生活更符合清洁生产还减少了温室气体排放；还譬如循环经济的指南生产线的采用减少原材料的耗损，节省大量资源；此外环境文化建设上互联网还发挥难以想象的作用，一些典型网络案例包括“绿色北京”、藏羚羊信息中心、瀚海沙、学生环境保护绿色网络等等都有力推动了环境意识的觉醒。

互联网还为实时监测经济活动的环境影响提供了可能。目前国际学界正在广泛讨论大数据对生产生活的影响，其实环境治理也是大数据应用的主要领域之一。大数据是指不用随时分析法这样的捷径而采用所有数据的方法，通过使用所有的数据可以发现隐藏在大量数据中的蛛丝马迹，并推知情况。大数据中的“大”也不是绝对意义的大，而是全样本，这种全样本只

---

① 金毅：《当代中国公民网络政治参与研究——网络政治参与的困境与出路》，吉林大学2011年博士学位论文。

要借助地理信息系统、遥感、共享数据等信息通信技术绩效就可获取并进而提升治理绩效。实际上,这种大数据还为具备基本基础设施和网络使用技巧的人提供了便利。公民不论种族、性别、收入、区域,都可全天候获得大量的环境信息,详尽、描述细致、朴实。正是意识到互联网收集环境信息的重要性,“七五”期间,国家环境保护总局建立了小型 DebaseII 数据库。1992年亚洲开发银行设立《选定城市管理信息系统建设》项目资助,上海、大连和南通三城市的环保局为实施单位建设了城市管理信息系统并成立了环境信息中心。1996 年国家环保总局获得世界银行技术援助,完成 27 个省级环境信息网络系统建设项目。2003 年国家环保总局开发电子政务综合信息平台,整合环保业务应用系统和办公自动化系统,挖掘了信息通信技术在环境管理中的潜力,实现环境信息的共享和有效管理。目前环境保护部和30 个省级环境保护部门都有了自己的门户网站,这些网站为环境信息(譬如环境法律、法规、环境新闻、环境状态、知识和企业环境等)发布;在线征询(包括立法公共意见征询、环境影响评价报告和其他决策公众评议等);在线服务(包括行政许可、行政复议申请、信息公开申请等等);在线互动(包括在线调查、公众咨询、在线投诉、在线讨论等等)推动了环境治理绩效的提升。

互联网推进环境治理体系还表现在公民环境权参与的拓展上。公民环境权的网络拓展,是以互联网为活动空间,并以网络作为信息载体和活动途径,网民、网络共同体和网络政治精英等为参与主体,直接或间接地影响国家环境决策行为。互联网作为空间活动,核心是将网络作为信息载体,包括社区对话讨论、人肉搜索、微博传递、微信圈,甚至网络群体性事件等等诸多形式。它不仅弥补了现实政治生活中政治参与渠道相对狭窄的不足,还减少了参与的时间、金钱、精力成本,实现了利益主体之间的快速连接和沟通,使得参与过程更加公开透明,由此被当成深化公民参与环境治理的理想工具。实际上随着经济增长和受教育水平的提升,中产阶级的崛起、公民对环境权利认知日益清晰,在实际生活参与受阻的情况下,网络参与需求大幅提升，这样互联网上一种有关环境治理的虚拟的政治—社会结构得以构建。在这种虚拟政治—社会结构中，微观层面的创新生境界(Niche)，中观层次的制度(Regimes)，宏观层面的演化场境(Landscape)都可以发现端倪，在这种背景下权威环境治理体系不得不向合作的环境治理体系改变。①

三、互联网推进环境治理体系转型需要法律化

以互联网为核心的信息通信技术被广泛应用于环境规划和自然资源保护领域，同时随着环境信息的透明化、参与渠道的拓展，使得互联网急剧推进环境治理体系转型。然而互联网的技术特性决定其优点的同时也必然存在诸多缺陷，具体体现在以下三方面：第一，坏消息容易传播，董良杰的“自来水里的避孕药”“舟山人头发里汞超标”“南京猪肉含铅超标”“惠州猪肝铜超标”网络谣言就造成了很大的民众恐慌，不利于环境治理体系的构建。第二，网络参与同样面临代表性不足、民主赤字的问题，网民77%由35岁以下的年轻人构成。年轻人浓厚的参与热情、强烈的表达意愿成为网络舆论活跃的主体，但他们受到学识、阅历限制，激情有余、理想不足，很难理解实际问题的复杂性，言论观点难免有失偏颇。第三，网络存在民粹主义倾向，民粹主义简单否认现有的治理体系以及国家整合、推动作用，使网络成为网民泄私愤的平台，很容易让整个社会失去主流价值观。环境突发事件往往先入为主地认为有腐败嫌疑、有罪推定，不利于事情的化解，同时网络人肉搜索、微博传递也极可能破坏某些人的人格尊严和隐私保护。第四，网络改善公民政治参与环境治理的途径和手段，但也可能产生消极作用，网络技术的国家垄断阻碍网络民主，产生信息鸿沟，导致网络技术帝国主义的产生。

那么如何才能扩大网络参与并规避这些不足呢？要解决这一问题就必须增加信息透明度和公民参与权的法律化。在实际生活中经常会看到

① 朱德米：《从行政主导到合作管理：我国环境治理体系的转型》，《上海管理科学》，2008年第2期。

发生了环境突发事件而官方没有及时发布信息的现象，公民就借助互联网进行信息传播，这些信息传播迅猛、影响广泛、虚实互动，最终呈现为网络群体性事件。实际上，任何互联网引发的环境参与如果得不到法律的回应都很难持续，而网络群体性事件取得的成果也很容易成为个案。1986年美国通过《紧急计划和社区知情权法》，要求工厂每年都要向公众披露释放的化学气体量。[①]根据此法案，美国环境署编制了一套排放毒性化学品目录，工厂根据此目录填写各种化学气体排放量，1988年开始向公众公布这些数据。这说明美国的环境规制出现重大突破，以往环境规制主要措施是对气体排放设限，通常要求使用特殊的技术或设备改善环境质量，而如今则是要求工厂主动积极进行信息披露。网络参与显然也应该采取类似步骤，就互联网使用的权限、范围制定法律法规，为可行的和不可行划定清晰的边界。

"可持续发展"概念提出以来，人们开始从更为系统的角度认识环境问题，包括生态、经济、技术、文化和政策等等，而这一问题的根本解决往往意味着整个社会系统的转型和变革，意味着宏观制度与微观机制的有效互补，由此单纯的技术治理或政策强制往往难以奏效。互联网对环境治理体系的嵌入、渗透和应用表明了一种新的环境治理样态的产生，而这种样态绝非信息通信技术与环境保护简单融合，而是要求从深层次变革政治与社会权力结构及其运行方式、相关机构功能。互联网的虚拟特性使得政府与其他社会组织群体势力之间形成相互依存的关系，主体的多元化、权力的中心化、责任界限的模糊性、权力的相互依赖和互动性、自主自治的网络体系的建立都影响着环境立法、环境行政和环境正义，而在这一过程中环境信息的产生、处理、传播和使用也成为变革的源泉。未来一段时间虽然基于互联网应用的环境治理新工具仍会不断创新并得到运用，但是传统命令与

① 维夫克·拉姆库玛、艾丽娜·皮特科娃：《环境治理的一种新范式：以提高透明度为视角》，《经济社会体制比较》，2009年第3期。

控制的规制型工具仍是政府最喜爱和惯用的,命令—控制的传统政策工具仍然起着环境治理的主导任务,不可能被其他手段轻易取代。新的政策工具只可能用在新型环境问题或者传统政策工具的空隙的地方,因此通过互联网推进环境治理体系短期内不太会有根本性进展。

第三节　修改《环境保护法》为"美丽中国"保驾护航

一、《环境保护法》需要修改

目前我国使用的《环境保护法》是1989年修订的,距今已二十多年。这二十多年我国的环境法律体系发展迅猛，单行环境法律几乎年年出台,这一方面反映了我国依法治国理论的进展,另一方面也反映了我国环境问题的严峻性和紧迫性。我国的环境治理局面目前主要呈现出三大趋势:一是在水、土壤、空气和固体废弃物等常见环境问题拖延不决且经常反复;二是铬等重金属污染、福建紫金矿业、松花江苯污染、大连石油泄漏等重大环境灾害一再发生;三是气候变化、生物多样性等新型全球环境问题负面影响愈益显著。这些趋势说明1989年的《环境保护法》在很大程度上已不能适应环境保护的要求,由此《环境保护法》到了不能不改、也不能不大改的局面。修改不是盲动,必须是目标、手段、行动的融合。纯粹行政运动式治理虽能收一时之功效,但并不能从根本上建立扭转整个趋势的机制。由此对整个环境法律体系进行"顶层设计",从制度上确保环境法律的公信力和执行力成为环境保护法修改的根本目标。

法律是用来调节行为主体间的权利义务关系的,环境法律就是调节不同行为主体对空气、水、阳光等生活所必需的环境要素而展开权利义务关系。根据环境经济学的原理,环境问题本质上是市场失灵造成的外部性问题,经济主体对环境要素的利用并没有反映到其行动的成本中来,由此造成了不同行为主体对之无穷尽的汲取，治理过程又存在显著的公共性,致使"搭便车""占便宜"现象普遍存在,由此环境需求和供给出现不对称乃至"赤字"。环境恶化既侵害了个体良好的生活环境,更破坏了共同体赖以生存的公共基础。要调节环境要素利用中的社会关系就必须运用国家的公共强制性权力。不论当事人的意愿如何,政府也就成了环境法律关系中的当事人。政府成为环境法律关系中的当事人而政府又可根据客观的环境状况增加或限制其他当事人的权利和义务,也可对不履行义务的当事人采取适当的强制性措施;而当事人虽可采取司法救济的形式,但不能否认其效力而加以抵制,都说明环境保护的法律关系不同于民事法律关系,政府和其他行为主体是不平等的。

环境保护的性质决定了环境法律以行政规范为主,这不但在理论上得以说明,在1989年的《环境保护法》中也得到充分体现。1989年的《环境保护法》总则第七条明确规定:“国务院环境保护行政主管部门,对全国环境保护工作实施统一监督管理”“县级以上地方人民政府环境保护行政主管部门,对本辖区的环境保护工作实施统一监督管理”,从而确立了环境责任的行政负责原则,并在各章中就环境保护行政主管部门的行政权限,各级政府环境责任的具体内容等等作出了明确的规定。虽然《环境保护法》也有了民事和刑事方面的规定, 比如第四十一条规定,“造成环境污染危害的,有责任排除危害,并对直接受到损害的单位或者个人赔偿损失”,属于民事赔偿行为;第四十三条规定,“造成重大环境污染事故,导致公私财产重大损失或者人身伤亡的严重后果的,对直接责任人员依法追究刑事责任”,属于刑事责任,但是显然无论是民事赔偿还是刑事责任都脱离不了行政规范的指导约束,比如民事赔偿中的行政调解,环境犯罪中的行政介入等等。从行政部门权限的规定到法律责任的相关内容和范围,再到其他法律主体对行政部门权限的认可都充分说明《环境保护法》是一部以行政规范为主的法律。事实上世界其他国家的环境法律也同样规定了国家环境行政主管部门对环境保护进行统一管理和监管。

二、《环境保护法》修改关键在于对政府环境责任的监督

《环境保护法》以行政规范为主,政府可以根据客观现实对企业、公民涉及环境的权利义务作出相应的调整,具有较大的主动性,由此政府环境

责任和环境治理绩效就产生了明显的正相关关系。这样《环境保护法》修改的关键便在于如何从法律上确保政府环境责任的落实。一些人认为,政府环境责任的落实只要由环境主管部门实行严刑峻法即可，殊不知环境问题关系着政治、经济、行政、社会、工程和技术各个领域,其解决也需这些领域的创新和协调,这样政府的环境责任便和经济增长、公民素质、利益博弈、制度架构产生了内在关联。由于受社会发展阶段、政治架构的影响，中央的环境要求和地方经济增长之间常常存在矛盾，面对这样的矛盾,地方政府更多选择的是经济而非环境,有的甚至还通过经济、行政、立法、司法等各种变通手段对自身所属的环保部门施加压力,以保护对地方GDP贡献甚大但对环境有着潜在危害的巨型企业，以至于出现了帮助污染企业逃避行政处罚,公然对抗国家环境行政等极端的案例。由此可见政府的环境责任并不仅仅在于环境主管部门而是在于整个政府。上级环保部门对下级政府的环保不作为或不当干涉基本没有有效的制约办法,即使国家环保主管部门成立了区域环境监察中心、提出了“区域限批”“行业限批”“流域限批”等措施,但这些都是一些应急之策,对那些慢性环境污染往往很难奏效。一些学者认为造成我国环境问题的根本就在于三条:一是政府没有落实好科学发展观;二是环境管制的“政府失灵”;三是缺乏行政部门影响环境的行政行为的社会监督。[①]这三条归结到一起便是政府如何完整统一地落实环境责任。因此,将环境责任真正纳入政府的社会经济发展和决策主流便成为《环境保护法》修改的根本指向。要确保整个政府而不仅仅是环保部门落实环境责任，一般说来需要修改整个政府的核心价值观念和目标函数，尽管十八届三中全会在加强生态文明制度建设部分,提出了“探索编制自然资源资产负债表,对领导干部实行自然资源资产离任审计,建立生态环境损害责任终身追究制”,但仍然存在着自然资源资产涵盖范围如何界定、领导干部的权限如何界定,以及谁是政策设计

① 王曦:《当前我国环境法制建设亟需解决的三大问题》,《法学评论》,2008 年第 4 期。

执行主体等问题难以解决。既然行政体制内并无有效便捷的解决办法，那么笔者认为，《环境保护法》的修改除了要严格禁止地方政府的保护主义和主要领导人的不当干预之外，还必须从社会中寻找制衡力量，从司法角度来说便是政府的可诉权和环境公益诉讼的实现。

政府的可诉权是指政府在行政过程中出现违反环境立法的行为或者在处理环境事故时明显有失公允或者不作为时可以成为被司法部门或者公众诉讼的对象，而这在1989年的《环境保护法》中是不存在的。根据1992年1月31日全国人大常委会法制工作委员会的解释，因环境污染损害引起的赔偿责任和赔偿金额的纠纷属于民事纠纷，环境保护行政主管部门根据当事人的请求进行处理，当事人不服，可向人民法院提起民事诉讼，但不应以环保部门作为被告提起行政诉讼，人民法院也不应作为行政案件受理和审判。1995年《固体废物污染环境防治法》及其后制定的环境法律均把“环境行政处理”改为“环境行政调解处理”。这一调解既说明了政府在环境损害民事赔偿中存在的行政空间，又豁免了行政主管部门调解过程中可能出现的错误责任。在目前的政治经济框架下，地方政府普遍存在追求经济增长的冲动，地方主要领导人倾向于保护作为地方支柱产业的企业，赔偿不充分、少赔或者不赔成为常态。

环境公益诉讼的必要性，国内法学界相关论述已汗牛充栋，谁也不能否认公益诉讼对环保事业具有实质性的推进力，欧美的公益诉讼实践也证明了公益诉讼的意义。实际上2008年我国新修订的《水污染防治法》“环境保护主管部门和有关社会团体可以依法支持因水污染受到损害的当事人向人民法院提起诉讼”的条款渗透了若干公益诉讼的要素。环境公益诉讼的核心是起诉资格理论，即公民或者相关社会组织认为只要自身或者自身成员的环境利益被污染企业损害，构成了足够的利益关系就可以向环境损害方提起诉讼。其实在环境司法实践中，污染受害者通常是处于较近地域的普通群众，而普通群众往往出于集体行动的逻辑难题和其他种种原因不敢或不便向政府或企业提出诉讼，再加上机械主义的盛行，环境举证的困难,更无法确保诉讼能够取得胜利,最终导致环境维权一败再败,这时远离事故发生地的专业性环境组织发起公益诉讼不但能从舆论上制衡对方,还能以其专业和利益的非直接性对污染企业进行司法对抗,使地方政府服从司法判决,从而最终落实"谁污染、谁治理"的环境责任原则。

三、《环境保护法》修改的结果体现利益博弈

环境问题与资源利用息息相关,用与不用以及如何利用,涉及利益的分歧与合作,这种分歧和合作可存在于当代不同利益集团之间,也可存在于当代人与后代人之间。就当前来说,利益相关主体的一方是能够从现行发展模式获得实际的利益, 并拥有政治和经济权势的地方政府和企业;另一方是存在集体行动的逻辑难题、缺乏博弈手段和对环境行政决策接近渠道的普通群众;处于中间地位,较为客观的是法律共同体,它们对《环境保护法》的现状、地位有着清醒的认识,对《环境保护法》的修改也有着相当的话语权,但它们并不是铁板一块,而是经常为这方面或那方面的利益所左右。显然《环境保护法》的修改结果将最终体现政治、经济、社会和知识群体的影响力。能否对政府尤其地方政府的环境监督有实质性的推进,能否让政府主要领导人承担起环境责任,关键在于此次修改能否让环境保护失当的地方政府承担起司法责任,主要负责人也会因此在政绩考核、民事、行政甚至刑事上受到问责。只有政府环境行政的可诉性和环境公益诉讼得以实现,在《环境保护法》的修改中引入社会力量,才能做到"惠泽于民"。

新世纪以来,修改《环境保护法》的呼声不止一次浮出水面,但每一次又都因利益纷争而最终没有进入议事日程。那么此次修改提议是否也可能遭遇同种命运,使公众在与经济政治的博弈中无所作为呢?显然不是,即使不能确保公众提出的制度修改意见被立法采纳,但在内容和程序方面公众仍可采取积极行动,譬如环境损害赔偿金额的上调、生态补偿机制、环境信息披露,还包括政府行政、企业项目在内的环境影响评价、环境标准和技术性规范的公示等;也可通过多种渠道呼吁提升《环境保护法》的地位,使政府在进行重大决策时考虑环境保护多一点、实在一些。这里需要特别指出的是，随着全球化的进展，外部环境问题的输入和全球性环境问题的蔓延，国内《环境保护法》的修改也越来越不能脱离全球背景而存在，由此国际的利益博弈必然也渗透到国内立法中来。从《里约环境与发展宣言》《21世纪行动计划》《联合国气候变化框架公约》到《联合国防止荒漠化公约》，说明目前许多环境问题的解决都必须考虑到国际合作框架。虽然1989年《环境保护法》指出要缔结国际条约，国内法律有不同的、适用国际条约的规定，但在气候变化这样特殊的环境问题和碳排放是否适用于传统的"污染物"的问题上仍须作出明确的说明。①

总的说来，《环境保护法》的修改不仅要弥补环境治理中的市场失灵，防止环境管制中的"政府失灵"，也要根据实际社会生活的多样化、全球化、复杂化态势将环境法自身的地位、内容、权限作出符合时代要求的调整，在适当保持司法弹性的同时，在一些公认的公共利益上划出一条明确的底线。

四、新《环境保护法》的"新"

以加强对政府监督的责任为核心对《环境保护法》进行修改不代表其他行为主体不需要承担与之相适应的责任，实际上任何成功的环境法实践都对环境的行为主体行为进行有效规制。环境行为主体有政府、企业和第三方，由此如何在这三大主体之间建立有效的管制和监督机制尤为关键。通过机制的建立，政府与企业之间形成良性互动关系，第三方主体分别与政府和企业之间形成良性互动关系，也就是说，政府既是管制者，也是被监督者，企业既是被管制者，也是被监督者，而第三方主要担负监督责任。旧《环境环保法》的核心缺陷在于，这三类关系中，政府对企业的管制关系比较完备，而另外两种关系比较薄弱，这导致的结果就是现行法律主要是政府管理企业的法律。

---

① 美国通过"马萨诸塞州等诉环保局"案，确立了温室气体的污染性质属于环境法的调节范围，见李艳芳：《从"马萨诸塞州等诉环保局"案看美国环境法的新进展》，《中国人民大学学报》，2007年第6期。

政府不仅仅是环境的管理者,同时也是经济建设的规划者、投资者和招商者,在招商引资、规制和推动地方经济的发展过程中会作出很多监管决策,对生态环境造成重大的影响。政府一些规划和政策出于有意无意的目的可能给环境带来严重的甚至不可逆转的有害影响。譬如20世纪50年代"大跃进"时期带来的大办钢铁,造成全国森林急剧减少。规划和政策的方向性决定了其必须受到规范和制约,规范一旦出错,经济、社会、环境代价极其高昂。近几年,以牺牲环境和资源为代价快速发展"GDP"是很多地方采用的发展方式,由于缺乏规范和制约,环境行政也缓慢走向失效,环境保护行政机关常常受到上级或者同级别行政机关的干涉不能正常行使环境监管权,对违反环境法律法规的行为、污染环境和破坏生态平衡的行为进行有效的监督管理。这里,美国环境立法给我们提供了许多有益的借鉴,其核心思路是先管政府、后管企业。美国《国家环境政策法》规定,国家的其他政策、法律的解释及其执行都应当同这一思路保持一致,而且《国家环境政策法》还明确规定国家环境政策和国家环境保护目标是对行政机关现行职权的补充,规定了著名的环境影响评价程序,要求联邦政府所有部门在提出可能对环境带来重大影响的政策建议、立法建议和建设项目时,都要对其影响作出评估。

既然政府部门的环境行为如此重要,那么该如何制约、约束呢?主要途径分为三种:一靠监督和问责。监督和问责都是为了使政府官员守住行为底线。监督分为内部监督和外部监督,内部监督是政府内部不同部门之间的监督,特别是环保部门对其他部门有关环境的政府行为的监督;外部监督是行政机关以外的主体如人大、公众、社会组织、公共媒体、法院等对行政机关的监督。二靠强化对规划环评的问责。对政府在规划环评过程中的信息公开、征求意见等环节问责。对规划制定机关和相应的政府主要领导在这些环节上的违法和违规要依法依规严肃问责。为了加强对环评审批行为和环保执法行为的监督,还要进一步完善审批信息和执法信息的公开制度。三靠创立以行政诉讼为后盾的政府环保履职督促制度。

综上所述,2014 年 4 月 24 日《环境保护法》修订案终于在全国人大常委会四审之后得以通过。新的《环境保护法》作为基础将统摄三十多部环境保护方面的单行法律、九十多部行政法规。相较旧《环境保护法》,新《环境保护法》主要的特点是“新”,符合实际发展的需要。

1.新的定位

明确了环境保护是国家的基本政策,增加规定“保护环境是国家的基本国策”,并明确“环境保护坚持保护优先、预防为主、综合治理、公众参与、污染者担责的原则”,立法目的中增加了“推进生态文明建设,促进经济社会可持续发展”的规定。

2.“新”担当和权责匹配的精神

新《环境保护法》对政府、环境行政管理部门、企业、公民的权利义务作出了界定。首先,对决策机构、监管部门和社会各界的环境保护工作提出明确要求,推动解决原《环境保护法》中存在的职责不清、权限模糊等问题,对政府特别决策主要领导人的环境责任予以强化。要求各级政府将确保生态环境安全和基本环境质量作为重要公共服务职责, 避免片面注重管理权力、忽略责任履行和追究,对上下级政府责任划分和监督考核机制规定笼统,导致地方政府责任虚化、出现不作为、乱作为等现象。此外,在给环境监管部门赋予更大执法权的同时也相应规定了对环境监管失职行为的行政制裁措施。其次,明确了企业方面的责任,界定了环境违法甚至环境犯罪行为,规定如果对环境造成过大损害将承担刑事责任。再次,规定了社会和公民的责任,将每年 6 月 5 日作为联合国大会确定的世界环境日。为进一步提高公民环保意识,新法规定公民应当采用低碳节俭的生活方式,要求公民遵守自己保护环境的义务,譬如按照规定,对生活废弃物进行分类放置,减少日常生活对环境造成的损害。将环境保护纳入青少年教育序列。

3.新的机制

新《环境保护法》明确了环境信息公开和公众参与的合法性,一是明确公众的知情权、参与权和监督权。二是明确了重点排污单位应当主动公开环境信息。三是完善建设项目环境影响评价的公众参与。信息公开一方面必然使环保部门如实公布雾霾、土壤、水等污染信息,对于修改监测数据、造假数据的行为予以行政制裁,另一方面环保部门如果收到公民投诉而未及时处理,也要承担相应责任。新法还充分发挥人大常委会的监督作用,当发生重大环境事件时,政府应当作专项报告。四是明确环境公益诉讼制度,对污染环境、破坏生态、损害社会公共利益的,依法在设区的市级以上人民政府民政部门登记的相关社会组织,和专门从事环境保护公益活动连续五年以上且信誉良好的社会组织,可以向人民法院提起诉讼,人民法院应依法受理。尽管主体范围依然局限于“社会团体”而非相关的公民,但的确实现了社会呼唤已久的诉求,也从根本上为相关单行法律的出台奠定了依据。另外,新版《环境保护法》还将总量控制制度这项常规性政策写入法律,指标由国务院下达,由省级人民政府负责分解落实。企业事业单位在执行国家和地方污染物排放标准的同时,应当遵守重点污染物排放总量控制指标。

新法的“新”还体现在其他若干方面,譬如推进环境基础工作,科学确定符合我国国情的环境基准的规定;建立健全环境监测制度,规范制度来保障监测数据和环境质量评价的统一,规定国家建立、健全环境监测制度。国务院环境保护主管部门将制定监测规范,会同有关部门组织监测网络,统一规划设置监测网络,建立监测数据共享机制;监测机构应当遵守监测规范,监测机构及其负责人对监测数据的真实性和准确性负责。“新”还表现在完善跨行政区域污染防治制度和提高服务水平推动农村治理,明确规定将建立跨行政区域的重点区域、流域环境污染和生态破坏联合防治协调机制,实行统一规划、统一标准、统一监测、统一实施的防治措施。

第四节　为全球生态安全做出贡献

党的十八大报告指出,要为全球生态安全做出贡献。问题的关键是什么是全球生态安全?如果要为全球生态安全做出贡献,我们应该如何做?这其实是一个涉及内政外交的复杂问题。

一、环境/生态是否有安全

1987年的勃兰特报告和1992年的里约地球峰会要求人们更为密切地关注国际经济和环境的关系。对国际经济的关注必然引向国际政治经济发展趋势,譬如金融市场的自由化、世界经济新兴经济体、高波动性的商品价格等等以及这些议题对环境的影响,由此国际政治经济学日益和环境联系起来。然而融合了国际经济、世界发展和环境保护的可持续发展并没有逆转环境的持续恶化,一些学者开始将环境保护框定为生存问题,并指出现代社会目前正在错误的道路上,尽管有着不断演进的技术创新和制度变迁,但环境恶化导致的政治紊乱和各类冲突会不断增多且持续加剧。这就是说环境治理越来越具有高端政治的意味,且政治砝码越抬越高,这样环境和安全逐渐挂钩,环境安全概念呼之欲出。

早在20世纪70年代学术界就启动了对"环境安全"的研究。[①]莱斯特·布朗1977年发表的《重新定义国家安全》指出:"对安全的危险,来自国与国间关系的较少,而来自人与自然间关系的可能性比较多","土壤侵蚀、地球基本生物系统的退化和石油储量枯竭,目前正威胁着每个国家的安全"。[②]1978年,皮拉各斯(D.Pelagosa)在《国际关系的新内容:全球生态政治》一书中指出生态政治将成为国际关系议题。1983年,理查德·乌尔曼在《重新定义安全》一书中批评美国在冷战时期对国家安全的定义"过于狭窄""过于军事化"[③]。1989年,诺曼·迈尔斯(Norman Myers)明确指出,"安全"概念应包括生态、环境问题。杰西卡·马修斯明确主张,扩展国家安全定义,使其包括资源、环境和人口政策。因为跨越国境压力早已开始瓦解神圣的国家主权边界,国家对内和对外政策的边界也已模糊,所以应采取地区性合作方

---

① 张海滨:《有关世界环境与安全研究中的若干问题》,《国际政治研究》,2008年第2期。

② Brown L. R., Redefining National Security, *Worldwatch Institute Paper*, 1977, No. 14.

③ Ullman R. H., Redefining Security, *International Security*, 1983, Vol.8, Iss.1.

案,加强国家环境法。①可持续发展最著名报告《我们共同的未来》明确指出:“安全定义必须扩展,必须超出对国家主权的政治和军事威胁,而要包括环境恶化和发展条件遭到破坏。”一些发展中国家甚至因为资源短缺、环境恶化而发生暴力冲突,而政府无法应对,从而陷入失败国家的行列。1994年,卡普兰《即将到来的混乱》强调指出:“现在该是理解环境到底是什么的时候了,(它是)21世纪的国家安全问题”。1998年出版的《生态安全与联合国体系》将各国专家关于生态(环境)安全的概念、不安全的成因、影响和发展趋势发表的看法集中起来,其中有悲观的观点,有中立客观的认识,也不乏积极乐观的见解。联合国环境规划署2001年2月9日通过《关于环境法的十年规划》明确指出:鼓励将环境问题纳入传统的安全概念。曲格平认为生态安全有两层基本含义:一是防止生态环境退化对经济基础构成的威胁,主要指环境质量状况低劣和自然资源的减少和退化削弱了经济可持续发展的支撑能力;二是防止由于环境破坏和自然资源短缺引发人民群众的不满,特别是环境难民的大量产生,从而导致国家的动荡。②

如果说环境和安全的第一阶段主要用于阐述环境—安全的内在联系,那么经验实证便是第二阶段。③加拿大学者托马斯·霍默-迪克森试图通过案例研究寻找在哪里、什么条件下环境恶化可能造成暴力冲突,发现这两者的关联很大程度是分散的和次国家的而非主权国家间形式,说明环境恶化、资源稀缺和暴力联系的中间变量和决定因素仍需进一步探索。此后美国哈佛大学贝尔弗科学与国际事务中心、瑞典斯德哥尔摩环境研究所(SEI)的风险和脆弱性研究计划、多伦多大学“多伦多小组”、伍德罗·威尔逊国际学者中心的学者以及一批研究气候环境生态脆弱性的咨询公司,通过对环境问题引发政治灾难的国家进行评估,发现生态系统一旦打破很容易导致

① Matthews J., Redefining Security, *Foreign Affairs*, 1989, Vol.68, Iss.2.

② 曲格平:《关注生态安全之一:生态环境问题已经成为国家安全的热门话题》,《环境保护》,2002年第5期。

③ 崔胜辉等:《生态安全研究进展》,《生态学报》,2005年第4期。

整个系统的崩溃。然而生态系统是如何崩溃的?结论是全球资本主义经济整合的结果,即贫困、偏远山区或者农村地区的丰裕产品、环境产品越来越为外来资本控制,暴力、野蛮甚至完全不顾后果的开发导致区域性环境或者整个生态迅即崩溃,卢旺达、刚果和索马里等国家出现灾难性崩溃、政治动荡都是这个原因。这意味着环境和安全研究应明确跟踪资源流动以及引发的各类环境后果,当然环境恶化和政治冲突也有其他因素,譬如大型项目对地方群体传统的生产生活方式甚至价值观造成的颠覆式影响。

由此,环境与安全关系的构建需要更多的中间环节和其他相关因素,比环境恶化资源稀缺导致国家间暴力冲突这一简单的因果逻辑更为复杂,最关键的是需要将生态环境商品化这一维度纳入其中。[①] 在诸多环境安全议题中,水资源对国家安全的影响迅即上升。据联合国统计,世界上大约存在着300个由水资源诱发的潜在冲突,包括中东约旦河流域、中亚两河流域、南亚恒河流域等等。[②]按照托马斯·霍默-迪克森 (Thomas F. Homer-Dixon)的研究,国际社会鲜有为某项资源发动战争的先例,甚至有案例显示合作和外交安排有利于缓解环境难题而不是冲突的潜在可能性。环境安全研究目前使用的方法论经验模型也过于复杂,虽包含一系列的独立和干涉变量,却没有精确说明环境因素在通向冲突这一路径上的解释力。这意味着即使环境稀缺或者环境容量能够导致暴力冲突,但仍需要一定的催化条件,这就需要深入详细地理解各要素间的关系及相互作用的过程。尽管环境与安全的讨论异常激烈,但随着环境恶化加剧,南方学者提出自己的观点,并对生态安全一系列观点或者响应,或者适应,或者反对。其中最重要的论点是发达国家提出的环境安全概念必须回答"谁和什么是安全的?安全是为了谁?谁在使谁获得安全?"的问题。这些问题不再仅仅涉及国家安

① 参见[美]理查德·罗宾斯:《资本主义文化与全球问题》,姚伟译,中国人民大学出版社,2010年。

② Lowi M. R.,Water and Conflict in the Middle East and South Asia:Are Environmental Issues and Security Issues Linked,*The Journal of Environment Development*,1999,Vol.8,Iss.4.

全范畴而延伸至人类安全领域,由此安全在生态环境保护中的应用性走向深入。

国际关系中的哥本哈根学派认为环境(生态)安全有两个不同的议程[①]:科学议程和政治议程,这两个议程涉及不同的行为主体和地区,表现明显不一致。尽管科学议程争论并未停止,但政治议程却表现得越来越突出。发达国家越来越将环境利益、环境安全视为重要的国家利益。[②]1991年美国公布的新版《国家安全战略报告》首次将环境视为重要国家利益,并认为生态环境问题已在政治冲突中起作用。美国国防部1993年成立"生态安全办公室",并自1995年起每年向总统和国会提交关于"生态安全"的年度报告。此外,它还在世界6个城市设立了地区环保中心,其职责就是要密切关注美国在各种不同地区生态系统中的利益。1994年,美国国会通过《环境安全技术检验规划》,将环境安全纳入美国的防务之中。1997年中央情报局成立了"环境研究中心",以维护国家生态安全、国家安全之需。2000年美国中央军区生态安全研讨会,其总司令提出"影响国际关系稳定的环境因素"包括水资源的使用权、水的质量和水资源的控制;跨越国界的自然资源竞争;跨越国界的工业污染;环境退化特别是荒漠化;因环境问题引发的难民迁移和土地之争;生态恐怖主义等等。2001年7月,美国联合国代表发言指出:过去全球安全重在军事、意识形态和地缘政治,这一概念正在扩大,一则传统的威胁依然存在;二则新的安全问题正在产生,并对国际秩序概念产生威胁,由此必须制定包括全球环境在内的新的世界安全议程。[③]其他发达国家和组织,如北约、德国、加拿大等也接连出台自身的环境安全和发展项目,而英国、德国、法国等国围绕"生态安全与预防冲突"就环境与安全的相互关系、环境和暴力冲突之联系、环境压力之根源等议题展开讨论,并出台了一

---

① 参见[英]巴瑞·布赞:《新安全论》,朱宁译,浙江人民出版社,2003年。

② Soroos M. S., Global Change, Environmental Security and the Prisoner's Dilemma, *Journal of Peace Ressearch*, 1994, Vol.31, Iss.3.

③ 于宏源、汤伟:《美国环境外交:发展、动因和手段研究》,《教学与研究》,2009年第9期。

批有代表性的研究报告和论著。由此看出,环境安全按照国际—国内的划分可分为两个层次:第一层次主要是国内自然资源保护和污染防治工作,第二层次则是外交、军事等。对有着优美环境的发达国家尤其美国而言,其积极制定《包括全球环境挑战在内的新世界安全议程》,强调美国的领导权,一起保护最终决定全球繁荣与和平的地球环境。而对发展中国家来说,主要是第一层次的概念,即体现在防止生态赤字和自然灾害这样一种国家职能。

尽管生态安全和环境安全研究取得了丰富成果,但也有学者指出生态环境的确在持续恶化, 远未达到安全的地步, 罗伯特·杰维斯(Robert Jervis)、丹尼尔·杜德尼(Daniel Deudney)、马克·莱维(Marc Levy)甚至认为,将生态问题纳入国家安全范畴会造成严重负面的政治后果,存在"安全污染"之嫌,即"环境构成诸多安全威胁是正确的,但对一个国家安全而言意义也不大"。丹尼尔·杜德尼的核心观点是:环境退化可造成人的死亡或者减少人类福利,但对免于暴力的国家安全的威胁,有着不同的范围和来源。暴力威胁高度意向性,为了确定目标而组织动员、投入武器和发动战争。环境的退化,并非人类特意为之,而是人类有意活动通常为经济活动无意导致的后果。这样提供环境保护包括国家在内的社会组织和群体所要致力的是在农耕技术、工厂设计、污染处理、土地利用规划等方面作出改进,更多的是一种日常政治和行为。①马克·莱维也认为环境安全概念模糊,并没有什么特别作用,环境问题可能引起的冲突根源并不在环境身上,而在于更宏观的社会根源,譬如政治、经济、社会结构等等。②通过正反两方面叙述不难发现,生态/环境安全的要义就在于"生态环境是由水、土、森林、动植物、空气等自然要素协调而有机构成综合复合体", 人类经济社会发展以及各类活动须臾不可离生态环境的"综合支持",而这种综合支持或者持续该区

① Deudney D., Matthew R. A. eds., *Contested Grounds: Security and Conflict in the New Environmental Politics*, State University of New York Press, 1999.

② Marc Levy, Is the environment a National Security Issue, *International Security*, 1995, Vol.20, Iss.2.

域或者国家社会经济协调发展的“稳定环境”就是生态环境安全，即确保“与人类生存息息相关的生态环境及自然资源基础处于良好的状态或者不遭受不可恢复的状态”。①

二、生态安全的测量

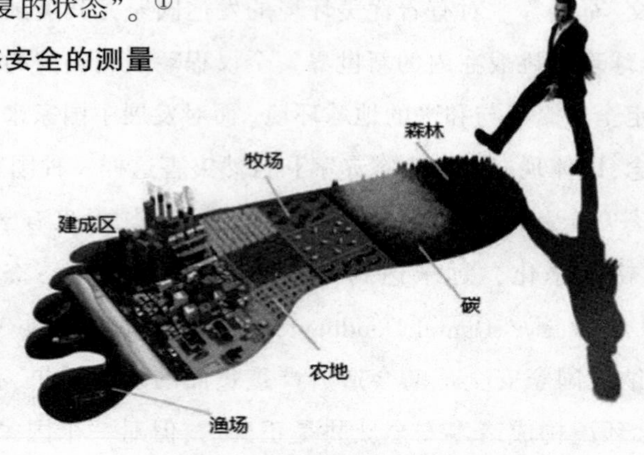

图 7–2 生态足迹示意图

要了解“环境安全”或者“生态安全”概念就得深入了解生态安全究竟处于何种水平和程度，这就需要进行测量和评价，而这种测量和评价非常复杂，包括了“生态系统健康诊断、区域生态安全分析、生态系统服务功能的可持续性、生态安全预警、生态安全维护和管理”②等等。国际上对生态安全或者可持续发展测评指标的研究，比较有代表性的有：1990 年联合国开发计划署(UNDP)提出人文发展指数(HDI)。该指标体系以预期寿命、教育水准和生活质量三项变量为依据，其中，预期寿命是指出生后的人口平均预期寿命，教育水准是由成人识字能力和小学、中学、大学的综合入学注册率两项指标的加权(权重分别为 2/3 和 1/3)来综合评价，生活质量用实际人均国内生产总值测定。人文发展指数综合反映了卫生与健康水平、教育水平、经济和生活水平，能较全面地反映社会和经济的发展。自 1990 年以来，联合国开发计划署每年都发布世界各国的人文发展指数，在世界许多国家

---

① 薄燕：《环境安全研究的美国学派》，《国际观察》，2003 年第 4 期。

② 吴结春、李鸣：《生态安全及其研究进展》，《江西科学》，2008 年第 2 期。

或地区颇有影响。1996 年由联合国可持续发展委员会(UNSDC)及联合国政策协调与可持续发展部(DPSDC)牵头,联合国统计局(UNSTAT)、联合国开发计划署(UNDP)、联合国环境规划署(UNEP)、联合国儿童基金会(UNICEF)和亚太经社理事会(ESCAP)参加,在"经济、社会、环境和机构四大系统"的概念模型和"驱动力(Driving Force)—状态(State)—响应(Response)"概念模型(DSR 模型)的基础上,结合《21 世纪议程》提出了一个以可持续发展为核心的指标体系框架。主要内容包括:①驱动力指标,用来表征那些造成发展不可持续的人类活动和消费模式或经济系统的一些因素;②状态指标,用来表征可持续发展过程中的各系统的状态;③响应指标,用来表征人类为促进可持续发展进程所采取的对策。设定上述指标目的在于帮助各国制定可持续发展政策。

1996 年,英国发布了国家可持续发展战略,成为全球首个公布全套可持续发展指标的国家。2004 年,英国政府对国家可持续发展战略进行了修订,新的战略包含:建立一个在 1999 年战略基础上、更侧重国际和社会角度的全新的综合性目标,更明确地重视环境极限的五项原则,即在环境极限之内生活;确保社会强大、健康、公平;实现可持续经济;推进良好政务管理;负责地利用安全可靠的科技成果。确认四项工作重点,即可持续消费与生产、气候变化与能源、自然资源保护与提高环境。建立可持续的社会和更加公平的世界,以及更注重实效同时重视人民福利等新衡量指标的一套全新衡量指标。这个新的国家可持续发展战略主题为"保障未来",于 2005 年 3 月 7 日由英国政府正式发布。针对新的国家可持续发展战略,形成了由 68 个指标构成的可持续发展指标体系。2000 年联合国提出了 8 项"千年发展目标"及相关的 18 项具体目标和 48 项指标,内容涉及社会公平(反贫困、教育平等、性别平等)、生命健康、环境保护及全球合作等方面,成为衡量社会发展进程的重要标准。此外,一些学术机构也提出了自己的看法。如美国耶鲁大学和哥伦比亚大学合作开发的环境可持续性指标(Environmental Sustainability Index,ESI),认为政策、经济、社会价值都是可持续发展最值得考虑的重要因素，可以对不同国家地区间的可持续发展水平进行系统化的、定量化的对比。

国内有关研究机构和部门对地区发展也提出了诸多评价指标体系和测评办法。这些方法在实际工作中发挥了积极作用，也为我们编制相关指标体系提供了有益借鉴。在学界，中国科学院可持续发展战略研究组按照可持续发展的系统学研究原理，提出并逐步完善了一套“五级叠加，逐层收敛，规范权重，统一排序”的可持续发展指标体系。该指标体系分为总体层、系统层、状态层、变量层和要素层五个等级，系统层将可持续发展总系统解析为五大子系统：生存支持系统、发展支持系统、环境支持系统、社会支持系统、智力支持系统，变量层共采用45个“指数”加以表示，要素层采用了219个“指标”，全面系统地对于45个指数进行了定量描述。北京大学环境科学中心的学者，提出了一个协调度的概念以及衡量区域可持续发展大体思路：由某一时刻的资源(d1)、经济(d2)、社会(d3)与环境(d4)这四大系统的发展状态→协调度R(d1,d2, d3,d4)→可持续发展微分dSD/dt→可持续发展函数SD(t)。另外，他们还提出了一个新的国民生产总值(GNP*)来联系原有的国民生产总值(GNP)与资源总价值(RV)、环境承载力价值(ECV)：GNP*=GNP+ΔRV+ΔECV，其中，ΔRV为资源价值的增加量，ΔECV为环境承载力价值的增加量。

国家统计局统计科学研究所和中国21世纪议程管理中心联合成立的“中国可持续发展指标体系研究”课题组提出的指标体系，包括经济、社会、人口、资源、环境和科教六大部分，这六部分的确定主要是依据可持续发展的定义。该课题组将可持续发展指标体系分为两种：描述性指标和评价性指标。该指标体系描述性指标共有196个，其中经济38个，资源51个，环境48个，社会32个，人口13个，科教14个；评价性指标共有100个，其中经济19个，资源20个，环境28个，社会17个，人口8个，科教8个。[①]中国

① 参见孙波：《可持续发展评价指标体系述评》，中国自然保护区网。

统计学会《综合发展指数研究》课题组提出了“综合发展指数”，具体包含了经济发展、民生改善、社会发展、生态建设、科技创新、公众评价六个方面45项指标，涵盖经济、民生、社会、生态、科技、民意等领域。在测评方法上，综合发展指数从经济发展、民生改善、社会发展、生态建设和科技创新五个维度进行测量，每一维度都构成一个分指数，每个分指数又由若干个指标合成。其测评方法主要借鉴了联合国人类发展指数(HDI)的测量方法，基本思路是根据每个评价指标的上、下限阈值来计算单个指标指数，指数一般分布在0和100之间，再根据每个指标的权重最终合成综合发展指数。

既然有着如此多的因素，那么如何确定生态安全系统各影响要素的参数呢，这也就是如何定量分析各评价指标的问题，仍然值得深入探索。

其实目前评估生态安全被广泛接受的是对生态足迹的测量。生态足迹20世纪90年代初由加拿大大不列颠哥伦比亚大学规划与资源生态学教授里斯(Willian E. Rees)提出，是指特定数量人群按照某一种生活方式所消费的，自然生态系统提供的，各种商品和服务功能，以及在这一过程中所产生的废弃物需要环境(生态系统)吸纳，并以生物生产性土地(或水域)面积来表示的一种可操作的定量方法。1997年瓦克纳格尔(Wackernagel)利用生态足迹方法对52个国家和地区的生态足迹进行尝试，包括世界经济论坛全球竞争力报告中所涉及的47个国家，涵盖了世界80%的人口和95%的总产出，计算结果表明，52国的总生态承载力为86833287.4平方千米，而总的生态足迹却高达117168462.0平方千米，生态赤字高达35%。同时他也对区域和城市层次进行分析，譬如渥太华、东京、伦敦以及波罗的海沿岸地区。结果表明，渥太华的生态占用是渥太华城市面积的200倍，东京是日本国土面积的1.27倍，而伦敦是自身面积的1.25倍，是英国国土总面积的80.7倍；波罗的海生态占用至少需要整个波罗的海流域的0.75~1.5倍的生态系统，至少是其城市面积的565~1130倍。后来学者又利用生态足迹理论建立了一系列指标来计量城市生态安全的量化指标，城市生态容量与生态承载力、城市人类负荷与生态足迹、城市生态赤字和盈余。生态足迹理论在1999年进入我国,许多学者利用该方法对区域可持续发展水平和程度进行评价。①

三、我国的生态安全

我国对环境安全或者说生态安全非常重视。2000 年 11 月 26 日国务院发布《全球生态环境保护纲要》指出,生态安全是国家安全和社会稳定的重要组成部分,从法理上确认了国家生态安全或国家环境安全的定义。“国家生态安全”是指国家生存和发展所需的生态环境处于不受或少受破坏与威胁的状态。由此可见,生态安全主要侧重自然力作用造成的环境问题,也包括人类活动对生态系统的影响,而环境安全主要侧重第二环境问题,即人类活动造成的环境污染。全球生态环境问题布局中,有些国家以第一类问题为主,譬如那些农业国家和生态系统相对脆弱的国家,譬如孟加拉国和苏丹以及太平洋小国;有些国家则以第二类为主,譬如经济发达国家和地区,美国、欧洲、俄罗斯等等,而我国这两类生态环境问题都很严重。

(1)随着经济增长,工业化和城镇化的推进和人民生活水平的提高,我国生态足迹赤字日益膨胀。2010 年 11 月 15 日,世界自然基金会(WWF)同中国环境与发展国际合作委员会 (CCICED) 联合发布《中国生态足迹报告2010》,通过对 2005—2008 年中国生态足迹发展状况进行分析,发现中国这样一个人均生态资源稀缺、经济快速发展的发展中国家,生态足迹增加的速度远高于生物承载力的增长速度。其实中国的生态赤字并不是改革开放之后形成的,早在 20 世纪 70 年代就已经出现,改革开放之后,生态赤字省份急剧增多,从最初的 19 个扩大到 26 个,而进入 2000 年生态需求已超生态服务和生态系统可持续供应能力的 2 倍。到 2008 年,与建筑、交通运输、商品消费、服务供给等能源需求相关的碳足迹,在中国 29 个省级行政区的总体生态足迹中超过50%。显然,上海、北京、天津碳足迹比重超过 65%。

(2)生态空间在保障生态安全中的作用日益重要。生态空间可分为两

---

① 赵运林、傅晓华:《生态足迹理论在长株潭城市生态安全研究中的应用与改进》,《城市发展研究》,2008 年第 4 期。

类：一是具有重要生态服务功能的空间。如水源涵养、地下水补给、土壤保持、生物多样性保护、固碳、自然景观保护等。二是具有重要生态防护功能的空间，如洪水调蓄、防风固沙、石漠化预防、地质灾害防护、道路和河流防护、海岸带防护等。一旦这些具有重要生态服务、生态防护功能的空间受到破坏，整个区域乃至国家的生态环境质量和安全就会受到威胁。实际上随着工业化、城镇化的进展，我国生态空间的确存在不断被压缩的态势，造成植被退化、河流干涸、水环境污染、山体破坏。目前对我国生态安全起着重要作用的区域主要有50余个，主要位于偏远的西部，这些区域经济社会发展相对落后，生态环境保护与经济发展的矛盾十分突出。

最近一段时间我国在环境和生态安全方面的立法逐渐增多，“十二五”计划所确定的环境政策和措施，譬如《全球生态环境建设规划》，又譬如全国人大制定或者修订的《大气污染防治法》《水污染防治法》《防沙治沙法》等等，但总的环境恶化趋势并没有遏制，这说明中国发展模式、发展阶段仍未达到环境改善的地步。

四、中国和发达国家存在鲜明的绿色鸿沟

随着时代的演进，鸿沟成为界限分明差距悬殊的代名词，如数字鸿沟、知识鸿沟、信息鸿沟以及权利鸿沟等。

2009年11月在APEC工商领导人峰会上，时任中国国家主席胡锦涛指出，国际社会应该加强经济技术合作，降低人为技术转让壁垒，缩小发展中成员同发达成员的技术差距特别是绿色技术差距，避免形成新的“绿色鸿沟”。

“绿色鸿沟”实际上就是各国、各地区在绿色发展中的差异，这种差异主要表现在三方面：环境权利占有、绿色投资规模、绿色核心技术。

(1)环境权利占有。以温室气体排放权最为突出。气候变化主要源自以二氧化碳为主的温室气体排放，而二氧化碳排放又与人的生产生活息息相关。因此，排放量的多少从某种程度上来说代表人文发展水平。从常识来看，目前绝大部分温室气体由发达国家排放。根据世界资源研究所数据，

1850—2005年，发达国家中人均累积排放最多的是美国，为1107.1吨，最少的是日本，为334.5吨。而作为发展中国家，人均累积排放最多的是中国，仅为71.3吨。尽管未来发展中国家随着经济增长排放会有所增加、发达国家正在积极减排，但根据国际能源署数据，到2030年，美国年度人均排放仍然在18吨左右，而发展中国家最多的也只保持在这个水平上。这就是说，发达国家和发展中国家在环境权利的占有上仍存在不均。

(2)绿色投资规模。世界主要国家都提出了完整的绿色经济发展计划，美国提出未来10年投资1500亿美元建立"清洁能源研发基金"；欧盟推行可再生能源计划，新增投资300亿欧元，并预期2013年之前投资1050亿欧元；英国政府在2020年前提供1000亿美元建立7000座风力发电机组。亚洲的日本、韩国也制定绿色振兴计划，日本争取2015年实现100万亿日元(约合1万亿美元)的绿色市场规模，韩国规划2009—2013年每年投入占GDP 2%的资金发展绿色经济，在2020年底前跻身全球七大"绿色大国"之列。与发达国家热火朝天的投资局面构成鲜明的对比，发展中国家除了中国、印度、巴西等有计划投资绿色产业外，其他国家似乎还没有意识到绿色发展的重要性。

(3)绿色核心技术。根据联合国《2009年世界经济和社会概览》，应对气候环境变化需要各种发展水平国家都作出重大调整，而重大调整核心在于绿色技术普遍应用。由于经济增长驱动和发展模式的缺陷，发展中国家在电力、水泥、化工等高耗能行业普遍缺乏清洁技术。以中国为例，全球工业减排的62项关键技术中有43项还没有获得。这就是说，发达国家凭着知识产权垄断维持着对发展中国家的差距。

以绿色投资规模、绿色核心技术、环境权利占有为表现形式的"绿色鸿沟"表明，发达国家已凭着政治经济先发优势，在绿色经济上再次取得优势。然而，气候环境变化的全球性又表明，这个问题的解决，必须依靠世界各国共同努力，发达国家独善其身是不可能的。在这种条件下，通过资金技术转移方式帮助发展中国家完成生态治理显得异常重要。

第五节 推进全球环境治理建设

2012年6月22日联合国可持续发展大会(里约+20)落下帷幕,此次会议是继1992年里约联合国环发大会及2002年南非约翰内斯堡可持续发展世界首脑会议后,可持续治理领域最重要的一次大会,取得了令人满意的结果。不仅通过最终成果文件《我们期望的未来》,而且决定建立全球可持续发展目标,达成一系列实际行动计划,包括资金承诺、发展绿色经济、建立超越国内生产总值(GDP)的国家福利评价指标——绿色GDP,①并建立高级别论坛监督履约情况,加强联合国环境规划署功能。这些成果的取得无疑将极大地推进全球可持续治理,然而发达国家首脑的普遍缺席似乎也让人颇为不安,未来10年全球可持续治理将走向何处值得思考。

可持续发展无疑是当前国际社会保护环境、提高资源利用水平的框架思想,围绕如何实现可持续发展,发达国家、发展中国家、国际组织作出各种艰辛的探索,1992年里约峰会设计出了《21世纪议程》路线图,2002年约翰内斯堡峰会为实施《21世纪议程》确立目标,并在多数项目上确定了行动时间表,其中包括消除贫困、生物多样性保护、下一代人资源保护战略等。著名绿色经济学家杰弗里·萨克斯认为《21世纪议程》发布的二十多年来,三项核心指标——气候变化、生物多样性及防治荒漠化都未达标,相关协议也未能及时有效地挽救人类。这自然提出一个问题——可持续治理绩效不佳、效果不彰的根源是什么?也许多数学者认为现行的政治经济框架核心诉求依然是经济增长、物质财富的获取,而大多数国家还处于环境库兹涅茨曲线前端,即资本增值、经济增长和财富获取,路径依然是大量要素投入,由此环境稀缺和资源消耗成为常态。这种解释在国家范围内虽一般有

---

① 所谓绿色GDP,是指将自然资源存量的消耗、折旧和恢复被人为污染的环境治理费用等纳入国民经济核算体系,即绿色GDP=GDP-(N+R+A)-(Dn+Dm),也就是不恰当的自然资源开发利用所造成的损失(N)、环境污染引起的恢复费用(R)、预防环境污染的费用(A)、人为生态环境退化造成的损失(Dn)以及人造资本的折旧费(Dm)。

效,但置于国际背景中显然不足以解释世界各国出现的“向底部冲击”,更不足以解释国际货币基金组织总裁拉加德提出的经济危机、环境危机和社会危机正以错综复杂方式相互催生和放大的现象,由此全球可持续治理绩效不佳的问题已不是纯粹的经济学问题而衍生为政治学、国际关系领域甚至伦理学领域所应解决的问题。其实可持续治理作为全球治理的关键领域,引致全球治理失效的一般原则、框架、机制也同样适用,而当前全球治理与以前治理最大的不同在于以下三个方面:各种问题相互贯穿、相互渗透,譬如水循环、能源安全、粮食安全和气候变化内在关联错综复杂,其中任何一个问题的解决都可能对其他问题造成严重影响;政府、市场和非政府等诸多行为主体多重关系的紧张和协调需全新的领导框架和架构;适宜一个地区、一个问题领域的治理模式并不适宜其他地区和问题领域,全球思考、地区行动导致解决方案多样化、复杂化。这三个方面直接说明全球治理和可持续治理正在碎片化,正是碎片化导致可持续治理绩效低下。

既然可持续治理绩效不佳根源在于碎片化,那么碎片化究竟体现在什么地方?按照一些欧洲学者的分析,碎片化可分为方面和性质两个维度,方面指碎片化究竟是制度(institution)上、规范(norm)上还是主体(actor)上的,性质指碎片化的不同碎片之间呈现何种关系,有协同的(synergic)、合作的(cooperative)和冲突的(conflictual)类型,两个维度叠加产生了多种碎片化模式。对可持续治理影响最大的显然是三大冲突:主体冲突、制度冲突和规范冲突。

主体冲突指多样化的利益攸关者围绕可持续的机制框架和政策工具进行或明或暗的利益博弈,发达国家和发展中国家、企业和NGO、公众和政府之间的过度竞争不但导致责任主体或缺,而且现有国际体制未能有效地表达弱者的权利,从而使得“搭便车”成为不约而同的政策选择,即使最应该承担责任的主要大国也不例外,集体行动逻辑最终陷入困境。

制度冲突指不同问题领域的制度或者同一问题领域的不同制度出现互动而互动出现相互否认、矛盾、抵消的情况,这种否认、矛盾抵消既有水平方向也有垂直方向。水平方向既表现在围绕同一问题不同的甚至截然相反的安排，也表现在对核心制度缺乏关联性的支撑,《生物多样性公约》和WTO知识产权贸易协议是两大主要机制,前者要求签约国尊重生物基因资源占有主权而后者聚焦基因使用过程中的知识产权保护,相互制约的谈判架构和关键条款分歧最终使美国放弃对《生物多样性公约》的支持,可持续治理遭遇重大挫败；后者以应对气候变化为例，温室气体减排与贸易、航海、航空都有关系,然而无论世界贸易组织、国际民航组织和海事组织都未在温室气体减排方面与《京都议定书》形成衔接和关联,最近欧盟欲将航空、航海纳入排放权交易体系,却遭到其他国家强烈反对,这说明《京都议定书》与其他减排机制尚未融合成相互支持的系统。垂直方向主要表现在空间意义上不同层次的联动,可持续治理要求全球思考、地区行动,而著名的政治学家戴维·赫尔德指出在全球体系相互链接的复杂架构中，某些问题显然更适合由划定空间界限的政治共同体(城市、国家或地区)来处理，然而在实践过程中，地区层次处理并不总是和全球层次形成有效联动,譬如应对气候变化既有《联合国气候变化框架公约》和《京都议定书》,地区层次也有《亚太清洁发展和气候伙伴关系》和欧盟碳排放权交易计划,双边层次还有《中美能源和环境十年合作框架》,次国家层次还有美国《区域性温室气体倡议(RGGI)》,这几个层次的治理机制并未形成有效联动,其突出表现就是发达国家对发展中国家施加的双边、地区性措施直接违反了《京都议定书》的原则。

规范冲突的产生是由于利益攸关者在可持续治理过程中常坚持不同规范,而这些不同的规范存在或明或暗的矛盾。欧盟多坚持可持续治理的目标导向承担先锋角色,而美国虽然拥有历史责任但基于利益和权势的考量却常常“拖后腿”,而发展中国家坚守发展优先和共同但有区别的责任，显然规范间的冲突使得有效治理架构的搭建不能实现。

既然有着主体冲突、制度冲突和规范冲突内涵的碎片化使可持续治理绩效不佳,那么整合碎片化的顶层设计成为必然的战略选择。其实无论是

1992 年的里约峰会、2002 年的约翰内斯堡峰会，还是“里约+20”都是顶层设计道路上的坐标，虽然这三个坐标分别设计了道路、目标、机制框架、议题、政策工具和资金，但是遗憾的是并没有将主体、制度和规范要素纳入整个治理架构。日益多样化和竞争过度的利益攸关者仍然没有意识到治理政治化无助于问题的解决，相互间的倾听和平等协商比任何时候都更为急迫，传统西方大国和掌握话语权的非政府组织、跨国公司并没有作好承担责任的准备，有的甚至试图从全球治理中撤退，而愈加分裂的发展中阵营也没有相应的能力，更遑论权势转移和国际体系转型的大环境下战略互信的根本性缺失；治理架构主要是制度聚集，在制度密度急剧增加、制度阻塞愈加普遍时异常需要内部调适，旨在解决一个具体问题领域的制度设计。显然应该更多更充分地考虑对其他问题领域的潜在影响，在这种条件下人类比任何时候都需要更加注重以系统思维设计治理机制，遗憾的是学科分化使长期专注于具体问题领域的知识专家丧失了整合能力，人们甚至找不到制度互动和调适的知识基础和储备；规范的背后是利益，可持续治理二十年的经验表明，共同但有区别的责任理念并未内化于以美国为代表的西方社会，随着发展中大国对可持续治理负面影响的持续加大，发展中国家承担区别责任的道德高地可能逐渐丧失，规范变迁可能随时发生，未来的可持续治理之路责任分配究竟如何尚未得知。

以上分析可以看出虽然“里约+20”这样的顶层设计暂时弥合部分碎片化并尽可能使冲突向合作、协同转变，但可持续治理仍处于碎片化之中，未来之路和根本解决之道究竟如何，仍需要人类的共同探索。我国目前正处于以和谐世界为目标的现代化进程中，要实现综合国力持续增长，应站在向历史负责的高度尽可能成为负责任大国，同时也应思考如何弥合国际体系内部可持续治理的碎片化。弥合碎片化需要知识、利益、制度设计和观念变革诸多方面的准备，历史和实践最终证明，中国只有自身真正实现可持续并教会世界如何可持续，中国的发展才是和平的、包容的、文明的。

参考文献

中文专著、译著

1. [美]爱德华·格莱泽:《城市的胜利:城市如何让我们变得更加富有、智慧、绿色、健康和幸福》,刘润泉译,上海社会科学出版社,2012年。

2. [美]奥尔多·利奥波德:《沙乡年鉴》,侯文蕙译,吉林人民出版社,1999年。

3. [英]巴瑞·布赞:《新安全论》,朱宁译,浙江人民出版社,2003年。

4. 崔大鹏:《国际气候合作的政治经济学分析》,商务印书馆,2003年。

5. [美]丹尼尔·埃斯蒂、安德鲁·温斯顿:《从绿到金——聪明企业如何利用环保战略构建竞争优势》,张天鸽、梁雪梅译,中信出版社,2009年。

6. [日]宫本宪一:《环境经济学》,生活·读书·新知三联书店,2004年。

7. [美]亨利·大卫·梭罗:《瓦尔登湖》,李继宏译,天津人民出版社,2013年。

8. [美]简·雅各布斯:《城市与国家财富》,金洁译,中信出版社,2008年。

9. 靳晓明:《中国能源发展报告》,华中科技大学出版社,2011年。

10. [德]柯武刚等:《全球公民社会气候变化报告》,国际政策出版社,2007年。

11. [意]雷纳多·奥萨多:《可持续发展战略:企业"变绿"何时产生回报》,李月译,机械工业出版社,2012年。

12. [美]理查德·罗宾斯:《资本主义文化与全球问题》,姚伟译,中国人民大学出版社,2010年。

13. [美]理查德·瑞吉斯坦:《生态城市——重建与自然平衡的城市》王如松、于占杰等译,社会科学文献出版社,2010年。

14. 梁从诚、梁晓燕编:《为无告的大自然》,百花文艺出版社,2000年。

15. 陆忠伟:《非传统安全论》,时事出版社,2003年。

16. [美]马丁·椰内克、克劳斯·雅各布:《全球视野下的环境管治:生态与政治现代化的新方法》,李慧明、李昕蕾译,山东大学出版社,2012 年。

17. [德]马克思:《1844 年经济学哲学手稿》,中共中央马克思恩格斯列宁斯大林著作编译局译,人民出版社,2000 年。

18.《气候变化国家评估报告》编写委员会编著:《气候变化国家评估报告》,科学出版社,2007 年。

19. [英]苏珊·斯特兰奇:《国家与市场》,杨宇光译,上海人民出版社,2006 年。

20. 万本太等编:《走向实践的生态补偿——案例分析与探索》,中国环境科学出版社,2009 年。

21. 王伟光、郑国光主编:《应对气候变化报告:通向哥本哈根》,社会科学文献出版社,2009 年。

22. [澳]约翰·德赖泽克:《地球政治学:环境话语》,蔺雪春、郭晨星译,山东大学出版社,2008 年。

23. 张海滨:《环境与国际关系:全球环境问题的理性思考》,上海人民出版社,2008 年。

24. 张萍主编:《长株潭城市群蓝皮书》,社会科学文献出版社,2012 年。

学位论文

1. 杜辉:《环境治理的制度逻辑与模式转变》,重庆大学 2012 年博士学位论文。

2. 傅燕:《国际谈判与国内政治:对美国与〈京都议定书〉的双层博弈分析》,复旦大学 2003 年博士学位论文。

3. 金毅:《当代中国公民网络政治参与研究——网络政治参与的困境与出路》,吉林大学 2011 年博士学位论文。

4. 陆芳:《国际政治中的气候变化问题和中国的选择》, 中国人民大学 2004 年硕士学位论文。

5. 王雅平:《促进经济循环发展的税收政策研究》, 东北财经大学 2006

年硕士学位论文。

6. 庄艳:《从“资本的逻辑”到“生活的逻辑”——岩佐茂的环境思想及对马克思生态思想的继承发展》,浙江师范大学2010年硕士学位论文。

中文论文

1. [英]巴里·布赞:《全球化与认同:世界社会是否可能?》,《浙江大学学报(人文社会科学版)》,2010年第5期。

2. 边永民:《贸易制度在减排温室气体制度安排中的作用》,《南京大学学报(哲社版)》,2009年第1期。

3. 陈刚:《〈京都议定书〉与集体行动逻辑》,《国际政治科学》,2006年第2期。

4. 崔胜辉等:《生态安全研究进展》,《生态学报》,2005年第4期。

5. 邓柏盛、宋德勇:《我国对外贸易、FDI与环境污染之间关系的研究:1995—2005》,《国际贸易问题》,2008年第4期。

6. 邓华、段宁:《“脱钩”评价模式及其对循环经济的影响》,《中国人口·资源与环境》,2004年第6期。

7. 邓楠:《中国的可持续发展与绿色经济——2011中国可持续发展论坛主旨报告》,《中国人口·资源与环境》,2012年第1期。

8. 丁仲礼:《国际温室气体减排方案评估及中国长期排放权讨论》,《中国科学(D辑:地球科学)》,2009年第12期。

9. 董勤:《美国2005年〈能源政策法〉“气候变化”篇评析》,《前沿》,2011年第6期。

10. 董秀成、佟金辉:《我国天然气价格改革浅析》,《中外能源》,2010年第15期。

11. 杜创国、郭戈英:《绿色转型的内在结构和表达方式——以太原市的实践为例》,《中国行政管理》,2010年第12期。

12. 冯雷:《马克思的环境思想与循环型社会的构建》,《马克思主义与现实》,2006 年第 5 期。

13. 冯之浚:《我国循环经济生态工业园发展模式研究》,《中国软科学》,2008 年第 4 期。

14. 顾朝林等:《气候变化、碳排放与低碳城市规划研究进展》,《城市规划学刊》,2009 年第 3 期。

15. 管清友:《碳交易计价结算货币:理论、现实和选择》,《当代亚太》,2009 年第 10 期。

16. 国家统计局"循环经济评价指标体系"课题组:《"循环经济评价指标体系"研究》,《统计研究》,2006 年第 9 期。

17. 何建坤等:《在公平原则下积极推进全球应对气候变化进程》,《清华大学学报》,2009 年第 6 期。

18. 侯凤妹、周帅:《我国资源价格改革对价格总水平的影响》,《经济纵横》,2010 年第 5 期。

19. 胡鞍钢:《通向哥本哈根之路的全球减排路线图》,《当代亚太》,2008 年第 6 期。

20. 江泽民:《对中国能源问题的思考》,《上海交通大学学报》,2008 年第 3 期。

21. [瑞士]克里斯托弗·司徒博、牟春:《为何故,为了谁,我们去看护》,《复旦学报(社会科学版)》,2009 年第 1 期。

22. 李俊峰:《一个新的高风险、过度竞争产业:新能源》,《绿叶》,2009 年第 6 期。

23. 李铁立、赵广武:《资源价格改革与产业结构升级》,《粤港澳市场与价格》,2008 年第 7 期。

24. 李艳芳:《从"马萨诸塞州等诉环保局"案看美国环境法的新进展》,《中国人民大学学报》,2007 年第 6 期。

25. 李云燕:《论市场机制在循环经济发展中的地位和作用》,《中央财经大学学报》,2007 年第 10 期。

26. 卢伟:《缓解资源环境约束的若干思考及政策建议》,《中国经贸导刊》,2012 年第 28 期。

27. 路卓铭:《以建立资源开发补偿机制推进我国资源价格改革》,《经济体制改革》,2007 年第 3 期。

28. 罗国强、叶泉、郑宇:《法国新能源法律与政策及其对中国的启示》,《天府新论》,2011 年第 2 期。

29. 罗丽:《日本能源政策动向及能源法研究》,《法学论坛》,2007 年第 1 期。

30. 孟浩:《法国 CO_2 排放现状、应对气候变化的对策及对我国的启示》,《可再生能源》,2013 年第 1 期。

31. 潘家华、郑艳:《基于人际公平的碳排放概念及其理论含义》,《世界经济与政治》,2009 年第 10 期。

32. 潘家华等:《中国外贸进出口商品中的内涵能源及其政策含义》,《经济研究》,2008 年第 7 期。

33. 蒲创国:《"天人合一" 与环境保护关系的误读》,《兰州学刊》,2011 年第 9 期。

34. 曲格平:《关注生态安全之一: 生态环境问题已经成为国家安全的热门话题》,《环境保护》,2002 年第 5 期。

35. 桑东莉:《德国可再生能源立法新取向及对中国的启示》,《河南省政法管理干部学院学报》,2010 年第 2 期。

36. 桑东莉:《美国可再生能源立法的发展新动向》,《郑州大学学报 (哲学社会科学版)》,2011 年第 1 期。

37. 沈满洪、孟艾红:《低碳经济视角下的资源价格改革》,《云南社会科学》,2011 年第 5 期。

38. 慎先进、王海琴:《德国可再生能源法及其借鉴意义》,《经济研究导刊》,2012 年第 35 期。

39. 史文婧、张晓玉:《我国可再生能源基本情况》,北京大学能源安全与国家发展研究中心,CCED 工作论文系列。

40. 唐艳:《资源价格改革中政府的角色与功能定位》,《现代经济探讨》,2008 年第 4 期。

41. 涂瑞和:《〈联合国气候变化框架公约〉与〈京都议定书〉及其谈判进程》,《国际合作与交流》,2005 年第 3 期。

42. 万冬君、刘伊生、姚兵:《城市能源基础设施—经济—社会—环境复合系统协调发展研究》,《中国管理科学》,2007 年第 10 期。

43. 王健:《我国生态补偿机制的现状及管理体制创新》,《中国行政管理》,2011 年第 11 期。

44. 王金南、万军、张惠远:《关于我国生态补偿机制与政策的几点认识》,《环境保护》,2006 年第 10 期。

45. 王军:《全球气候变化与中国的应对》,《学术月刊》,2008 年第 12 期。

46. 王曦:《当前我国环境法制建设亟需解决的三大问题》,《法学评论》,2008 年第 4 期。

47. 吴结春、李鸣:《生态安全及其研究进展》,《江西科学》,2008 年第 2 期。

48. 伍世安:《深化能源资源价格改革:从市场、政府分轨到"市场+政府"合轨》,《财贸经济》,2011 年第 5 期。

49. 相震:《德国可再生能源开发与利用现状及促进措施》,《四川环境》,2012 年第 2 期。

50. 肖文海:《循环经济的价格支持框架——以资源环境价格改革为视角》,《江西社会科学》,2011 年第 2 期。

51. 徐再荣:《从科学到政治:全球变暖问题的历史演变》,《史学月刊》,2003 年第 4 期。

52. 杨妍:《环境公民社会与环境治理体制的发展》,《新视野》,2009 年第 4 期。

53. 叶文虎、甘晖:《循环经济研究现状与展望》,《中国人口、资源与环境》,2009 年第 3 期。

54. 于宏源:《环境容量与能源创新——国际气候变化谈判的二元博弈视角》,《国际观察》,2008 年第 6 期。

55. 于丽英、冯之浚:《城市循环经济评价指标体系的设计》,《中国软科学》,2005 年第 12 期。

56. 张红伟、周建芳:《资源价格改革下的利益再分配研究》,《四川大学学报(哲学社会科学版)》,2011 年第 5 期。

57. 张磊:《全球减排路线图的正义性——对胡鞍钢教授的全球减排路线图的评价与修正》,《当代亚太》,2009 年第 6 期。

58. 张永伟、柴沁虎:《美国支持可再生能源发展的政策及启示》,《国家行政学院学报》,2009 年第 6 期。

59. 张远:《关于资源价格改革的几点思考》,《价格理论与实践》,2005 年第 12 期。

60. 赵浩君:《欧盟〈能源效率行动计划〉探析》,《华北电力大学学报》,2007 年第 10 期。

61. 赵雪雁、李巍、王学良:《生态补偿研究中的几个关键问题》,《中国人口、资源与环境》,2012 年第 2 期。

62. 赵运林、傅晓华:《生态足迹理论在长株潭城市生态安全研究中的应用与改进》,《城市发展研究》,2008 年第 4 期。

63. 周国梅、任勇、陈燕平:《发展循环经济的国际经验和对我国的启示》,《中国人口、资源与环境》,2005 年第 4 期。

64. 周天勇:《资源价格改革:第二次价格改革的主线》,《中国党政干部论坛》,2010 年第 10 期。

65. 朱德米:《从行政主导到合作管理:我国环境治理体系的转型》,《上海管理科学》,2008 年第 2 期。

66. 诸大建、朱远:《生态效率与循环经济》,《复旦学报(社会科学版)》,2005 年第 2 期。

英文期刊文章

1. Brown L. R., Redefining National Security, *Worldwatch Institute*

Paper, 1977, No. 14.

2. C. Kemfert, W. Lise, R.S.J. Tol, Games of Climate Change with International Trade, *Environmental & Resource Economics*, 2004, Vol.28.

3. Christopher L. Weber, Climate Change Policy and International Trade: Policy Considerations in the US, *Energy Policy*, Feb 2009.

4. Fred Curtis, Peak Globalization: Climate Change, Oil Depletion and Global Trade, *Ecological economics*, Dec 2009.

5. G. M. Grossman, A. B.Krueger, Economic Growth and the Environment, *Quarterly Journal of Economics*, 1995, Vol.110.

6. Gail Whiteman, Business Strategies and the Transition to Low-carbon Cities, *Business Strategy and the Environment*, 2011, Vol.20.

7. James R. Elliott, Scott Frickel, Environmental Dimension of Urban Change: Uncovering Relict Industrial Waste Sites and Subsequent Land Use Conversions in Portland and New Orleans, *Journal of Urban Affairs*, 2011, Vol 33, Iss.1.

8. Jiang Kejun, Aaron Cosbey, Embodied Carbon in Traded Goods, *Trade and Climate Change Seminar*, June 2008.

9. Kevin P. Gallagher, Economic Globalization and the Environment, *The Annual Review of Environment and Resources*, 2009, Vol.34.

10. Lowi M. R., Water and Conflict in the Middle East and South Asia: Are Environmental Issues and Security Issues Linked, *The Journal of Environment Development*, 1999, Vol.8, Iss.4.

11. Matthew E. Kahn, Think Again: The Green Economy, *Foreign Policy*, May/June, 2009.

12. Matthews J., Redefining Security, *Foreign Affairs*, 1989, Vol. 68, Iss.2.

13. Onno Kuik, Jeroen Aerts, et al., Post -2012 Climate Policy Dilemmas: A Review of Proposals, *Climate Policy*, 2009, Vol. 8, Iss.3.

14. Paolo Agnolucci, Use of Economic Instruments in the German Renewable Electricity Policy, *Energy Policy*, 2006, Vol.34.

15. Robert N. Stavins, Addressing Climate Change with a Comprehensive U.S. Cap-and-Trade System, *Oxford Review of Economic Policy* , 2008, Vol. 24.

16. Shu-Li Huang, Chia-Tsung Yeh, Li-Fang Chang, The Transition to an Urbanizing World and the Demand for Natural Resources, *Current Opinion in Environmental Sustainability*, 2010, Vol.2.

17. Soroos M. S., Global Change, Environmental Security and the Prisoner's Dilemma, *Journal of Peace Research*, 1994, Vol. 31, Iss.3.

18. Ullman R. H., Redefining Security, *International Security*, 1983, Vol. 8, Iss.1.

19. Xuemei Bai, Hidefumi Imura, A Comparative Study of Urban Environment in East Asia: Stage Model of Urban Environmental Evolution, *International Review for Environmental Strategies*, 2000, Vol. 1, Iss.1.

20. Zhang Zhongxiang, Multilateral Trade Measures in a Post -2012 Climate Change Regime? What Can Be Taken from the Montreal Protocol and the WTO?, *Energy Policy*, Dec 2009.